Small animal surgery

José Rodríguez (Editor and coordinator)
Guillermo Couto
Jorge Llinás

Surgical atlas, a step-by-step guide
Bloodless surgery

Photography credits:

SHUTTERSTOCK.COM
Eric Isselee: page XVIII
Sebastian Kaulltzki: page 6
Juan Gaertner: page 26
Praisaeng: page 38
Lisa S.: page 66
ChaNaWIT: page 76
Andrea Danti: page 190

For this English edition:

Surgical atlas, a step-by-step guide. Bloodless surgery
Copyright © 2014 Grupo Asís Biomedia, S.L.
Plaza Antonio Beltrán Martínez nº 1, planta 8 - letra I
(Centro empresarial El Trovador)
50002 Zaragoza - Spain

First printing: November 2014

This book has been published originally in Spanish under the title:
La cirugía en imágenes, paso a paso. Cirugía sin sangrado
© 2014 Grupo Asís Biomedia, S.L.
ISBN Spanish edition: 978-84-942829-7-3

Translation:
Alexandra Stephens
Melissa Testa

ISBN: 978-84-942449-3-3
D.L.: Z 1527-2014

Design, layout and printing:
Servet editorial - Grupo Asís Biomedia, S.L.
www.grupoasis.com
info@grupoasis.com

All rights reserved.

Any form of reproduction, distribution, publication or transformation of this book is only
permitted with the authorisation of its copyright holders, apart from the exceptions allowed by
law. Contact CEDRO (Spanish Centre of Reproduction Rights, www.cedro.org) if you need to
photocopy or scan any part of this book (www.conlicencia.com; 91 702 19 70/93 272 04 47).

Warning:

Veterinary science is constantly evolving, as are pharmacology and the other sciences. Inevita-
bly, it is therefore the responsibility of the veterinary clinician to determine and verify the dosage,
the method of administration, the duration of treatment and any possible contraindications to
the treatments given to each individual patient, based on his or her professional experience.
Neither the publisher nor the author can be held liable for any damage or harm caused to
people, animals or properties resulting from the correct or incorrect application of the informa-
tion contained in this book.

SMALL ANIMAL SURGERY. SURGERY ATLAS. STEP-BY-STEP GUIDE: BLOOD-
LESS SURGERY by José Rodríguez, Guillermo Couto, Jorge Llinás © 2014 Grupo
Asis Biomedia, S. L.
Japanese translation rights arranged with
Grupo Asis Biomedia Sociedad Limitada, under its branch Servet, Zaragoza, Spain
through Tuttle-Mori Agency, Inc.

GRUPO ASIS BIOMEDIA SOCIEDAD LIMITADA, under its branch SER-
VET による SMALL ANIMAL SURGERY. SURGERY ATLAS. STEP-BY-
STEP GUIDE: BLOODLESS SURGERY の日本語翻訳権・出版権は㈱ファー
ムプレスが所有する。本書からの無断複写・転載を禁ずる。(Printed in Japan)

カラーアトラス
小動物外科シリーズ
Small animal surgery

José Rodríguez (Editor and coordinator)
Guillermo Couto
Jorge Llinás

監訳
西村亮平

Surgery atlas, a step-by-step guide
臨床医のための止血術
Bloodless surgery

ファームプレス

謝辞

書籍が完成して振り返ってみると、どれほど遠い道のりを来たことか、そしてどれほどたくさんの人々に助けられ、支えられてここまで来たのかが思い出される。

まずはじめに、日々、忍耐と理解と援助を与えてくれた我々の家族に感謝しなくてはならない。

外科技術の訓練に際して我々を教え導いてくれたすべての人々に感謝する。そこにはたくさんの人々がおり、名簿は際限のないものとなってしまう。ここでは、このプロジェクトを支え、進めてくれた人々にとくに感謝を捧げたいと思う。

Ricardo Viana は、獣医療における電気手術器械の進歩に必要な資金を調達してくれた。

Daniel Farrés は、無血手術という概念を信じ、持てる限りの専門的な、また個人的な援助を与えてくれた。

Robert Bussadori と Ana Whyte は、持てる知識を分け与えてくれ、貴重な時間を捧げてくれた。

Pablo Llinás 博士、Fernando Gómez、Nacho Yarza、Javier Beut と Fundación Cirujanos Plastikos Mundi は、私が彼らとともに学び、形成外科と顎顔面外科の訓練をする場を与えてくれた。

私の父に最大限の感謝を捧げたい。本書を執筆することで彼の人生の最後の日々を共有することができた。

Dieter Brandau と Jaime Arias は、私を外科の道に招き入れ、その最初の数年間、私を導いてくれた。

そしてもちろん、すべての獣医師、研修生、補助スタッフ、管理スタッフ、維持・清掃スタッフに心から感謝する。彼らは常に熱心に働き、我々外科医が最高の結果を得られるよう、時に大きな負担を引き受けてくれた。

我々を信じ、患者を任せてくれた同僚獣医師に感謝する。彼らを失望させていなければよいのだが。

最後になったが、優れた仕事と専門性を提供してくれた Servet 社の完璧な編集チームに心からお礼を述べたい。ご覧の通り、彼らは本書を魅力的な、見やすい本に仕上げてくれた。

著者

編集およびコーディネイト：José Rodríguez

José Rodríguez, DVM, PhD
Graduate in Veterinary Medicine from the Complutense University of Madrid
Head Tutor of the Department of Animal Pathology, University of Zaragoza

Guillermo Couto, DVM, dipl. ACVIM
Graduate in Veterinary Medicine from the University of Buenos Aires
American diploma in Internal Medicine and Oncology
Tutor at the Department of Clinical Science at the Faculty of Veterinary Medicine
Oncology/Haematology Department at Ohio State University (Ohio, USA)

Jorge Llinás, DVM
Graduate in Veterinary Medicine from the University of Zaragoza
University specialist in Maxillofacial Surgery
Director and founder of the Valencia Sur Veterinary Hospital (Valencia, Spain)
President of the Spanish Society for Veterinary Laser and Electrosurgery

執筆陣

Sheila Aznar, DVM
Graduate in Veterinary Medicine from the University of Zaragoza
Huellas Veterinary Centre (Jaca, Spain)

Beatriz Belda, DVM
Graduate in Veterinary Medicine from the University of Valencia

María Borobia, DVM
Graduate in Veterinary Medicine from the University of Zaragoza
Associate professor of the Department of Animal Pathology,
University of Zaragoza

Cristina Bonastre, DVM, PhD
Graduate in Veterinary Medicine from the University of Zaragoza
Doctor in Veterinary Medicine from the University of Cáceres
Associate professor of the Department of Animal Pathology,
University of Zaragoza

Fausto Brandão, DVM, MSc., Cert. Spec. EaMIS
Graduate in Veterinary Medicine from the Technical University of
Lisbon MSc.
University Masters in CO_2 laser
Specialist International Veterinary Consultant for Karl Storz
GmbH & Co. KG (Tuttlingen, Germany)

Roberto Bussadori, DVM, PhD
Graduate and Doctor of Veterinary Medicine from the University
of Milan
European Doctorate in Veterinary Medicine
Director of the Gran Sasso Veterinary Clinic (Milan, Italy)

Gabriel Carbonell, DVM
Graduate in Veterinary Medicine from the Cardenal Herrera-CEU
University of Valencia

Vicente Cervera, DVM, Dipl. ACVR, Dipl. ECVDI
Graduate in Veterinary Medicine from the Cardenal Herrera-CEU
University of Valencia
American and European diploma in Diagnostic Imaging
Head of the Diagnostic Imaging Area at the Valencia Sur
Veterinary Hospital

Miguel Ángel de Gregorio, DVM, PhD
Graduate and Doctor of Medicine from the University of Zaragoza
Professor of Radiology and Physical Medicine at the University
of Zaragoza
Head of the Image-guided minimally invasive surgery unit at the
Clinical University Hospital of Zaragoza

Amaya de Torre, DVM
Graduate in Veterinary Medicine from the University of Zaragoza
Director of the Hispanidad Veterinary Clinic (Zaragoza, Spain)
Associate professor of the Department of Animal Pathology,
University of Zaragoza

Gabriele Di Salvo, DVM
Graduate in Veterinary Medicine from the University of Messina
Gran Sasso Veterinary Clinica (Milan, Italy)

Azucena Gálvez, DVM, PhD
Graduate and Doctor of Veterinary Medicine from the University
of Zaragoza
Director of the Torrero Veterinary Clinic (Zaragoza, Spain)
Associate professor of the Department of Animal Pathology,
University of Zaragoza

Luis García, DVM

Graduate in Veterinary Medicine from the University of Zaragoza
Director of the Ejea Veterinary Clinic (Zaragoza, Spain)
Vice-President of the Spanish Society for Veterinary Laser and
Electrosurgery

Olivia Gironés, DVM PhD

Graduate and Doctor of Veterinary Medicine from the University
of Zaragoza
Professor of the Department of Animal Pathology, University of
Zaragoza

Mª Cristina Iazbik, DVM

Graduate in Veterinary Medicine from the University of Buenos
Aires
Director of Operations for the Blood Bank, Veterinary Medical
Centre, The Ohio State University (Ohio, USA)

Manuel Jiménez, DVM, Dipl. MRCVS

Graduate in Veterinary Medicine from the University of Cordoba
European diploma from the College of Veterinary Surgery
Valencia Sur Veterinary Hospital (Valencia, Spain)

Alicia Laborda, DVM, PhD

Graduate and Doctor of Veterinary Medicine from the University
of Zaragoza
Asst Professor of the Department of Animal Pathology, University
of Zaragoza

Clara Lonjedo, DVM

Graduate in Veterinary Medicine from the University of Zaragoza
Silla Veterinary Clinica (Valencia, Spain)

Ángel Ortillés, DVM

Graduate in Veterinary Medicine from the University of Zaragoza
PhD student at the University of Zaragoza

David Osuna, DVM

Graduate in Veterinary Medicine from the Complutense
University of Madrid
Director of the Mobile Veterinary Surgery Department

Carolina Serrano, DVM, PhD

Graduate and Doctor of Veterinary Medicine from the University
of Zaragoza
Asst Professor of the Department of Animal Pathology, University
of Zaragoza

Pedro Suay, DVM

Graduate in Veterinary Medicine from the University of Zaragoza
Silla Veterinary Clinica (Valencia, Spain)

Ana Whyte, DVM, PhD

Graduate and Doctor of Veterinary Medicine from the University
of Zaragoza
Professor of the Department of Animal Pathology, University of
Zaragoza

推薦の言葉

　José Rodíguez 先生から、彼の外科医としての技術的知識を満載したシリーズの新しい本に序言を書いて欲しいという名誉ある申し出を受けたとき、その書名を見ていかにして手術をせずにすませるかを論じた本だと思ってしまった。しかし、実際にこの新しい本を読んだ後には、序言を書くチャンスを逃すことはできなくなっていた。

　出血を伴わずに手術を行うことは、最近の人の医療ではゴールドスタンダードとなっており、その原則は José Rodíguez 先生や Jorge Llinás 先生のような獣医外科医の間でも共有されている。人医療におけるこのような手術を行う第一目的は、長期にわたる入院に伴う経費を削減することであり、第二に輸血に伴う合併症を避けることである。我々の分野における狙いも似ている。短期間の抗生物質の投与だけですみ、輸血用血液の入手の困難さや保存と適合性に伴う危険を減らすことによる、より早期の治癒と回復は、患者にとっても利点となる。

　手術中の出血は避けられないものではあるが、注意深く止血を行うことで通常はコントロール可能である。しかし、時として、凝固機能の異常や過剰な外科的外傷のために大出血が起こることがあり、そうなると止血やコントロールはかなり困難である。その結果、手術を継続することが困難となったり、患者の回復に影響することにもなる。

　本書は、獣医外科においてもゴールドスタンダードである無血手術を行うために必要な手術と血液の関係についての重要な観点とテーマを提供してくれる。この後のページでは、あらゆる場面で手術中の出血はその手技に左右されるものであるということが強調されている。本書では止血の実際、凝固異常の診断と治療、術中と術後の出血に対する処置、手術チームの一員としての麻酔医の役割、電気メスやレーザーのような高エネルギー手術装置の使用法などが紹介されている。また、特殊な例で適用される、外科手術と血液凝固の両者に最良の結果をもたらし、患者の早期回復を図るためのさまざまな治療法についても述べられている。

本書は、本シリーズのこれまでのパターンを踏襲し、極めて臨床的かつ実践的であり、経験を積んだ外科医にとっても研修医にとっても、新しい視点を見出し、外科手技をより進歩させ、患者をできるだけ早く回復させる助けとなるものである。

　多数の著書がある、著名な Guillermo Couto 先生を著者の一人に迎えて、本書はさらに魅力的なものとなった。本書に述べられた知見は良質かつ標準的なものであり、読者は迷うことなく受け入れることができるであろう。

　近年の文献に広く求められていることではあるが、本書では、それぞれの話題について非常に深く論じられている。

　私は、本書が読者にとって、何度も何度も繰り返しページをめくる本になると信じている。それは、本書にすべての答えが載っているわけではないとはいえ、継続的に調べ、学び、獣医外科をよりよいものとし、症例が健康的な生活を送るために必要な要点が載っているからである。

　本書は、例えば優れた解剖学書のように、獣医外科の初学者に限らず、十分にこの分野の経験を積んだ外科医にも必携の書である。

Rodolfo Bruhl Day, DVM, Ch.Dip. SAS, Dip. CLOVe, Ed.D.

Professor, Small Animal Surgery
Dept. Chair, Small Animal Medicine and Surgery
St. George's University - School of Veterinary Medicine
Grenada, West Indies

はじめに

　カイトボードとは、カイト（凧）に引っ張られたサーフボードに乗って風の力で水面を滑る比較的新しいスポーツである。

　高速であることや、非常に高くジャンプすること、そしてインターネットに投稿される事故の動画などのせいで、多くの人はカイトボードを過激なスポーツだと考える。しかしそれは事実ではない。カイトボードは近年最も成長し発展しているウォータースポーツのひとつなのである。どこの海岸や湖でも、子どもや若者そしていわゆる"年配の"人々がカイトボードを楽しんでいるのを見ることができる。

　サーフィンやカイトサーフィンは、他では得られない独特の感覚を与えてくれ、あなたの人生を変えるものですらある。

　カイトボードで怪我をする可能性は他のスポーツ、例えばハンドボール、バスケットボール、サッカーやホッケーよりも少ない。しかし、このことを真実であらしめ、可能な限り危険を減らすためには十分な理論的、実践的訓練が必要である。水に落ちる前に、カイトの操縦を覚える時間が必要である。体重や風の強さに合わせた適切な用具を使わなくてはならない。防具を身につけるべきである。その地域についての十分な知識（風の性質や方向、海流、岩などの障害物など）も必要である。

　状況をきちんと把握し、装備もすべて海岸に用意できたなら、いよいよ装備を手に取るときだ。ただし、はやる気持ちを抑えて、冷静に。カイトは安全な場所に正しくセットされているか。ラインは正しくつながれているか。"チキンループ"（訳者注：カイトから伸びるラインと体につけたハーネスをつなぐ器具）をハーネスに引っ掛ける前にすべてをチェックしなければならない。そして、決定的瞬間がやってくる。カイトの離陸と着地は繊細な操作であり、経験を積んだ補助者が必要である。もしもこの2人のうちの1人がミスを犯し失敗すれば、カイトは地面に激突し、カイトボーダーは砂の上を引きずられておしまい、となるだろう。

　きちんと計画を立て、冷静に装備を準備するのにほんの数分をかければ、その後の数時間を安全に楽しむことができる。しかし、カイトボードを楽しんでいる間にも事故を防ぐために周囲に注意を払わなくてはならない。海水浴客や他のカイトボーダーの位置を見張り、衝突しないよう適切なコースを取らなくてはならない。そして、急いで浜に戻らなくてはならないような天候の急変にも注意しなくてはならない。

　海では、不運な出来事が明らかに不可抗力で起こることがあり、優れているということは、これらのことをよく知り、理解し、克服すると言うことである。それはまさに、優れた外科医が合併症をコントロールし、是正するのと同じである。おそらく、彼は考える時間をかけずに決断し、問題を解決しなくてはならないだろう。海での場合と同様、誤った決断は深刻な問題を引き起こしかねない。この反射能力は、訓練、手術チームの実践と経験、そして適切な手術手技の計画と準備に基づくものである。

　目標は達成された。素晴らしい日であった。すべての人が楽しみ、すべてが計画通りに進み、事故は起こらなかった。そして、すべての人が明日、新しい症例に出会うのを楽しみにしている。

はじめに－監訳の言葉

監訳の言葉

「違う結果を望むなら、同じことをしていてはいけない」
アルバート・アインシュタイン（1879-1955）

手術中には、組織への栄養と酸素の供給のために適切な血流が維持されなくてはならない。しかし、同時に手術中の切開に際して起こりうる過剰な出血を防ぐ必要もある。合併症を起こすことなく手術を行い、組織と患者両方の良好な早期の回復を可能とするためには、血流の維持と止血のバランスを取らなくてはならない。

どのような手術であれ、その成功は外科医とそのチームが術前・術中・術後の出血を正確かつ効果的に同定し処置する能力にかかっている。

すべての外科医は、術中・術後の止血を達成し維持するための方法や技術はもちろんのこと、正常な血液凝固の過程となぜそれが異常をきたすのかも熟知しているべきである。また、凝固異常や術後出血例をどのように見つけ、それに対してどのように行動するか、だけでなく、凝固を促進する薬物、出血をコントロールする際に使用される機械的、化学的、熱的、外科的な方法を知っておくべきである。

本書は、最小限の出血で手術を行う、あるいは出血をコントロールし最小化するために必要な情報を集めたものである。すなわち、正常な凝固過程についての総説、この過程に影響しうる臨床上の問題、どのようにして出血を探知し処置するか、を述べている。また、麻酔医の役割を評価し、薬物が止血や出血のコントロールにどのように影響するのか、さらに、一般的なものから最新のものまで、手術中の出血をコントロールする方法や手技についても触れている。

取り上げた話題の多くが読者にとって既知のものであることはわかっているが、別の視点から見ることや記憶を新たにするのも悪いことではないと思う。とは言え、新しい有用な情報や出血のコントロールや処理についての我々の経験を提供するものであることを望んでもいる。その目的は、手術をより簡潔にし、合併症を減らし、外科医と動物双方のストレスを減らすことで最速かつ最良の回復を可能にすることである。

この後の各章が読者にとって興味深いものであることを、そして手術に対する情熱を増す助けになるものであることを期待する。

José Rodríguez
Guillermo Couto
Jorge Llinás

"その先にはいったい何があるのだろう？"

なぜ人は旅に出るのか。そのまま帰ってこない人も稀にいるかもしれないが、おおよその人は、いつかは元の場所に戻ってくる。それなのに旅に出る理由、それは知らないことがあるから、そしてそれが得難い感動を与えてくれるからだろう。何度か訪れたことのある場所でも、行くたびに新たな感動が得られれば、それは旅と呼ぶのにふさわしい。しかし、旅に出てがっかりすることもあれば、様々な苦労が伴うことも少なくない。とくにひどく遠いところ、全く知らないところ、文化も言語も大きく異なるところに行くのは一苦労だ。ましてや一人旅の場合には。

しかし、旅に出る前にいろいろ調べて情報を集めておけば、その苦労は幾分あるいは大幅に減らすことができる。幸い、最近はインターネットの普及で様々な情報に簡単にアクセスできるようになった。しかも、世界の大体の場所でアクセスができるようになっている。しかし、情報は多ければいいという訳ではない。それが整理されていなければ、逆に迷うことになる。またやりすぎると得られた情報だけにしがみついて、ほかのことが見えなくなってしまう恐れもある。手持ちの情報だけで行動し、写真を撮りまくって帰ってきたら、記録は一杯あるけど、記憶がさっぱり残らなかったということになりかねない。知らないことに感動するのが旅の醍醐味だとすれば、残念ながらこれは旅とは言えないのかもしれない。

手術は一人で旅に出るようなものだ。全く同じ手術というのは一つもない。毎回新しいことへの挑戦である。これを乗り越えれば感動と充実感にたどり着ける。しかし、ときにその道は厳しく険しい。そのとき役に立つのが様々な知識であり、スキルである。しかし旅と同じように情報は整理され、かつこれに柔軟に対応する必要がある。旅は一様ではない。時間もハードさも人さまざまである。あなたも旅に出てみませんか。

2015年12月吉日

東京大学大学院農学生命科学研究科獣医学専攻
獣医外科学研究室　教授　　**西村　亮平**

臨床医のための止血術

本書の使い方

「臨床医のための止血術」には、正常な凝固過程についての総説、凝固系に起こる合併症とその対処法、出血に対する麻酔の影響とその予防法、出血をコントロールするためのさまざまな手技が、優れた写真とともに詳しく述べられている。また、術後の出血をどのように診断し、正しい処置をどのように選択するかについても記載されている。

巻末には、実践的な面から見た処置の手順と手技を記載した臨床例が数例掲載されている。

掲載された写真のうちあるものは理論を示し、他のものは実践的な手順（手技）や臨床例を記述する補助となっている。

内容

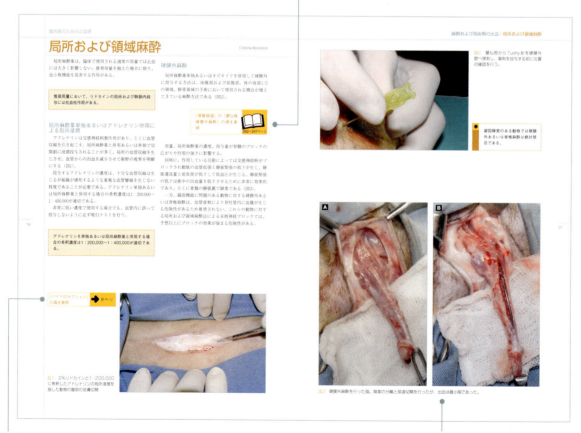

小動物外科シリーズ内の他の巻で参考となる他の手技や解説が記載されたページが示されている

本書内で参考となる他の手技や解説が記載されたページがわかりやすく示されている

それぞれの手技は優れた写真を使って段階的に図解

本書の使い方

- 連続する手技を段階的に解説
- ページ上部の色つきの帯は術式あるいは臨床例についての解説であることを示す
- 扱われている臨床例や疾患についての概要
- 手技に伴う危険性や注意すべき点を囲み文で示す
- 各章のタイトル、話題や扱われている疾患名
- 興味深い情報や便利な「こつ」が書かれた囲み文
- 写真の説明文ではそれぞれの段階について簡略かつ的確に述べられている

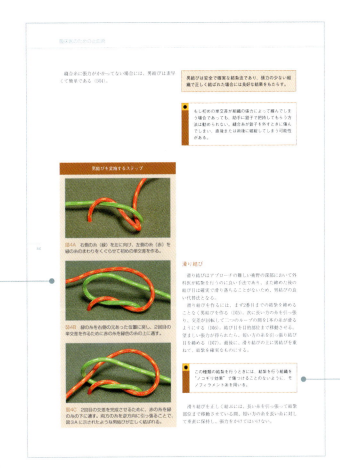

もくじ

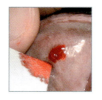

前付ページ（謝辞・推薦の言葉、はじめに、監訳の言葉、本書の使い方） .... IV, VIII-XIII

序文　3

止血および止血異常　6

止血および止血異常 8
臨床医のための止血の生理学 9
出血症候群の臨床徴候 10
止血の評価方法 13
 血小板数 13
 粘膜出血時間 14
 臨床検査 14
 止血に関する術前検査 16
凝固不全および術前に出血を呈する症例の治療 ... 17
獣医学領域でよくみられる凝固障害 18
 一次止血異常 18
 血小板減少症の症例における検査 18
 免疫介在性血小板減少症 19
 二次止血異常 19
 ビタミンK欠乏症 20
 混合止血障害 20
 播種性血管内凝固 20

抗凝固系および血栓溶解薬　26

概要 28
血栓塞栓性疾患 30

抗血小板薬、抗凝固薬および血栓溶解薬 32
 抗血小板薬 33
 抗凝固薬 34
 間接的第Xa因子阻害薬 34
 血栓溶解薬 36

輸血の原則　38

概要 40
適応 42
血液型判定 43
 血液型判定 44
血液の投与 45
 輸血の合併症 45
交差適合試験 46

麻酔および周術期の出血　48

概要 50
出血に影響する因子 51
 動物の体位 51
 機械的人工換気 52
 動物の換気の変化 52
麻酔薬の影響 53
 フェノチアジン系薬剤 53
 ベンゾジアゼピン系薬剤 53
 α_2受容体作動薬 53

オピオイド	54
ケタミン	54
プロポフォール	54
アルファキサロン	54
チオペンタールナトリウム	54
エトミデート	54
吸入麻酔薬	54
抗コリン薬	55
非脱分極性筋弛緩薬	55
非ステロイド系抗炎症薬	55
輸液療法	57
晶質液	57
膠質液	57
局所および領域麻酔	58
局所麻酔薬単独あるいはアドレナリン併用による局所浸潤	58
硬膜外麻酔	58
静脈内領域麻酔	60
低体温	61
低体温の動物における麻酔薬の動態	62
アシドーシス	63
出血を最小限に留める麻酔方法	64
低血圧麻酔	64
低血圧の許容と低血圧蘇生	65
正常循環血液量を維持する急性の血液希釈	65
急速循環血液量過剰性血液希釈	65

術前の止血療法　66

止血を促進する薬剤	68
リジン類似物質	68
エタンシラート	69
その他の治療薬	69
補助的な止血療法	70
鍼療法	70
鍼療法、出血と手術	70
周術期の鎮痛としての鍼療法	72
器具の選択	73
施術	74
ホメオパシー	75

手術中の止血手技　76

手術中の血液喪失を最少にする手技　概要	78
予防的止血	80
ハイドロディセクション	81
血管収縮薬を用いたコールドハイドロディセクション	83
加圧ハイドロディセクション	85
特別な機器を用いたハイドロディセクション	85
結紮	86
概要	86
推奨される結び目の種類	87

血管鉗子とルンメルターニケット	96
血管鉗子	96
ルンメルターニケット	99
ヘモクリップ、手術用ステイプラー	102
ヘモクリップ	102
手術用ステイプラー	105
肝臓、脾臓および肺の外科手術での臨床応用	107
肝葉切除	107
部分脾臓切除	108
肺葉切除	108
正確な止血	109
圧迫による止血	111
局所止血製剤	113
概要	113
局所止血製剤	114
外科的止血法	122
止血鉗子	122
結紮	123
手技	124
縫合法	127
術中出血量の評価	128
主観的評価	128
重量法	130
その他の方法	131

高エネルギー手術機器　　132

概要	134
電気外科手術	136
電気に関する重要な概念	136
電気外科手術装置により産生される電流の特性	138
電気が通過する際の組織の反応の仕方	139
電気外科手術における安全性	143
電気外科手術装置と電極	143
レーザー手術	156
原理	156
獣医外科におけるレーザー	158
レーザーシステムの基本構成要素	158
時間出力モード	158
レーザーの選択	159
レーザーと組織の相互作用	163
手術に最適なレーザー使用のためのヒント	165
その他の装置	166
バイポーラ電熱凝固	167
個人の安全	170
煙	170
レーザー手術におけるリスクと注意点	172

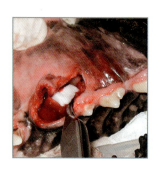
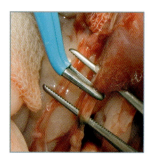
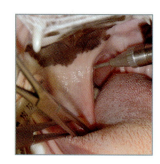

寒冷療法と凍結手術　178

局所冷却法、寒冷療法 …………………………………… 180

凍結手術 ……………………………………………………… 181
　凍結手術の利点と欠点 ………………………………… 182

凍結剤 ………………………………………………………… 183
　液体窒素 …………………………………………………… 183
　亜酸化窒素 ………………………………………………… 183
　ジメチルエーテルとプロパン ……………………… 183

凍結剤の使用方法 ………………………………………… 184
　粉砕法 ……………………………………………………… 184
　チューブ（接触端子）を用いた方法 …………… 187
　綿棒を用いた方法 ……………………………………… 188

注意点と術後管理 ………………………………………… 189

術後出血　190

概要 …………………………………………………………… 192

出血の原因 ………………………………………………… 194

出血の重症度評価 ………………………………………… 195

治療 …………………………………………………………… 197
　初期治療 …………………………………………………… 197

術後出血の進展 …………………………………………… 198

術後出血の診断と超音波モニタリング ……………… 200

応用と手術症例の検討　206

上顎顔面の手術 …………………………………………… 208
　手術症例 / 吻側上顎骨切除術 ……………………… 209

眼科手術 …………………………………………………… 214
　手術症例 / 炭酸ガスレーザーを用いたホッツ - セルサス
　眼瞼形成術 ……………………………………………… 216

耳の手術 …………………………………………………… 219
　手術症例 / 全耳道切除術 …………………………… 221

陰茎手術 …………………………………………………… 227
　手術症例 / 陰茎部分切断術 ………………………… 229

肝臓の手術 ………………………………………………… 232
　手術症例 / 肝葉切除術 ……………………………… 233

副腎の外科 ………………………………………………… 237
　手術症例 / 副腎摘出術 ……………………………… 238
　フェレットの副腎摘出術 …………………………… 241

心臓血管外科 ……………………………………………… 242
　手術症例 / 腹腔鏡下心膜切除術 …………………… 242
　手術症例 / ファロー四徴症 ………………………… 245

肛門周囲瘻 ………………………………………………… 248
　手術症例 / 肛門周囲瘻切除術 ……………………… 249

短頭種気道症候群 ………………………………………… 251
　鼻孔の拡大 ……………………………………………… 252
　口蓋形成術 ……………………………………………… 252
　喉頭小嚢切除 …………………………………………… 254

参考文献　256

監訳者・翻訳者一覧

監　訳──

西村亮平
　　所属：東京大学大学院農学生命科学研究科獣医学専攻獣医外科学研究室　教授

Bloodless surgery

翻　訳──

酒井秀夫（pIV-XII、3-5）
　　所属：八重咲動物病院　院長

髙橋　雅（p6-25）
　　所属：鹿児島大学共同獣医学部臨床獣医学講座伴侶動
　　　　　物内科学分野　助教

福島建次郎（p26-37）
　　所属：東京大学大学院農学生命科学研究科附属動物医
　　　　　療センター内科系診療科　特任助教

金本英之（p38-47）
　　所属：東京大学大学院農学生命科学研究科附属動物医
　　　　　療センター内科系診療科　特任助教

鎌田正利（p48-65）
　　所属：東京大学大学院農学生命科学研究科附属動物医
　　　　　療センター麻酔・集中治療部　特任助教

藤田　淳（p66-75、156-165）
　　所属：東京大学大学院農学生命科学研究科附属動物医
　　　　　療センター外科系診療科　特任助教

佐伯亘平（p76-95）
　　所属：東京大学大学院農学生命科学研究科獣医学専攻
　　　　　獣医外科学研究室　学術振興会特別研究員

髙木　哲（p96-108）
　　所属：北海道大学大学院獣医学研究科附属動物病院
　　　　　准教授

進　学之（p109-121）
　　所属：しん動物病院　院長

千々和宏作（p122-131）
　　所属：若久動物病院　院長

荒井義晴（p132-155、248-250）
　　所属：あらい動物病院　院長

中川貴之（p166-177）
　　所属：東京大学大学院農学生命科学研究科獣医学専攻
　　　　　獣医外科学研究室　准教授

飯塚智也（p178-189、242-247）
　　所属：東京大学大学院農学生命科学研究科附属動物医
　　　　　療センター麻酔・集中治療部　特任助教

柳川将志（p190-205、251-255）
　　所属：帯広畜産大学臨床獣医学研究部門診断治療学分
　　　　　野　助教

冨澤伸行（p206-213、219-226）
　　所属：とみざわ犬猫病院　院長

秋吉秀保（p214-218、232-241）
　　所属：大阪府立大学大学院生命環境科学研究科獣医学
　　　　　専攻獣医外科学教室　准教授

舩橋三朋子（p227-231）
　　所属：フィル動物病院　獣医師

（担当項目初出順：（　）内担当ページ、所属は2016年1月現在、敬称略）

序文

Jorge Llinás, José Rodríguez

無血手術
なぜ、手術中の出血をコントロールし、最小にしなくてはならないのか？

そもそも、どのような手術においても結果的に血液は失われる。それは、小さな血管、時には大きな血管系に連続性があるからである。手術中の出血は、侵されている器官や症例の疾患によっては時として重大なものとなりうる。

血液を失うことが深刻な問題となるのは、手術を行うことが困難になるからであり、さらには患者の生命を脅かすことがあるからである。これらの理由から、何世紀にもわたって外科医は患者の出血と止血に注意を払ってきた。

"外科学の父"、Albucasis（936-1013）として知られる Abu al-Qasim Khalaf ibn al-Abbas Al-Zahrawi は彼が著した医学全書「Al-Tasrif」のなかで圧迫と焼灼によって出血を止める方法を述べている。それ以来、外科医は術中、術後の出血をコントロールし最小限にする方法を常に模索してきた。これは現代外科学の焦点であり"無血手術"の本質である。

> 手術中、手術後の出血は外科医の最大の関心事のひとつであろう。

"無血手術"という用語は、20世紀初頭の整形外科医 Adolf Lorenz が彼の患者に行った低侵襲処置の理論的根拠として提唱し、これにより彼は"dry surgeon"として知られるようになった。

人の医療では、無血手術は何よりもまず、免疫反応や伝染病への曝露を避けること、コストや宗教上の理由による拒否を減らすことのために輸血の必要性を小さくすることが目的となっている[1]。

> 止血とは損傷を受けた血管からの血液の喪失を制限あるいは阻止することである。

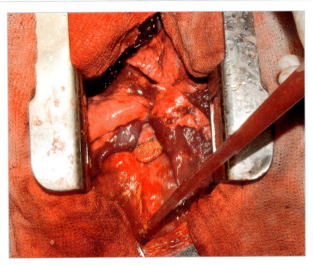

図1　手術中は、出血を最小にして術野をできるだけきれいに保つために利用可能なすべての処置を行うべきである。結果的に外科医の仕事は容易となり、患者の回復も促される。

手術中の出血は避けられないものではあるが、コントロールし、最小にすることは可能であり、そうすべきである。

このことはいくら強調してもし過ぎるということはない。なぜなら、術野に存在する血液は手術部位の視野を妨げ、外科医が正確で有効な処置を行うことを難しくするからである（図1）。さらに、凝血塊は細菌にとって繁殖に適した環境であり、術後感染症の危険を招くことになる。同時に、組織の治癒過程における異物の存在は治療の失敗を招きかねない。最後に、最も重要なことであるが、重度の遷延する出血によって出血性ショックや進行性の低酸素血症が起こる可能性があり、これにより患者の命が危険にさらされることになる[2]。

> どのような処置を行う場合でも、手術チームは、組織に対する十分な血液供給を維持することと失血を予防することとの間の微妙なバランスを取らなくてはならない。

また、知識や訓練の不足による不適切な止血手技は、組織障害や血流阻害、不健全性や疼痛増加の原因となり、手術の失敗という結果を招くということも肝に銘じておくべきである。

---

[1] Shander, A. Surgery without blood. *Crit Care Med*, 2003. 31(12 Suppl.)：708-714.
[2] Toombs, J.P., Crowe, D.T. Hemorragia y hemostasia. In：Slatter, D.H.(ed.). *Texto de cirugía de los pequeños animales I*. Salvat, Barcelona, 1989, pp. 332-333.

無血手術を行うという観点から見ると、外科医の訓練と能力が重要なものとなる。しかし、さらに重要なのはそれぞれの症例について十分に研究し計画を立てることである。手術を行う前に、凝固能に関するあらゆる問題点を発見し補正すべきであり、出血を最小にする、正確で繊細な切開、分離を行うための手術手技を慎重に選択すべきである（表1）。そして、出血を予防あるいはコントロールするための材料や手技を準備しておくべきである。

> 術中および術後の出血は手術の種類と時間（緊急手術か、予定手術か）、外科医の技術、使用される麻酔、術後の処置と密接に関係している。

表1

手術に関連する出血について考慮すべき事柄	
症例	手技
凝固異常	手術の種類
薬物	外科的切開
全身状態	切開の大きさと切開創の保護
栄養状態	見えない、あるいはコントロールされていない出血巣
低体温、アシドーシスなど	縫合不能な組織

表2

手術中の失血に対処する方法と手技	
機械的	■ 直接的圧迫 ■ 脱脂綿、圧迫包帯 ■ 結紮、クリップ、縫合など
薬物	■ アドレナリン ■ プロタミン ■ デスモプレシン ■ リシン類似物質（アミノカプロン酸、トラネキサム酸など）
局所的薬物	■ コラーゲン ■ セルロース ■ フィブリン ■ シアノアクリレートなど
高エネルギー／熱	■ モノポーラ電気手術器 ■ バイポーラ電気手術器 ■ レーザー ■ バイポーラ血管シール器など

> 出血をコントロールすることは、きれいな術野と術後の出血の予防につながる。

後に続く各章では、手術に先立って患者がもっているかも知れない凝固能の問題点を理解し、発見するための臨床上の基礎と、いかにしてそれらをコントロールするかが述べられている。また、麻酔や外科のさまざまな手技や、出血を最小にし、凝固能を強化するために使われる材料、無血手術を行うために利用可能な器具についても記載されている（図2）。機械的な止血法、様々なエネルギー源を用いた止血器具と止血法の話題も取り上げている（表2）。また、種々の実践的な応用法についても、典型的な症例をあげて解説している。

もしも、手術がうまくいったにもかかわらず直後に出血が起こったなら（図3）、何が原因となりうるかをよく考えるべきである。
■ 患者の凝固能に問題がないか？
■ 麻酔の副作用ではないか？　あるいは手術手技に問題はないか？
■ 血圧の回復によるものではないか？　など

出血に対する処置や、出血の原因を取り除くための再手術を行う前に、これらの疑問を解決しておく必要がある。

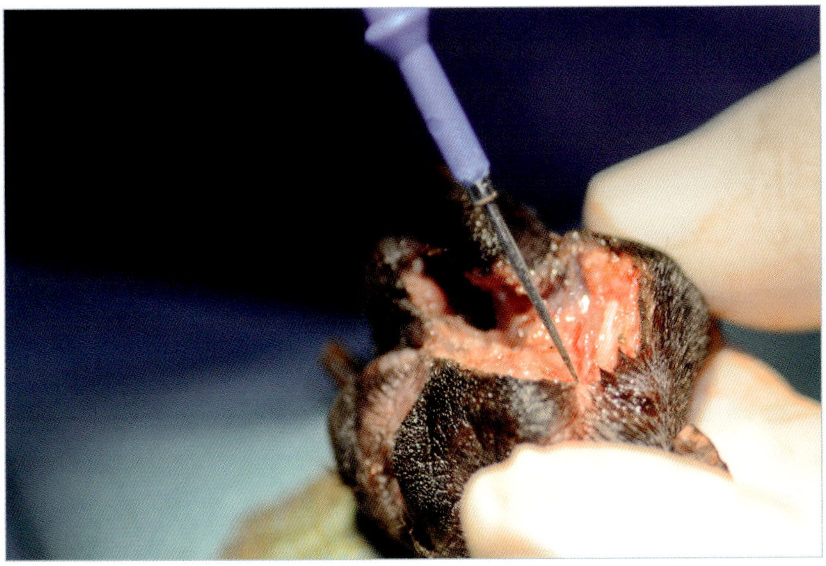

図2　肢端や肉球の手術は出血しやすい。モノポーラ電気メスを使用することで、出血させることなく、また、後の手術創の治癒を阻害することなく手術を行うことができる。

図3　患者の血圧が正常に復するにしたがって、手術直後に遷延性の出血を見ることがある。

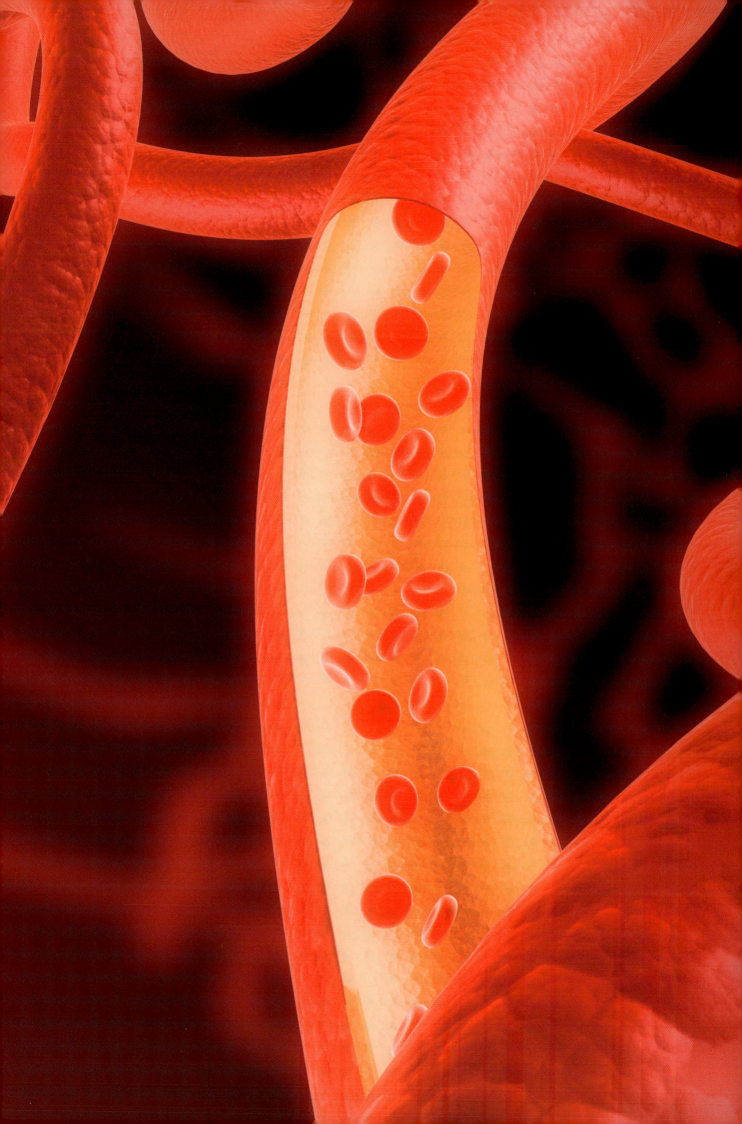

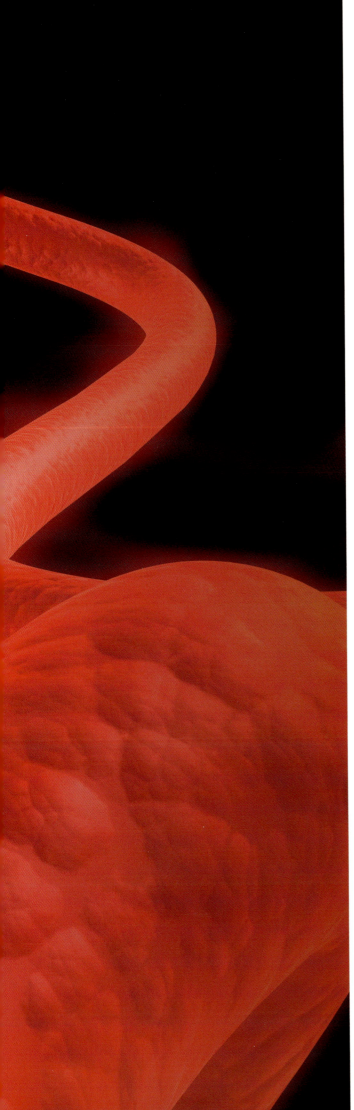

止血および止血異常

臨床医のための止血の生理学
出血症候群の臨床徴候

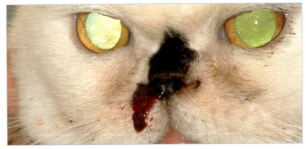

止血の評価方法

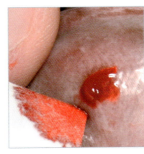
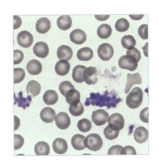

凝固不全および術前に出血を呈する
　症例の治療

獣医学領域でよくみられる
　凝固障害

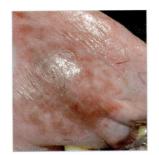

止血および止血異常

Guillermo Couto

自然出血もしくは過剰な術中出血は犬では比較的一般的であるが、猫では極めてまれである。（結紮などの）局所の止血の失敗を除けば、一般的には全身的な止血異常が原因である。上手に整理し合理的なアプローチを行えば、多くの症例において確定診断や適切な治療を行うことは容易である。

止血異常の症例において、自然出血と、正反対の問題である血栓症もしくは血栓塞栓症が認められることがある。伴侶動物においては血栓あるいは血栓塞栓はまれではあるが、特定の病態（例：猫における肥大型心筋症、犬におけるクッシング症候群）において認められ、診断される頻度は増加している（図1～3）。

> 血栓塞栓症が診断される頻度が増加している。

犬において最も一般的に自然出血を起こす原因は、免疫介在性血小板減少症である。止血異常を起こすその他の疾患として感染性血小板減少症、播種性血管内凝固（DIC）、殺鼠剤中毒などがある。

先天性血液凝固異常はまれではあるが、犬においてフォン・ビレブランド病は時にみられる。しかし、自然出血が認められることはめったにない。猫では血液凝固検査での異常はよく認められるが、自然出血を起こすことはまれである。

> 最も頻繁に自然出血を起こす疾患は血小板減少症である。

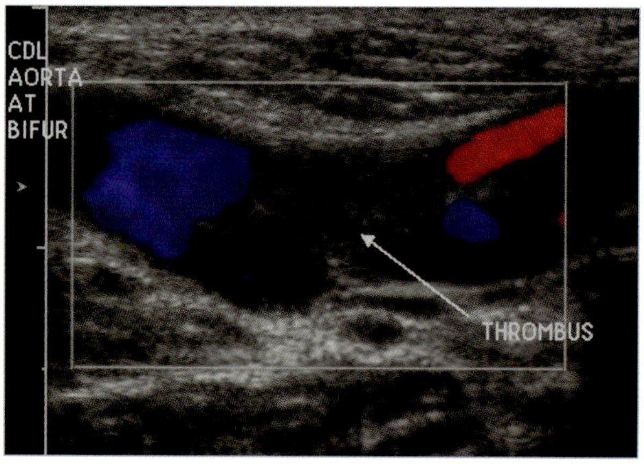

図1 グレイハウンドにおける大動脈血栓の超音波画像所見

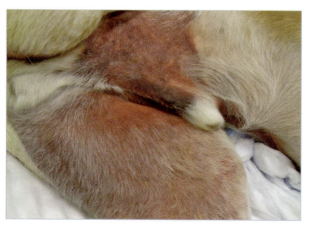

図2 大動脈血栓症のグレイハウンドの肉眼所見

図3 同じ犬の抗凝固治療後の肉眼所見

臨床医のための止血の生理学

Guillermo Couto

　血小板は一次血小板プラグ（一次止血栓：下記参照）を形成する際に重要な役割を果たすだけでなく、サイトカインの産生により血管内皮細胞間の結合を維持している。さらに、血小板は循環内皮前駆細胞の分化も調節している。血小板減少症の症例では、解剖学的に内皮細胞間接合部から出血する。血小板数が20,000～30,000/mm³まで減少すれば、内皮細胞間のファスナー状になっている部分が開き赤血球が脱出する。

　正常な動物では、病変部位で速やかに血管収縮が生じ、止血機構が活性化する。スムーズな血流が乱れることにより内皮下層が循環血液にさらされ、血小板が病変部位に付着、凝集する。この付着はフォン・ビレブランド因子（VWF）、フィブリノゲン、フィブロネクチンなどの接着蛋白を介する。凝集した血小板は直ちに血管病変に付着し一次止血栓となるが、これは非常に短時間（秒）で不安定である。この止血栓が足場となり、二次止血機構により安定した血栓／凝血塊となる（二次止血栓）。

> 血管が損傷を受けると血小板は病変に付着、凝集し、非常に不安定な止血栓を形成する。

　健康な動物では、凝固因子は不活化状態で循環しており、病変部位でのみ活性化する。何10年も前に定義された内因系、外因系および共通経路からなる血液凝固カスケードは、血液凝固の生理学を教える際に依然として使われているが、実際には体内での止血機構はこのステップをきっちりとは踏んでいるわけではないことが知られている。たとえば、凝固の接触相の開始に第Ⅻ因子（FⅫ）は必要ないため、第Ⅻ因子欠損の犬や猫は自然出血は生じない。体内の止血機構で最も重要な機序は、組織因子（TF）による第Ⅶ因子の活性化すなわち従来の**外因系経路**である。この20年で、内因系と外因系のカスケードは深い相互関係をもっていることが理解されてきた。

　古典的な止血モデルにおいては、接触相の活性化（**内因系**）および一次止血栓の形成はほぼ同時に起こり、次にフィブリンが形成される。図1に示すように、**内因系**に関連する凝固因子として第Ⅻ、Ⅺ、Ⅸ、Ⅷ因子があげられる。第Ⅻ因子は内皮下層に接触することで活性化する。プレカリクレイン（フレッチャー因子）、高分子量キニノーゲンは第Ⅻ因子の補因子である。前述したように体内での内因系の役割は疑わしい。

　二次止血栓は強固で長時間持続する。組織因子は血管内皮以外のほとんどすべての臓器の細胞膜上に発現しており、組織障害が起こると即座に放出される。組織因子は速やかに第Ⅶ因子（**外因系**）を活性化させ、二次止血栓を形成する（図1）。

> 二次止血栓は障害を受けた血管の永久止血に関与している。

　血液凝固の活性化刺激は抗凝固や炎症促進機構も活性化するため、止血が組織の炎症や修復に重要な役割を果たす。たとえば、線溶は最も重要な抗凝固機構の1つである。プラスミノーゲンは（凝固因子と同様に）不活化状態で循環しているが、病変部位で活性化しプラスミンとなる。これは蛋白分解酵素であるため、血栓や血液凝血塊を"消化"し、フィブリンなどの凝固因子を分解し、フィブリン分解産物（FDP）やD-ダイマーを生成する。FDPは病変部位への血小板の付着や凝集を阻害し、血栓や凝血塊の成長を阻害する。

　過剰な線溶は出血を起こすことがあり、これはDICにおける自然出血に関与する大きな要因の1つとなる。

　そのほかの抗凝固機序として、ヘパリンの補因子であるアンチトロンビン（AT）やプロテインC、プロテインSなどがあげられる。

> 自然な線溶機構は血管内での血栓の成長をコントロールするために必須である。

　最後に、止血は修復および炎症の経過より先に起こることを覚えておかなければならない。「血液凝固のない炎症はない」としばしば言われている。つまり手術の後24～48時間の間には、トロンボエラストグラフィーなどの検査により検出できるような過凝固状態が起きていることを示す。この生理学的な変化が生じなければ、約25～30％のグレイハウンドで生じるような術後の出血が起こる原因となる。

> 障害を受けた組織が適切に修復されるためには、それに先立つ正常な止血が必要である。

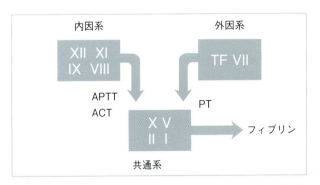

図1　血液凝固カスケードの内因系、外因系および共通経路
ACT：活性化凝固時間、APTT：活性化部分トロンボプラスチン時間、PT：プロトロンビン時間

臨床医のための止血術

出血症候群の臨床徴候

Guillermo Couto

特定の犬種、猫種は先天性もしくは後天性凝固障害のリスクが高い（表1、2）。

表1

先天性および後天性凝固障害*		
	異常の要因	好発犬種
先天性の原因	第Ⅰ因子、低フィブリノゲン血症、異常フィブリノゲン血症	ビション・フリーゼ、ボルゾイ、コリー、DSC
	第Ⅱ因子、低トロンビン症	ボクサー、オッターハウンド、イングリッシュ・コッカー・スパニエル
	第Ⅶ因子、低プロコンバーチン血症	アラスカン・クリー・カイ、ビーグル、アラスカン・マラミュート、ディアハウンド、シュナウザー、DSC
	第Ⅷ因子、血友病A	さまざまな犬種、とくにジャーマン・シェパード、ゴールデン・レトリーバー、DSC
	第Ⅸ因子、血友病B	さまざまな犬種、DSC、その他の猫種
	第Ⅹ因子、スチュアートプロワー因子	コッカー・スパニエル、ジャック・ラッセル・テリア、DSC
	第Ⅺ因子、血友病C	イングリッシュ・スプリンガー・スパニエル、ピレニアン・マウンテン・ドッグ、ケリー・ブルー・テリア、DSC
	第Ⅻ因子、ハーゲマン因子欠損症	ミニチュア・プードル、シャー・ペイ、DSC、DLC、シャム、ヒマラヤン
	カリクレイン（フレッチャー因子）欠損症	いくつかの犬種
	異常	原因
後天性	凝固因子の合成低下、質的異常？	肝疾患
		胆汁うっ滞
		ビタミンK吸収不良
	ビタミンK拮抗物	DIC

DSC：短毛雑種猫、DLC：長毛雑種猫

* Couto, G. Disorders of Hemostasis. In: Nelson R. W., Couto, G.（ed.）. *Small Animal Internal Medicine*, 5th Edition, Elsevier, 2014. より改変

** Couto, G. Disorders of Hemostasis. In: Nelson R. W., Couto, G.（ed.）. *Small Animal Internal Medicine*, 5th Edition, Elsevier, 2014. Inherited Intrinsic Platelet Disorders. In: Weiss, D.J. and Wardrop, K.J（ed.）. *Schalm's Veterinary Hematology*, 6th ed. Iowa: Wiley-Blackwell, 2010. page 619. より改変

表2

犬および猫における血小板減少症もしくは血小板無力症を起こす疾患**		
血小板減少症		
異常	原因	
産生の低下	免疫介在性巨核球低形成	
	特発性骨髄低形成	
	薬剤による巨核球低形成：エストロゲン、フェニルブタゾン、メルファラン、ロムスチン、βラクタム系抗生物質	
	骨髄癆	
	周期性血小板減少症	
	レトロウイルス感染	
	エールリヒア症	
破壊、分布、消費	免疫介在性血小板減少症（IMT）	
	感染症　アナプラズマ、バルトネラ、敗血症等	
	弱毒生ワクチン	
	薬剤誘発性血小板減少症	
	微小血管症	
	DIC	
	溶血性尿毒症症候群	
	血管炎	
	脾腫	
	脾捻転	
	エンドトキシン血症	
	腫瘍（免疫介在性、微小血管症）	
血小板無力症		
異常	原因	
遺伝性	フォン・ビレブランド病（さまざまな犬種）	
	巨大血小板性血小板減少症（キャバリア・キング・チャールズ・スパニエル）	
	グランツマン血小板無力症（オッターハウンド、ピレニアン・マウンテン・ドッグ）	
	血小板障害（バセット・ハウンド、フォックスハウンド、スピッツ、ジャーマン・シェパード）	
	エーラスダンロス症候群（さまざまな犬種）	
	スコット症候群（ジャーマン・シェパード）	
後天性	薬剤（NSAIDs、抗生物質、フェノチアジン、ワクチン）	
	二次性（骨髄増殖性疾患、全身性エリテマトーデス、腎不全、肝疾患、ガンモパシー）	
	フォン・ビレブランド病	

自然出血あるいは術中に過剰出血している犬や猫を評価する際には以下の点を含めて病歴を聴取する。
- 出血が起きたのは初めてか？　もし、出血が初めてで、かつ成長した動物での発症ならば後天性の凝固障害の可能性が高い。
- 手術歴があるか？　もしあるならば、出血が認められたか？　もし出血があったなら先天性疾患の可能性が高い。
- 同腹の子犬や子猫に出血が認められたことがあるか？　もし認められていたら先天性もしくは遺伝性疾患を示唆している。
- 血小板減少症、血小板機能異常、凝固異常を起こす薬剤が投与されていないか？　このような薬剤として抗生物質、バルビツレート、非ステロイド性抗炎症薬（NSAIDs）などがあげられる。
- 殺鼠剤を摂取した可能性はあるか？

バルビツレート、ハロタン、セファロスポリンやペニシリンなど抗生物質、ケトプロフェンなどのようなNSAIDsなどの薬剤は止血に影響を与えることがある。しかし、大部分の症例では臨床上問題とならない。

一次止血異常による臨床症状は二次止血異常によるものと大きく異なるため、通常は検査中に予備的に診断される。

一次止血異常に伴う問題は通常は血小板減少症（血小板機能低下は非常にまれ）によるものであり、粘膜出血に伴う症状（鼻出血、黒色便、直腸出血、血尿）（図1～3）を呈する。

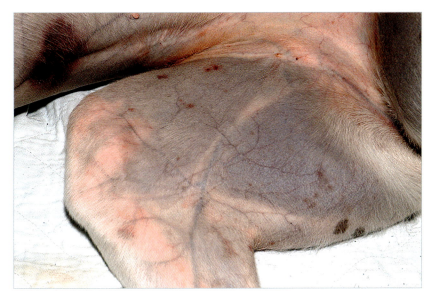

図1　免疫介在性血小板減少症の雌のグレイハウンドの腹部および大腿部内側領域における紫斑および斑状出血。皮膚の色が明るいため、紫色に変色した筋肉が確認できる。

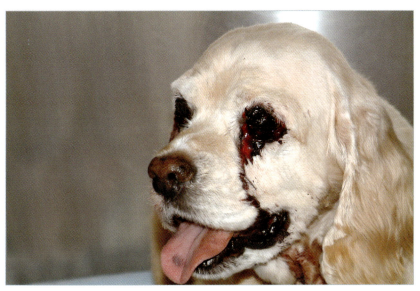

図2　外傷後に結膜出血を起こした血小板減少症のコッカー・スパニエル

図3 免疫介在性血小板減少症の猫における鼻の自然出血

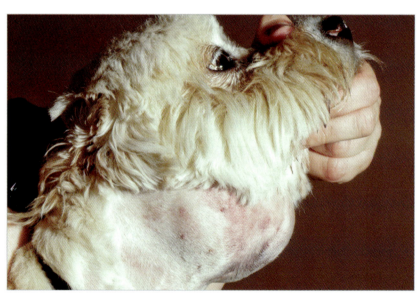

図4 血友病Aの雑種犬における頸部の血腫。この症例は甲状腺腫瘍を疑われて紹介来院した。

> 最も一般的な一次止血異常症は血小板減少症であり、表層性出血から同定することができる。

　対照的に、二次止血異常症の症例ではフィブリン形成ができないため、深部における出血（血腫もしくは体腔内出血）が生じる（図4）。犬において、最も一般的な二次止血異常症は殺鼠剤中毒である。血友病Aの症例における典型的な病歴は、若齢の雄犬における間欠的な跛行（関節出血）および"しこり"（血腫）である。

> 最も一般的な二次止血異常症は殺鼠剤中毒である。体腔内の出血が特徴である。

　前述した理由から、紫斑、斑状出血や粘膜出血を呈している症例は殺鼠剤中毒ではなく、血小板減少症（もしくは血小板機能異常症）と診断すべきであり、また血小板減少症は血腫や血胸の犬における出血の原因とはならない。

　猫もしくは犬が一次止血異常（例：紫斑、斑状出血、粘膜出血）および二次止血異常（例：血腫や体腔内出血）の両方の臨床徴候や検査所見を呈していたら、DICに陥っている可能性が高い。

　出血を起こしていない犬や猫においても、血液凝固検査において顕著な異常を呈することもある。たとえば、第XII因子、プレカリクレインもしくは高分子キニノーゲン欠損では、顕著な活性化部分トロンボプラスチン時間（aPTT）の延長を認めるが、自然出血を起こすことはない。

止血の評価方法

Guillermo Couto

　止血機構の臨床病理学的評価は主に2つのグループの症例に対して適応となる。
- 自然出血もしくは出血時間の延長が認められる症例
- 以下の症例の外科手術前の検査
    - 出血傾向のある疾患に罹患している（例：血管肉腫やDICの犬、肝疾患の猫）
    - 先天性の凝固異常が疑われる（例：フォン・ビレブランド病が疑われるドーベルマンの卵巣摘出術）

　前述のとおり、自然出血を呈する症例の大部分で、出血パターンが凝固障害の大まかなメカニズムを示している（紫斑、斑状出血、粘膜出血を起こす症例は血小板の異常、血腫や体腔内出血を呈する症例は凝固因子欠乏）。したがって出血の原因に関与する情報を検査項目数を減らしながら直ちに得ることができる。もしこれらの検査で十分な情報が得られなければ、追加検査のためにサンプルを検査機関に送付する。

　最初に実施する検査として、血液塗抹、血小板数の評価、プロトロンビン時間（PT）、活性化部分トロンボプラスチン時間（aPTT）、フィブリン分解産物もしくはD-ダイマーの測定、粘膜出血時間などがあげられる。

> 表面出血を起こしている症例では血小板数が重要である。

血小板数

　症例の臨床症状が一次止血異常によるもの（紫斑、斑状出血、粘膜出血）であれば、最初に実施すべき検査は血液塗抹により血小板数が正常かどうかを評価することである。通常、このような症状を示す犬では血小板減少症が認められる。したがって血液塗抹の評価により非常に重要な情報を得ることができる。

　血液塗抹の辺縁に凝集した血小板が認められなければ（もし認められれば血小板数を過小評価してしまう：偽血小板減少症）、油浸レンズ（×1,000）を用いて数視野もしくは単一面を評価する。正常な猫や犬では、油浸レンズでの1視野（OIF）あたり10～15個の血小板が認められる。OIFでは血小板1つあたり15,000～20,000/μl（図1）の血小板に相当する。

> 犬や猫では機能が正常な血小板が25,000～30,000/μl以上存在すれば自然出血は起こらない。

　自動血球計算機による測定は、手動測定と比較して非常に信頼できる。しかし、猫やグレイハウンドのような特定の犬においては、抗凝固剤入りのチューブ内で血小板が凝集を起こすことがあり、偽血小板減少症を示すことを覚えておく必要がある（図2）。

　血小板の形態が血小板減少症の原因診断に役立つことがある。たとえば、アナプラズマ症の犬では細胞質内に桑実胚が認められる。

　血小板数が十分存在しているにもかかわらず、症例が一次止血異常を呈していれば、出血はエールリヒア症、アナプラズマ症、多発性骨髄腫などで起こる血小板機能異常による可能性が高い。

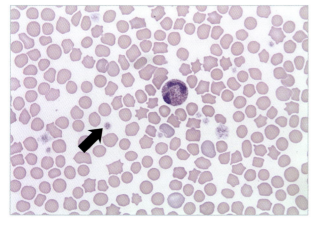

図1　正常な猫における血小板数。この視野には10個の血小板（矢印）が確認される。中央に好酸球を認める。

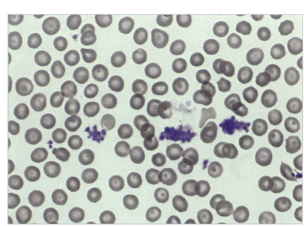

図2　化学療法を受けているバセット・ハウンドにおける偽血小板減少症。血小板が凝集し、十分に"分離"していない。

粘膜出血時間

血小板減少症が除外できれば、粘膜出血時間（BMBT）により仮診断を下せる。しかし、この検査の結果は人によるばらつきが大きく同じ人が行ってもばらつきがある。

バネ付きランセットによる口唇粘膜のBMBTは、健康な犬では3分以内である（図3～5）。猫ではBMBTを実施するのは困難である。

血友病Aや第VII因子欠損症では、表皮の出血時間が有用であるとされているが、結果がばらつくため獣医学領域で利用されることはまれである。

臨床検査

血腫や体腔内出血を呈する犬ではプロトロンビン時間（PT）や活性化部分トロンボプラスチン時間（aPTT）などのフィブリン形成を評価する検査を実施する。この検査は獣医領域で容易に利用可能であり、費用も安い。

PTは外因系経路（第VII因子）の異常、aPTTは内因系経路の異常（第XII、XI、IX、VIII因子）を検出することができる。当然ながらこれらの検査は凝固塊の形成によるものなので、共通経路（第X、V、II、フィブリノゲン）の異常も検出可能である（p9 図1）。

活性化凝固時間（ACT）は、カオリンや珪藻土入りの試験管に血液を入れて内因系を評価するもう1つの検査法である（図6）。凝固時間は犬では60～100秒、猫では75秒以下が正常と考えられている。凝固時間は、それぞれの凝固因子が少なくとも70％（すなわち正常の活性30％以下）低下しないと延長しない、感度の高くない検査であることを臨床医は覚えておく必要がある。

凝固異常は、特異的な止血検査異常を示す（表3）。

自然出血や体腔内出血を呈さない症例で、顕著なaPTTの延長（かつ正常なTP）が認められることが臨床的に問題となる。この"凝固障害"が認められた際には、通常一連の凝固検査を実施するが、その必要はない。前述のとおり、第XII因子欠損症の猫や犬では自然出血や術中の出血を起こさないが、顕著なaPTTの延長を認める（通常、基準値の2倍以上である）。同様のことが先天性高分子キニノーゲン欠乏症、プレカリクレイン欠乏症の犬や猫でも認められる。

粘膜出血時間の手順

図3　ステップ1：まず上口唇を裏返しにし、口腔粘膜をガーゼで乾かす。

図4　ステップ2：ランセットを設置して引き金を引き、一定の長さと深さの傷をつける。ストップウォッチを作動させる。

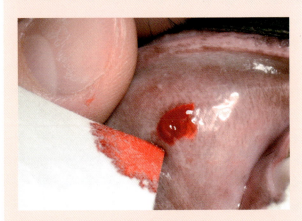

図5　ステップ3：傷口に触れて凝血塊を取ってしまわないように、滲んでくる血液を吸い取る。出血が止まったらストップウォッチを止める。正常なBMBTの範囲は1～3分である。

最後に、**循環抗凝固因子やループス抗凝固因子**とも呼ばれる**抗リン脂質抗体**は、免疫介在性疾患や感染症の症例で検出され、aPTTの延長を起こす。これらは採血管内では凝固因子と結合しaPTTを延長させるが、体内では血栓形成促進に働く。

循環抗凝固因子と先天的な凝固因子欠損とを鑑別するためには、血漿に健康犬の血漿を等量混ぜるとよい（1：1希釈）。凝固因子欠損が欠損している症例であれば、aPTTは正常化する。これは第XII因子（もしくはその他の因子）がほぼゼロなので、正常な犬の血漿を混ぜることによって50％以上となるためである。前述のとおり、aPTTは凝固因子が30％以下にならなければ延長しない。循環抗凝固因子が存在する症例では、健康な犬の血漿の凝固因子に対しても反応するため、aPTTが正常化しない。

線溶亢進（例：DIC）を疑う場合には、フィブリン分解産物（FDP）測定キットを使用する。このテストは評定が容易で、D-ダイマーの存在下で含まれるビーズが凝集することに基づくものである。殺鼠剤中毒の犬は多くがFDP陽性となり、DICと誤診の原因となる。

これらの検査を実施しても診断が下せない際には、血漿検体（3.2％もしくは3.9％のクエン酸入りの採血管）を検査センターへ送る。理想的には、アーティファクトを起こさないように血漿は検査センターに送る前に遠心分離し凍結する。全血球計算（CBC）は重要な情報である。大部分の検査センターでは凝固検査として、PT、aPTT、フィブリノゲン、FDPもしくはD-ダイマーが行われる。

より高度な検査センターでは、BMBTの代わりとなる血小板機能を評価するPFA-100、凝固因子やvWF、in vitroで全止血機構を評価するトロンボエラストグラフィー（TEG）などが利用可能である。

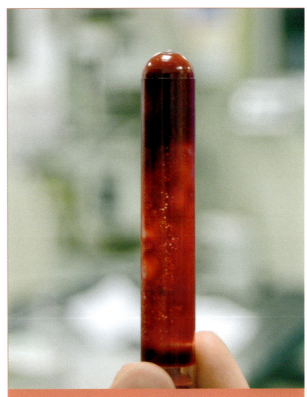

図6 珪藻土入りの採血管を使用した活性化凝固時間（ACT）の測定方法

1. 珪藻土入りの採血管を事前に37℃に温める。
2. 症例の全血を2ml加える。ストップウォッチを作動させる。
3. 採血管を5回転倒混和する。
4. 37℃で1分間置いておく。
5. 血液が凝固した様子があるかを5秒ごとに確認する。通常、血液は急に凝固する。

表3

止血プロファイルの評価							
疾患	BMBT	PT*	aPTT*	血小板数	フィブリノゲン	FDP/D-ダイマー
血小板減少症	↑	N	N	−	N	N
血小板無力症	↑	N	N	N	N	N
フォン・ビレブランド病	↑	N	N/↑	N	N	N
血友病	N	N	↑	N	N	N
殺鼠剤中毒	N/↑	↑↑	↑	N/−	N/−	N/↑
DIC	↑	↑	↑	−	N/−	↑
肝障害	N/↑	N/↑	↑	N/−	N/−	N

*PTおよびaPTTは基準の25％以上延びれば、延長していると判断する。
↑：増加もしくは延長、N：正常もしくは陰性、？：不明

止血に関する術前検査

術前に症例の止血の評価が必要な場合には、臨床医はまず以下の質問に関して自問する。
- 凝固障害が疑われる症例を術前にどのように評価すべきか？
- どの検査を行えば術中もしくは術後の出血を予想できるか？
- どのような治療を行えば出血を防いだり、出血量を減らすことが可能か？

もし根拠に基づいた医療のことだけを考えたら、無症状の症例で網羅的に術前の止血検査を行う根拠はない。これはどのような凝固検査も術中の出血の有無とは相関しないからである。

> フォン・ビレブランド病などのような臨床的に特殊な状況の場合には、BMBTの延長（5分以上）が、術中もしくは術後の出血と関連する。

米国および英国では、年間あたり4,000,000単位以上の新鮮凍結血漿（FFP）が医学領域で使用されている。それらの大部分は侵襲的な手技（例：生検、カテーテルなど）を実施するときに、凝固系検査に異常が認められた患者に対して使用されている。

しかし、近年の報告では凝固系検査の結果と術中の出血には関連性が認められなかったと示され、さらにPTの延長が認められた患者にFFPを投与しても、凝固系検査結果が正常化したのは1％の患者だけであった。言い換えると、術前のFFP投与は費用がかかる一方で、危険性があり、患者へのメリットというよりはむしろ臨床医や外科医の安心のためのもの（外科医にとってのよいプラセボ！）である。医学領域では現在、凝固系検査で異常が認められた患者に対するFFPの投与に関するパラダイムが変わってきている。

> 以下のような症例では、術前に止血能を評価すべきである。
> - 術前に止血能が変化している徴候が認められるすべての症例
> - ホルモン異常や全身性、あるいは脾臓、肝臓の腫瘍症例のような止血能に変化が疑われる症例
> - 寄生虫や全身性感染症に罹患している症例
> - 静脈穿刺後に異常な出血を示す症例

医学領域の現状がこうであれば、読者の想像のように、獣医学領域ではさらにわずかな情報しかない。著者の経験では、医学領域と同様に大部分のFFPがPTやaPTTが延長した症例において術前や術中に使用されている。

「輸血の原則」の項を参照 38ページ

図7　犬と猫における術前の止血評価

止血および止血異常 / 症例の治療

凝固不全および術前に出血を呈する症例の治療

Guillermo Couto

　一般論として、凝固不全がある症例では、それが致死的である可能性があるため迅速に治療を行う必要がある。同時に出血を予防すべきである。さらに外傷を最小限に抑え、ケージやキャリーに入れ、リードをつけて散歩するなど、運動を制限する。

　静脈穿刺はできるだけ細い注射針で行い、注射部位には圧迫包帯を使用する（図1）。症例のヘマトクリット値（Hct）を検査するために繰り返し血液サンプルが必要な場合には、著者は25Gの注射針（シリンジなし）を用い末梢静脈（伏在静脈もしくは橈側皮静脈）から採取することを推奨している。静脈内に針を穿刺後、毛細管をハブ（針基）に2本入れ、毛細管現象により血液を満たす。1本の毛細管でHctおよび血漿蛋白濃度を測定し、もう1本で血液塗抹を作成する。

　これらの症例では、たとえば尿検査のために膀胱穿刺を実施するなどの侵襲性のある手技も最小限にする。しかし、いくつかの検査は問題なく行うことができる。たとえば、骨髄穿刺、リンパ節や体表腫瘍などの針吸引検査（FNA）、脾臓の針吸引検査、静脈カテーテルの設置などである。また、止血性の合併症のリスクを減らせば可能な手術もある：実際に、我々の施設では血小板数が25,000/mm^{3}未満の犬でしばしば脾臓摘出術を行っているが、明らかな合併症は認められていない。

　凝固不全症の猫や犬では、FFP、クリオプレピシテート、全血輸血が必要なことがある。凝固不全の患者における輸血に関しては"輸血の原則"で、より詳細に記載されている。

　我々の病院では、迅速に血小板機能不全を検出する市販の検査を使ってVWDの犬の出血の可能性を評価している。これらの犬もしくは術前に出血している犬では、デスモプレッシン（1μg/kg、SC、術前もしくは出血時）を投与すると出血の程度が抑えられる。バゾプレッシンを投与しているにもかかわらず過剰な出血を呈しているVWDの犬ではクリオプレピシテートが非常に有用である。

「輸血の原則」の項を参照 38ページ

　術中もしくは術後に出血している症例で、FFPもしくはクリオプレピシテートが手に入らなければ、εアミノカプロン酸（15～50mg/kg/8h、POもしくはIV）が出血を止めるもしくは減らすのに有効である。アプロチニン（80,000KIU*/kg）も同様の効果をもつ。この薬は、血小板減少症に伴う出血を呈する犬においても効果を認めることがある。

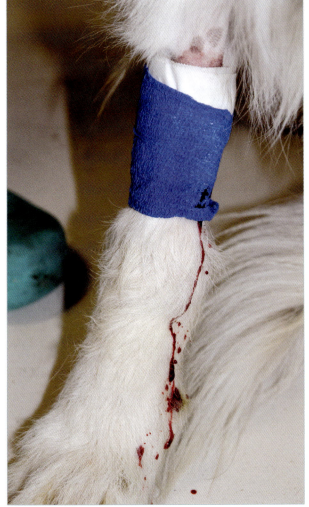

図1　血液凝固に問題のある症例。出血を抑えるため、採血後は圧迫包帯をしなければならない。

「術前の止血療法」の項を参照 66ページ

*KIU カリクレイン不活化単位

臨床医のための止血術

獣医学領域でよくみられる凝固障害

Guillermo Couto

一次止血異常

一次止血異常は自然出血を起こす最も一般的な原因であり、紫斑、斑状出血、粘膜出血（例：鼻出血、血尿、黒色便）を呈する（p11〜12 図1〜3）。

血小板減少症

血小板減少症は犬で最も一般的な自然出血の原因であり、著者の経験では、以下の原因による。
- 骨髄での産生低下（例：白血病、エールリヒア症、リーシュマニア症）
- 破壊の亢進（例：免疫介在性血小板減少症［IMT］）もしくは消費（例：DIC）
- 血小板の隔離（例：脾腫）

> 犬では免疫もしくは感染による血小板の破壊亢進が血小板減少症の最も多い原因である。しかし、猫ではまれである。

血小板減少症の症例における検査

血小板減少症の犬で網羅的検査を行う前に、臨床医は犬種によっては血小板数が基準値より低いことを思い出す必要がある。たとえば、グレイハウンドなどのサイトハウンドでは血小板数が80,000〜120,000/μlであり、巨大血小板を有するキャバリア・キング・チャールズ・スパニエルは50,000/μl以下であっても血小板機能では全体として正常である。

> 猫およびいくつかのサイトハウンドでは、EDTA入りの採血管内で血小板が凝集して固まるため、偽血小板減少症を呈することに注意する。

血小板減少症であることが確認されたら、その病因を突き止める必要がある。

血小板数が糸口となることもある。たとえば、25,000/μl以下であれば犬ではIMTが多く、50,000〜75,000/μlの範囲は感染症（例：エールリヒア症、アナプラズマ症、リーシュマニア症）や腫瘍（脾臓リンパ腫）による血小板減少症であることが多い。どのような薬剤も、末梢での血小板の破壊による血小板減少症の原因となりうる。獣医学領域では、血小板減少症を起こす薬剤としてはβラクタム系抗生物質（ペニシリン、セファロスポリン類、クラブラン酸など）やバルビツレートである。

> ※ 血小板減少症の犬では侵襲性のある検査を実施する前に、迅速血清学検査で感染症を除外する必要がある。猫では、一般的な原因である猫白血病ウイルス（FeLV）や猫免疫不全ウイルス（FIV）の検査を実施する。

胸部X線撮影や腹部超音波検査は腫瘍を除外するのに有用である。IMTの犬において、びまん性の脾腫を起こすリンパ細網系過形成があることを覚えておく必要がある。脾腫が確認されたらFNAが必要である。これらの症例では血小板が20,000/μl以下であっても出血のリスクは少ない。

非侵襲的な検査で有用な情報が得られなかったら、骨髄吸引検査を実施する。消費もしくは破壊による血小板減少症であれば、通常巨核球の過形成が認められる。リーシュマニア症などの寄生虫性疾患であれば形質細胞の増加がしばしば認められる。

> 現在、犬や猫に対して十分な量の血小板を輸血することは困難である。血小板減少症の症例に対して濃厚赤血球を輸血すると、出血の程度が抑えられることが多い。

球状赤血球を伴う溶血性貧血もしくは自己凝集を伴う貧血の犬において、血小板減少が認められたらエバンス症候群（IMTと免疫介在性溶血性貧血の合併）が示唆される。このような症例では直接クームス試験**が、陽性となることが多い。止血検査および血液塗抹において破砕赤血球を認めないことがDICの除外に有用である。抗血小板抗体の検出は、臨床的意味はほとんど（もしくは、全く）ない。

IMTは免疫抑制量のコルチコイドによって治療した後に回顧的に診断されることが多い。感染症（例：リケッチア、エールリヒア症）による血小板減少症が疑われる際にはコルチコイドに加えてドキシサイクリン（5〜10mg/kg/12h、PO）を投与する。

**クームステストは赤血球表面抗原に反応する血清中の抗体を検出する。

免疫介在性血小板減少症

著者の経験では、犬において最も一般的な自発性出血を起こす疾患はIMTである。中年齢、雌のスパニエルやオールド・イングリッシュ・シープドッグに好発する。

臨床徴候は、急性、甚急性に起こり、紫斑、斑状出血、粘膜出血（p11～12 図1～3）が認められる。身体検査では脾腫に加えて、出血の程度に応じて可視粘膜蒼白を認める。エバンス症候群に罹患していれば、黄疸も認められる。

IMTの犬では全血球計算で顕著な変化は認めない。通常は、重度の血小板減少症のみで、出血後の貧血があるかどうかである。エバンス症候群の症例では球状赤血球や自己凝集が血液塗抹で確認できることがある。多くの症例において、骨髄では巨核球の過形成が認められるが、巨核球の免疫学的破壊により巨核球の低形成を呈する症例もわずかに存在する。

> IMTの症例では臨床徴候を示さないことがある。出血を起こしていなければ、**身体検査も正常で、全血球計算では明らかな変化を認めない。**

臨床的にIMTが疑われたら、治療の選択肢について飼い主と相談する必要がある。

著者は免疫抑制量のコルチコステロイド（プレドニゾン2～8mg/kg/day）による治療を推奨する。IMTの症例であれば血液学的な反応が24～96時間で認められる。さらにファモチジン（1mg/kg/12h、PO）やオメプラゾール（0.5～1mg/kg/12h、PO）などの胃粘膜保護剤を常に投与する。

血小板減少症と重度の出血を呈する症例には、著者はサイクロフォスファミド（200～300mg/m^2、POもしくはIV）の単回投与を行っている。コルチコステロイドに反応が認められない症例ではアザチオプリン（50mg/m^2/24h、PO、1週間後から48時間毎投与）を投与する。著者の経験ではIMTの犬に対してビンクリスチンはあまり効果がないようだ。

非常によい"レスキュー"薬としてヒト免疫グロブリンG（0.5g/kg、IV、単回投与）がある。

IMTの症例の予後は通常良好であるが、多くの症例で一生涯治療が必要となる。適切な血小板数を維持できる最少の薬用量となるように調節する。

二次止血異常

二次止血異常の犬は、虚脱（体腔内出血）、運動不耐（胸腔内出血）、腹囲膨満（腹腔内出血）、跛行（関節内出血）、血腫などの徴候を呈して来院する。摩擦を受ける部位（腋窩や鼠径）の"皮下出血"に気づく飼い主は滅多にいない（図1）。二次止血異常の最も一般的な2つの原因は、殺鼠剤中毒（ビタミンK欠乏症）と血友病である。

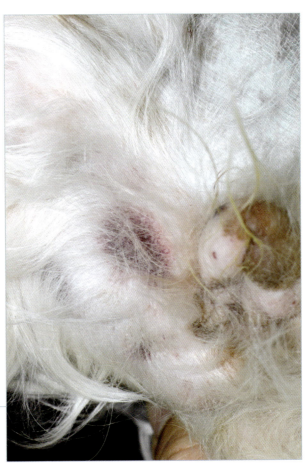

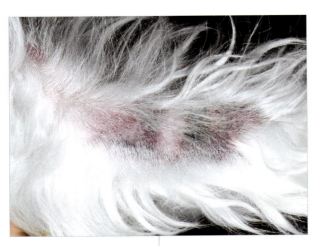

図1　前肢、腋窩、鼠径部などの外部にさらされているさまざま部位からの自然出血を呈した症例

ビタミンK欠乏症

第Ⅱ、Ⅶ、Ⅸ、Ⅹ因子の活性化にはビタミンKが必要である。プロテインCおよびプロテインSの2つの抗凝固因子もビタミンK依存性である。

犬におけるビタミンK欠乏症は殺鼠剤（クマリン、ワルファリン、ダイファシノン、ブロジファクム）の摂取による。

ビタミンKの吸収不良は犬ではまれであるが、浸潤性腸炎や慢性肝疾患の猫では比較的よく認められる。

大部分の症例では虚脱して来院し、殺鼠剤へ曝露された病歴をもつ。体腔内の出血とくに血胸が認められる。呼吸困難、胸壁の痛み、発咳などもしばしば認められる。前述のとおり、腋窩や鼠径に"皮下出血"を認めることもある。

殺鼠剤の摂取直後であれば（数分前）、催吐させ活性炭を投与する。殺鼠剤の摂取が明らかではなく、出血徴候も認められなければ、予防的にビタミンKを投与する、もしくはプロトロンビン時間（PT）を測定する。

> 第Ⅶ因子の血中半減期は4～6時間あるため、出血徴候を起こす前に、まずプロトロンビン時間の延長が認められる。

典型的な殺鼠剤中毒の症状の症例では、凝固系検査で顕著なPTの延長、軽度のAPTTの延長を認める。症例によっては中程度の血小板減少症（70,000～120,000/μl）とFDP陽性が認められる。したがって、DICと鑑別することが重要である。殺鼠剤中毒の犬の末梢血では破砕赤血球は認められない。

重度の出血を呈する症例では、通常全血、血漿もしくは濃厚赤血球の輸血が必要となる。これは摂取したビタミンKが効果を示すまで8～12時間かかるためである。最も生理活性を有するビタミンKはK₁であり、経口投与もしくは注射投与が可能である。しかし、注射投与は注射部位からの出血、アナフィラキシー様反応、ハインツ小体性溶血性貧血などの可能性があるため推奨されてない。

> ＊ ビタミンK₁はオイルもしくは油性賦形剤とともに5mg/kg経口投与する。その後は、2.5mg/kgを1日2、3回に分けて投与する。

ワルファリンやクマリンなどの第一世代の抗凝固薬であれば1週間のビタミンK投与で十分である。しかし、第二、三世代の抗凝固薬では治療期間を3～6週間まで延長させる必要がある。治療効果が現れているときは、まずPTが正常化する。

混合止血障害

播種性血管内凝固

小動物領域における頻度や臨床的な重要度を考慮して、混合止血障害としては播種性血管内凝固のみを取り上げる。

播種性血管内凝固（DIC）は過剰な血管内凝固により微小血栓による多臓器障害を起こすのと同時に、血小板や凝固因子の消費、二次的な線溶の亢進による出血という逆の病態が併発する症候群である（図2）。

DICは特別な変化ではなく、さまざまな臨床の場でしばしば直面する。DICは動的な現象であり症例の状態や凝固検査に明らかな変化がみられ、これが治療中に繰り返し生じる。

> DICは犬や猫において比較的よく認められる症候群である。

病因

血管内凝固を活性化させるいくつかの機序がある。
■ 感電や熱中症により血管内皮障害が起こる。敗血症に伴うDICでも同様に認められる。
■ 猫伝染性腹膜炎ウイルスなどのウイルス感染により血小板の活性化が起こる。
■ 外傷、溶血、膵炎、細菌感染、急性肝炎、および血管肉腫（HSA）をはじめとするいくつかの腫瘍などさまざまな疾患で凝固促進物質の放出が起こる。

DICの病態を理解するのに最も適しているのは、脈管系を1つの"大きな血管"と仮定し、その病因を正常な止血機構の増悪と考えればよい。ひとたび凝固カスケードが活性化すれば、この（全身の微小血管にまで及ぶ）大きな血管にいつかの事象が起きる。それらは順番に並んでいるが、ほぼ同時に起こり、それぞれの作用の程度は時間とともに変化するため、極めて動的なプロセスとなる。
■ まず、一次止血（血小板）および二次止血（凝固カスケード）が始まる。これは同時にさまざまな血管において起こるため、微小循環において複数の血栓が形成される。血栓が除去されなければ虚血を起こす。過剰な血管内凝固により多くの血小板が消費され、血小板数が減少する。
■ 次に線溶機構の活性化が生じ、正常な血小板の活性により抑えられていた血栓の溶解や凝固因子の不活性や

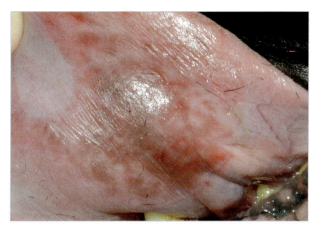

図2 眼窩内腫瘍の摘出手術中にDICとなった症例における粘膜下出血

犬では腫瘍（主に血管肉腫）、肝疾患、免疫介在性血液疾患がDICを併発しやすい疾患である。猫では肝疾患（とくに肝リピドーシス）、腫瘍（とくにリンパ腫）およびFIPでDICを併発する。

破壊が起こる（フィブリン分解産物［FDP］は強力な血小板阻害物質である）。
- 3番目に、アンチトロンビンおよびプロテインCやプロテインSも血管内凝固を抑えるために消費され、正常な抗凝固物質が完全に枯渇する。
- 4番目に、微小血管に形成されたフィブリンによって赤血球が破砕され（分裂赤血球もしくは破砕赤血球）、溶血性貧血が生じる。

これらの過程を考慮すると、以下の点を理解しやすい。
1. （過剰な血管内凝固および抗凝固物質の低下による）血栓が多臓器に存在する症例において、血小板減少症、血小板機能低下、凝固因子の不活化の結果として自然出血が起こる。
2. 犬そして、おそらく猫においてもDICの治療に対してヘパリンの投与が有用な治療の選択肢である。

アンチトロンビンが十分であれば、ヘパリンは凝固因子や血小板機能を阻害し、線溶活性を減少させることにより血管内凝固を抑えることができる。

これまで述べてきたことに加え、組織循環の低下によって低酸素、アシドーシス、肝臓、腎臓、肺の機能障害だけでなく心筋抑制因子の放出が促進される。単核食細胞系統の機能も阻害され、FDPやその他の副生成物、消化管で吸収された細菌などを除去することができない。これらは次の章でもわかるように、治療の面でも重要である。

猫や犬では表4に記載された疾患時にDICを発症する。オハイオ州立大学動物病院（OSUVTH）におけるDICの50頭の犬、21頭の猫の基礎疾患の罹患率を表5に示した。

表4

犬および猫においてDICを併発することが示されている疾患および病態	
腫瘍	血管肉腫
	血管腫
	転移性甲状腺癌
	転移性乳腺癌
	炎症性乳癌
	前立腺癌
	リンパ腫
	胆管癌
感染性疾患	敗血症
	細菌性心内膜炎
	レプトスピラ症
	犬伝染性肝炎
	バベシア症
	犬糸状虫症
	猫伝染性腹膜炎
炎症性疾患	化膿性膿皮症
	化膿性気管支肺炎
	急性肝壊死
	急性慢性肝炎
	膵炎
	出血性腸炎
	多形紅斑
その他	ショック
	熱中症
	蛇咬症
	肝硬変
	アフラトキシン中毒
	免疫介在性溶血性貧血
	寒冷凝集素症
	胃拡張/捻転
	うっ血性心不全
	弁膜線維症
	横隔膜ヘルニア
	周術期
	真菌性菌腫症
	腎アミロイドーシス
	肺塞栓症
	肝リピドーシス

表5

疾患		犬（％）*	猫（％）**
腫瘍	血管肉腫	44.4	17.2
	癌腫	22.2	34.5
	リンパ腫	22.2	48.3
	血管腫	11.1	0
肝疾患	胆管炎	28.6	0
	リピドーシス	0	72.7
	門脈シャント	28.6	0
	肝硬変	14.3	0
	非特異	28.6	27.3
膵炎		100	100
免疫介在性	溶血性貧血	40	0
	血小板減少症	20	0
	エバンス症候群	20	0
	好中球減少症	20	0
感染症	FIP	0	89.5
	敗血症	80	0
	バベシア症	20	10.5
殺鼠剤中毒***		100	100
胃拡張／捻転		100	100
外傷		100	100
その他		100	100

DICの犬50頭、猫21頭における基礎疾患（OSU VTH）

* 犬における症例の割合
** 猫における症例の割合
*** 殺鼠剤中毒の犬における血液凝固検査はDICにおける検査結果と類似していた

臨床

DICの犬における臨床症状はいくつかあげられる。最も一般的な病型として慢性潜在性（無症候性）DICおよび急性（劇症）DICがあげられる。大部分の猫は無症候性である。慢性（無症候性）DICで自然出血することはほとんどないが、止血系検査の結果はDIC時の異常と一致する。この型のDICは犬では悪性腫瘍、その他慢性疾患で認められることが多い。急性（劇症）DICは実際に急性（例：熱中症感電、急性膵炎）に起こることもあるが、多くは慢性無症候性DIC（例：血管肉腫、肝疾患）が代償不全をきたすことで発症する（図3）。

病因にかかわらず、急性DICの犬は大量の自然出血および貧血や血栓による実質臓器障害（臓器不全）による二次的徴候を呈して病院へ来院する。出血徴候は一次止血異常（紫斑、斑状出血、粘膜出血）および二次止血異常（体腔内出血）のいずれも認められる。さらに、次の段落で説明する臓器障害による臨床的および臨床病理的な所見が認められる。

診断

DICは猫では一般的ではないため、以下に記載する治療や診断に関する情報はいずれも犬におけるものである。

いくつかの血液学的所見がDICと仮診断するうえで役立つ。中でも、溶血性貧血、（血管内溶血による）ヘモグロビン血症、血色素尿症、分裂赤血球もしくは破砕赤血球、血小板減少症、左方移動を伴う好中球増加症、まれに好中球減少症などがあげられる（図4）。これらの所見の多くは、ヘマトクリット値を測定するための遠心

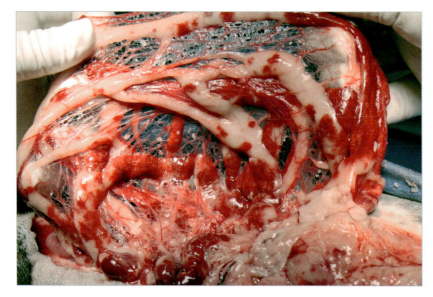

図3　脾臓の血管肉腫に対して脾臓摘出を実施した症例。大網および腸間膜に生じたDICによる多発性出血

分離後もしくは血液塗抹検査で明らかとなる。

DICの犬における血清化学検査の変化として、高ビリルビン血症（溶血もしくは肝臓塞栓から二次的）、高窒素血症および高リン血症（高値であれば、腎臓の微小血栓を示唆）、（代謝性アシドーシスによる）高炭酸血症、さらに出血が重度であれば低蛋白血症が認められる。

尿検査では血色素尿症、ビリルビン尿、蛋白尿、まれに尿円柱も認められる。

> DIC症例では重篤な膀胱内もしくは膀胱壁内の出血を起こすことがあるため、尿を膀胱穿刺で採取してはならない。

DICの犬における止血検査異常
- 血小板減少症
- プロトロンビン時間（PT）もしくは活性化部分トロンボプラスチン時間（aPTT）の延長（基準値の25％以上の延長）
- FDP陽性もしくはアンチトロンビンIIIの減少
- 低フィブリノゲン血症は一般的ではない。これがある症例では、線溶亢進（例：プラスミノゲン活性の低下、血栓溶解時間の延長）が認められることがある。

> DICの診断は、前述の検査のうち4つ以上の変化や破砕赤血球が認められれば確定できる。

トロンボエラストグラフィーの所見は、DICの臨床診断において興味深い検査となる可能性がある。

50頭の犬、21頭の猫における研究で認められた変化を表6に示した。犬では血小板減少症、aPTTの延長、貧血、破砕赤血球が高頻度に認められた。一方、再生性貧血、プロトロンビン時間の延長、低フィブリノゲン血症はまれであった。

表6

オハイオ州立大学においてDICと診断した50頭の犬および21頭の猫における止血検査の変化

変化	犬における割合	猫における割合
血小板減少症	90	57
aPTTの延長	88	100
破砕赤血球	76	67
FDP	64	24
PTの延長	42	71
線溶症候群	14	5

治療

いったんDICと診断したら（もしくは明らかに疑われる場合）、即座に治療を開始すべきである。残念ながら今日までにDICの犬と猫での治療法を評価した、適切な対照をおいた臨床比較研究は存在しない。したがって、次に述べる内容（表7）は、DICの犬に対してどのような治療を行うかの著者の（個人的）見解である。猫のDICに対する治療の経験は限られているが、基本的な原則は同じであろう。

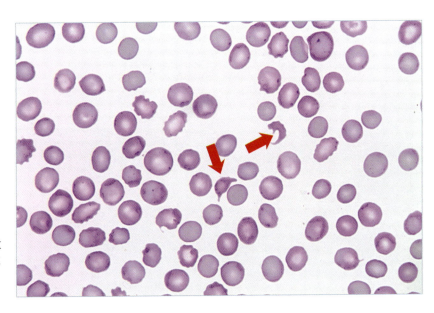

図4　血管肉腫でDICのある雑種犬の血液塗抹像で破砕赤血球（矢印）と血小板減少症が認められる。視野に血小板は見当たらない。

表7

1	原因疾患の除去		
2	血管内凝固を抑制する	ヘパリン	超低用量：5〜10IU/kg/8h、SC
			低用量：50〜75IU/kg/8h、SC
			中用量：300〜500IU/kg/8h、SCもしくはIV
			高用量：750〜1000IU/kg/8h、SCもしくはIV
		アセチルサリチル酸	犬：5〜10mg/kg/12h、PO
			猫：5〜10mg/kg/72h、PO
		血液および血液製剤	
3	実質臓器循環の維持	積極的な輸液療法	
4	合併症の予防	酸素	
		酸-塩基平衡	
		抗不整脈薬	
		抗生物質	

DICの症例においては、一連の症状を誘発する原疾患をコントロールもしくは取り除くことが一番重要な治療のアプローチであることは間違いない。しかしこれが可能なことはまれである。原疾患の除去が可能な状況としては、原発性血管肉腫の外科的切除、播種性もしくは転移した血管肉腫に対する化学療法、炎症のある犬に対する適切な抗菌薬治療、免疫介在性溶血性貧血の患者に対する免疫抑制治療などである。他の多くの状況（たとえば感電、熱中症、膵炎など）では、短期間のうちに原因を除去することは困難である。したがって犬のDICの治療の目的は以下となる。
- 血管内凝固の阻止
- 実質臓器への血液循環の維持
- 二次的な合併症の予防

覚えておくべきことは、もし犬や猫においても血液や血液製剤を制限なく（人のほとんどの病院で可能なように）供給できる機関があれば、循環血液量の減少によるショックでは死に至らないであろうが、呼吸もしくは腎不全により死に至る。著者の経験では、"DICに伴う肺疾患"（肺胞隔壁の微小血栓による肺血栓症）がDIC症例の死因になると思われる。

血管内凝固の阻止

血管内凝固の阻止は、ヘパリンか血液あるいは血液製剤の投与という2つの方法で可能である（表5）。前述し

たように、ヘパリンはアンチトロンビン（AT）の補助因子であるため、血漿中のAT-Ⅲ活性が十分でなければ、凝固カスケードの活性化を阻止することはできない。DIC症例においてAT活性は通常低いため（消費に加え不活性化の可能性もある）、抗凝固剤とともに、十分な量のアンチトロンビンを投与すべきである。このためには、新鮮な全血かもしくは新鮮凍結血漿（もしくはクリオプレピシテート）の投与が最も有効な手段である。著者の意見であるが、DIC症例への血液や血液製剤の投与は"火に油をそそぐ"ようなものだという古い格言には確証がない。

> DIC症例への血液・血液製剤の投与は時期を逃さないこと。

ヘパリンは昔から人や犬のDICの治療薬として用いられてきた。しかし本当に効果があるのかどうか議論は今もまだある。著者の経験では、ヘパリンや血液製剤をルーチンに使用しだしてから、DICの犬の生存率は明らかに上昇しているように感じる。この結果は動物の管理法が良くなったことによるものかもしれないが、著者は生存率の上昇の要因はヘパリンであり、ヘパリンが有効であると考える。

ヘパリンナトリウムの投与用量は広い。慣習的には抗凝固作用として4つの用量の範囲がある。
- 超低用量：5〜10IU/kg/8h、SC
- 低用量：50〜75 IU/kg/8h、SC
- 中用量：300〜500 IU/kg/8h、SCまたはIV
- 高用量：750〜1000 IU/kg/8h、SCまたはIV

超低用量、もしくは低用量のヘパリンは血液・血液製

「輸血の原則」の「血液の投与」の項も参照 45ページ

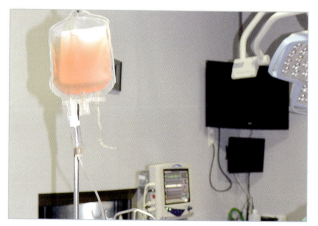

図5　手術中に明らかなDICの徴候が認められたら、迅速にヘパリンおよび（事前にあたためた）新鮮凍結血漿による治療を開始する。

剤と併用して著者も実際日常的に用いている。この理由は以下のとおりである。この用量では健常犬での活性化凝固時間（ACT）やaPTTを延長させない（延長させる最低用量は150〜250IU/kg/8h）、臨床症状や止血異常を改善できることから、これらの症例で生物学的に活性を示していると思われる。ヘパリンがaPTTやACTを延長させないという事実はDIC患者の管理のためには極めて効果的である。たとえば、DICの犬が中用量のヘパリンを投与されている場合、止血パラメーターを評価したときに、aPTTの延長がヘパリンの用量が過剰によるものなのかDICの進行によるものなのか予想することができない。

> 著者の経験では、超低用量もしくは低用量のヘパリンを投与されているDICの症例でACTもしくはaPTTの延長を認められたら、臨床像が悪化しており、治療を修正しなければならないことを示唆している。

重篤な微小血栓（例：等張尿を伴う顕著な高窒素血症、肝酵素の上昇）、呼吸困難、低酸素症が明らかであれば、中用量、高用量のヘパリンを投与すべきかもしれない。ACTを基準値（すでに延長している場合は正常値と比べ）の2〜2.5倍に延長させることを目標とする。

ヘパリンの過剰投与を起こした際には、硫酸プロタミンをゆっくり点滴静注する。投与量は最後に投与したヘパリン100IUあたり1mgであり、計算した50％の量をヘパリン投与1時間後に、そして25％の量を2時間後に投与する。臨床的に必要であれば、残りの用量も投与する。

> 硫酸プロタミンは、アナフィラキシーを起こすことがあるため慎重に投与する。

臨床的な改善が認められ、臨床病理学的パラメーターが正常化すれば、ヘパリンの投与量を徐々に減量する（3〜4日）。

血管肉腫や胃捻転によるDICの犬へのクリオプレシピテートの投与に関する最新の報告では、6頭中6頭で臨床的そして血液学的な改善が認められた。

実質臓器の循環維持

臓器循環を維持するには、クリスタロイドもしくはデキストランのような血漿増量剤による積極的な輸液療法が最もよい。この治療の目的は、循環血液中の凝固因子、線溶因子を希釈し、微小循環中の微小血栓を流し出し、前毛細血管細動脈の透過性を維持することにより十分な酸素交換が可能となる。しかし、腎臓、肺、心臓の機能障害がある症例では、水分過剰とならないように最大限の注意を払わなければならない。

図6　DICを改善するためには、術後も合併症を予防するための治療が必要となる。

1. 適切な酸素化
2. 持続的な心電図モニタリング
3. 定期的な動脈血ガス測定
4. 適切な抗生物質の静脈内投与

合併症の予防

前段落にも記したように、犬のDICではいくつか合併症が認められることがある。

酸素化の維持（例：酸素マスク、ケージ、鼻カテーテルを使用して酸素を供給する）、アシドーシスの改善、不整脈、二次感染（虚血した腸管粘膜は微生物に対するバリアが失われ、吸収された細菌は肝臓の単核食細胞系（MPS）では除去できずに血流に乗り、敗血症を起こす）の予防に対して注意を払わなければならない（図6）。中心静脈カテーテルは十分に注意して設置するか、設置しない方がよい。DICではカテーテルに伴う血栓症を起こしやすいと思われる。前大静脈の血栓症では乳び胸が認められる。

> 依然DICの犬の予後は不良である。さまざまな頭字語（DIC：death is coming、death in cage：dog in cooler）があるが、この10年間で原疾患や引き金となる原因が管理できれば、適切な治療により多くの症例で改善がみられるようになった。

OSU VTHにおける犬のDICの回顧的研究では、死亡率は54％であった。止血検査の変化が最少（3つ以下）であれば死亡率は37％であるが、重篤な変化（3つより多い）であれば74％に増加する。さらに、aPTTの顕著な異常および顕著な血小板減少症は予後不良因子であった。生存した犬における平均aPTTは対照犬と比べて46％延長していたが、死亡した犬では平均93％延長していた。同様に、生存した犬での血小板数の平均は110,000/μlであったが、死亡した犬では平均52,000/μlであった。

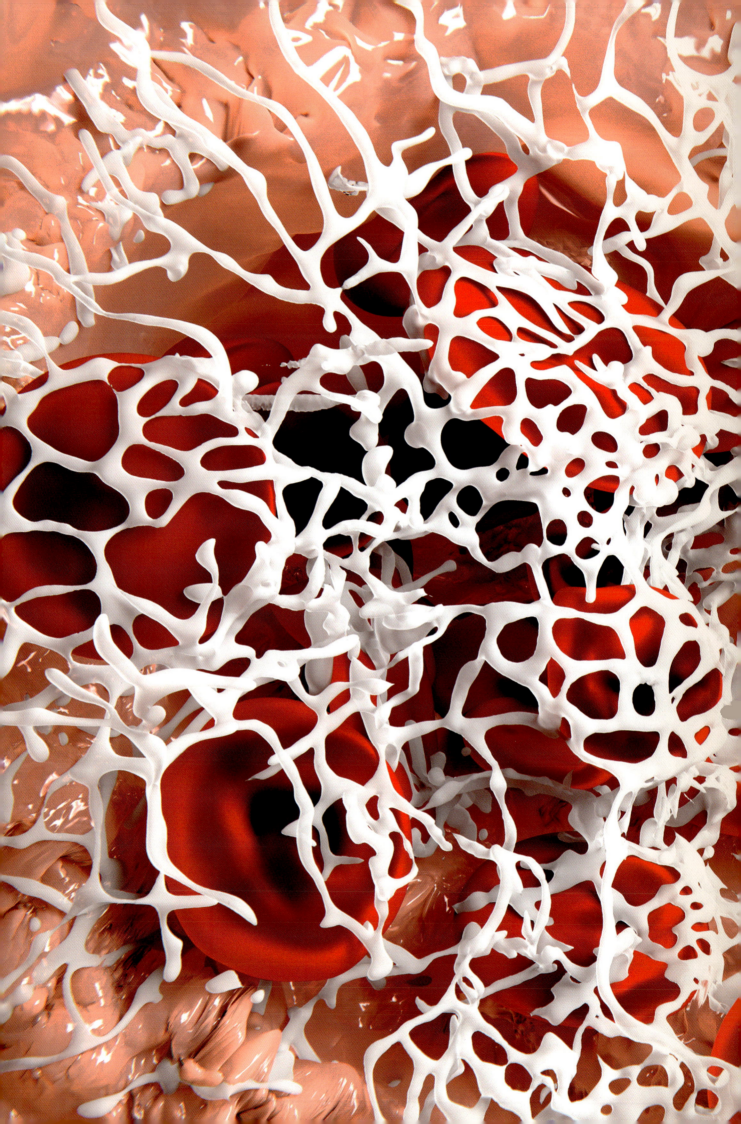

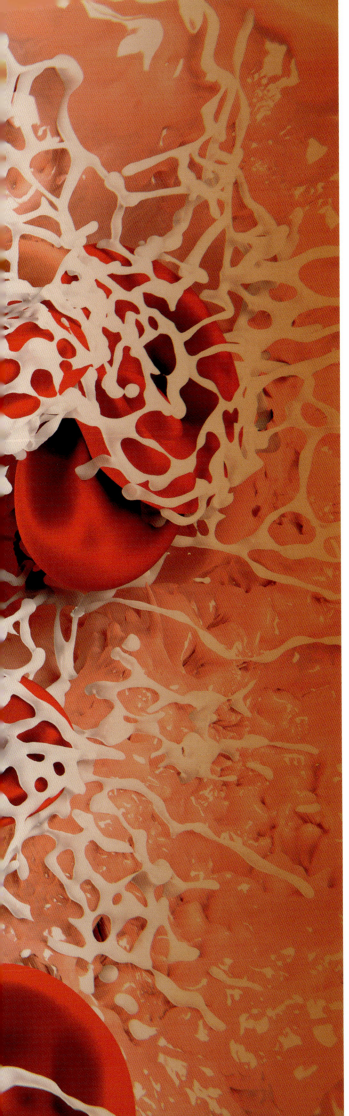

抗凝固系および血栓溶解薬

概要
血栓塞栓性疾患

抗血小板薬、抗凝固薬および血栓溶解薬

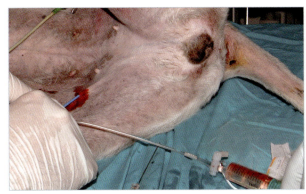

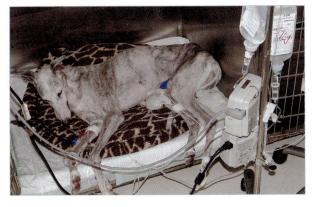

概要

Alicia Laborda, José Rodríguez, Miguel Ángel de Gregorio

世界中どこでも現代人の最大の死因は心血管系の疾患（虚血性心疾患、虚血性脳梗塞がそれぞれ第1位、第2位）であり、おそらく医学領域で最も使用されている予防薬は抗血小板薬や抗血栓薬である。これらの薬剤は、血栓症の危険因子を多数もつ患者に対し、主にこれらの疾患の発生を避けるための予防薬として用いられている。

獣医療では、人と肉食獣が生理学的に異なっていることからこれらの薬剤はあまり用いられず、使用する場合は主に二次予防目的で用いられる。具体的には、既に血栓症が生じた症例に対して新たな血栓が生じないように、あるいは血栓症のリスク（たとえば副腎皮質機能亢進症や敗血症）が高い場合に用いられる。

まずは血栓症と血栓塞栓症を区別することが重要である。

血栓症とは血管の内腔に凝血塊（血栓）を形成することであり、それが血管内の血流を妨げる。例として、肝臓腫瘍の動物において生じることがある門脈血栓症があげられる。

血栓塞栓症はどこか他の器官でできた凝血塊が血流に乗って移動し、遠位の血管を閉塞することを表す。

例として、大動脈分岐部の血栓塞栓症（鞍状塞栓）があげられる。この血栓塞栓症では、通常血栓が左心で形成され、その後ちぎれて遊離し、大動脈分岐部で塞栓することにより、後肢の虚血を引き起こす。

古くから生体における血栓形成に関連する3つの素因があげられている。これらはVirchowの三徴として知られている。すなわち、凝固亢進、血管内皮損傷、血液のうっ滞である（図1）。

> 医学領域で認められる主な要因は、獣医学領域のものとは異なっていることに注意が必要である。

これら3つのうち2つの項目に異常が認められた場合、血栓症の傾向が疑われる。表1に獣医臨床における重要な危険因子があげられている。

「止血および止血異常」の項を参照　8ページ

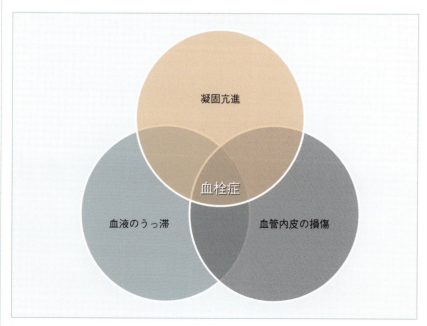

図1　Virchowの三徴

抗凝固系および血栓溶解薬 / 概要

凝固系と線溶系は生体内で一定の平衡状態にあり、お互いに自己制御されている。これらの制御機構のどこか一点にでも異常が生じると、凝固の変化が生じる。表2には凝固のバランスがどのように乱されるかが記されている。

本章では抗凝固薬、抗血小板薬、線維素溶解薬、それぞれによる治療の相違点に焦点を当てていく。そのため、血栓症は静脈系と動脈系どちらにでも発生し、その特徴が異なることを理解する必要がある。

表1

Virchow の三徴と関連疾患		
血液のうっ滞	凝固亢進	血管内皮傷害
■ 低血圧 ■ 血管異常 ■ 心筋症 ■ 不整脈 ■ 過粘稠度症候群 ■ 腫瘍による静脈の閉塞 ■ 麻痺や不動性	■ 免疫介在性溶血性貧血 ■ 蛋白漏出性腎症 ■ 副腎皮質機能亢進症 ■ 肝胆道系疾患 ■ 全身性の炎症性疾患 　（敗血症、膵炎など）	■ 血管内カテーテル ■ ペースメーカーや心臓の弁 ■ 外科手術や外傷 ■ 化学療法

表2

凝固 - 線溶系のバランス		
凝固	内因性抗凝固物質	線維素溶解
血小板活性と凝集能の亢進	プロテイン C 濃度の低下	線溶系の低下
凝固因子の異常な活性化	プロテイン S 濃度の低下	
凝固前駆物質濃度の増加 （フィブリノゲン）	アンチトロンビン濃度の低下	
外因系経路の活性化（血管内皮傷害）		

動脈系では、血圧が高く血流量も豊富であるため、動物が動けないことが血栓形成に重要な役割を果たすわけではなく、凝固亢進状態の果たす役割も大きくはない。しかし乱流や層流の変化、および剪断応力のために、動脈血栓内には血小板が多く含まれる。そのため動脈血栓の形成阻害には、抗血小板療法に重点をおくべきである。

※ 動脈血栓塞栓症の臨床症状は通常急性であり、非常に重大な結果をもたらす（塞栓部位の虚血）。治療は早期に試みるべきである。

一方、静脈系の血栓形成は血液のうっ滞、患者が動けないこと、凝固亢進状態に大きく影響される。成熟した静脈血栓は少量の血小板しか含まない。静脈血栓に対する治療戦略としては抗凝固療法に重点をおくべきである

が、抗血小板療法によって補われる部分もある。

静脈血栓症は動物では人と比べて明らかにその発生は少ない。2足歩行が危険因子となる足の静脈瘤や深部静脈血栓症は獣医学領域では存在しない。

動脈血栓症とは対照的に、静脈血栓症は通常動物の生命を脅かすものではない。静脈血栓症の治療としては、抗凝固薬を用いた従来の治療法が推奨される。早期の外科的な血栓除去や血栓溶解療法が長期予後について有効であるとのエビデンスはなく、これらの治療により二次的な出血が起こる可能性がある。

動脈および静脈血栓塞栓症の最も多い原因は医学領域と獣医学領域で異なっている。

臨床医のための止血術

血栓塞栓性疾患

Alicia Laborda, José Rodríguez, Miguel Ángel de Gregorio

伴侶動物医療においては、原発性の血栓形成傾向に関する症例報告はない。そのため以降で述べる疾患は、他の原因による二次的なものや、いくつかの危険因子が重なった結果として生じるものである。これらの因子を知ることは重要であり、それによってある時期に予防的な治療を実施すべきか判断することができる。伴侶動物における凝固亢進に起因する状態について、以下に詳しく解説していく。これらの危険因子を表1にまとめた。

獣医臨床において最も一般的な**静脈血栓症**は門脈血栓症、脾静脈血栓症、後大静脈血栓症である。獣医療において最も一般的な併発疾患は腫瘍である。静脈血栓症の30〜40%の症例は腫瘍に伴うものである。肝疾患は凝固不全状態を伴うことが多いが、肝臓内の血小板の活性化や凝集、門脈および脾静脈血栓症、類洞の血流の変化や第Ⅷ因子やフォン・ビレブランド因子の活性化などにより逆に凝固亢進を引き起こすこともある。

副腎皮質機能亢進症はコルチゾールの高値に伴って静脈血栓症を引き起こす。しかし、その正確な原因は依然として不明である。

> 静脈血栓症は犬で生じやすく、門脈、脾静脈、後大静脈に発生する。

> 獣医領域で最も一般的な血栓症の原因は腫瘍、クッシング症候群、免疫介在性溶血性貧血や糸状虫症である。

> これらの因子により犬では動脈血栓症、とくに肺動脈血栓症が引き起こされる。

肉食動物ではあまりみられないが、アテローム硬化症は、医学領域では最も一般的な動脈血栓症の原因である。**動脈血栓塞栓症**の最も一般的な原因は、医学領域でも獣医学領域でも心疾患である。人では不整脈、とくに心房細動が第一の危険因子であり、抗血小板薬と抗血栓薬を用いた予防的治療が勧められている。

獣医学領域では猫の心疾患、とくに肥大型心筋症が血栓症および動脈血栓塞栓症の最も一般的な原因である。血栓は通常左心房および左心室の心尖部で形成され、血流に乗って脳血管（主に頸動脈を通って）や前肢の動脈、さらに最も多くは後肢の動脈を塞栓する。

猫の心疾患の症例の80%では、初めての臨床徴候が大動脈分岐部の血栓塞栓症により生じる後肢の急性の不全麻痺である。

鞍状塞栓は犬でも生じることがあり、とくに凝固亢進状態に伴って認められるが、臨床症状の現われ方は猫とは異なっている。

猫では臨床徴候は通常、後肢の甚急性の完全麻痺であり、患肢は蒼白で冷感があり、呼吸困難や虚血性の疼痛を伴う。呼吸困難はほぼ必ず認められ、おそらく疼痛かうっ血性心不全に起因すると思われる。この2つの状態を鑑別することが適切な治療を行うために重要である。

表1

小動物で凝固亢進の危険因子として知られているもの	
疾患のタイプ	関連疾患
内分泌疾患	■ 副腎皮質機能亢進症 ■ 糖尿病
免疫介在性疾患	■ 免疫介在性溶血性貧血 ■ リンパ球性腸炎 ■ 蛋白漏出を伴う消化管の炎症性疾患
腎疾患	■ 蛋白漏出性腎症
感染性および炎症性疾患	■ 膵炎 ■ 敗血症 ■ パルボウィルス性腸炎 ■ 犬糸状虫症
腫瘍	■ 急性白血病 ■ 固形腫瘍
心疾患	■ 感染性心内膜炎 ■ 心肥大 ■ 不整脈 ■ 犬糸状虫症
肝疾患	■ 肝疾患 ■ 肝胆道系疾患
医原性疾患	■ コルチコステロイドの長期投与 ■ エストロジェン治療 ■ 後大静脈カテーテル ■ ペースメーカー

犬の症状は、通常より慢性的な経過をたどり、発症から2時間〜6カ月間に及ぶ跛行と疼痛が認められる。犬は虚血を補うための側副循環をより多く備えているか、あるいは発達させることができるものと思われる。間欠的な跛行が認められる症例もいる（安静時は疼痛が認められないが、運動時には組織灌流量の不足のために疼痛が発現する）。

> 動脈血栓塞栓症は猫でより一般的に認められ、肥大型心筋症に起因することが多い。臨床徴候の現われ方は猫と犬で異なる。

動脈血栓症と静脈血栓症の中間のものとしては**肺血栓塞栓症（PTE）**があげられる。PTEの最も一般的な原因は、犬では腫瘍、敗血症、免疫介在性溶血性貧血であり、猫では心疾患と腫瘍である。

医学領域ではPTEは非常に重篤な疾患であり、血液検査や胸部X線検査では異常を示さないことから診断が難しい。医学領域でPTEの診断に有効であるD-ダイマーは、獣医学領域でも猫や犬に有用であるとのいくつかの報告がある。猫や犬のD-ダイマーの正常値は250μg/ml未満である。D-ダイマーが正常範囲内であればPTEは除外される。しかしD-ダイマーの高値がPTEに特徴的であるわけではない。D-ダイマーは線溶系の活性化に伴って上昇するため、生理的（たとえば手術創の治癒）に、もしくは疾患に伴って（たとえば播種性血管内凝固（DIC）やPTEなど）も高値となることがある。そのためD-ダイマーの高値は臨床症状とともに評価する必要がある。

> D-ダイマー濃度はPTEの診断に非常に有用な解析パラメータである。
> この値の陰性適中率は高い。すなわちD-ダイマーが正常値であればPTEを除外することができる。しかしこの値の陽性適中率は非常に低い。この値の高値は単に線溶系の活性化を示唆するものであり、臨床症状と合わせて評価する必要がある。

流行のある地域では犬糸状虫症について触れておく必要があるだろう。犬糸状虫症では、虫体は基本的に肺動脈と右心系に寄生しているが、重症例では後大静脈にも寄生する。

これらの血管では、寄生虫の存在により動脈内膜炎が引き起こされ、後に血管の狭小化が起こるとともに心腔内の寄生虫による心臓内の血流の乱れや疾患に関連した凝固亢進状態により、PTEや後大静脈血栓症が発生することがある。このような病態は自然に発生することもあるが、死んだ虫体の断片が塞栓物となることから、糸状虫の成虫駆除薬を投与した際に最も発生しやすい。犬糸状虫症の成虫駆除薬投与時のモニタリングとしてのD-ダイマーの有用性が検討されている。

> 犬糸状虫症の成虫駆除治療は、肺血栓塞栓症のリスクが高い。

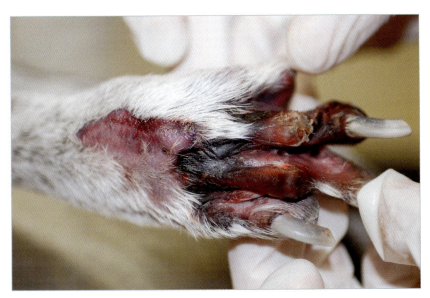

図1 腸骨動脈および大腿動脈の血栓症により後肢遠位端の不全麻痺と血液灌流障害が生じている。

臨床医のための止血術

抗血小板薬、抗凝固薬および血栓溶解薬

Alicia Laborda, José Rodríguez, Miguel Ángel de Gregorio

　これらの薬剤は1つのグループに入れられているが、治療法を2つのタイプに区別することが重要である。抗凝固薬、抗血小板薬およびビタミンK拮抗薬は血餅の形成を妨げ、新たな血栓を形成しないように予防的に用いられる。これにより内因性の血栓溶解機能が効果的に血餅を除去するのを補助し、新たな血栓が形成されるのを予防する。しかしこのタイプの治療では治療前に形成された血栓は溶解しない。

　線維素溶解薬はすでに形成された血栓を溶かすために使用する必要がある。

　凝固カスケードの概念が変わったこともあり、これらの薬剤の開発が盛んに行われている。

図1　血栓をみつけた場合には血栓溶解薬をできるだけ素早く投与する必要がある。この症例では大腿動脈遠位にカテーテルを挿入して血栓をトラップし、その部位にウロキナーゼを局所投与した。

> 抗血小板薬および抗凝固薬は予防としても血栓症の治療のためにも用いられる。血栓溶解薬は治療目的で用いられる薬剤であり、血栓塞栓症の予防を目的として用いられることはない。

　新たな"血液凝固カスケード"が1994年に提唱され、古典的な定義と比較していくつかの変更点がある（図2、表1）。

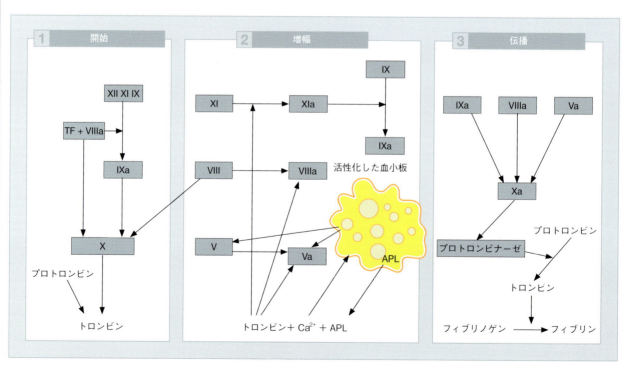

図2　新たな凝固カスケード。ローマ数字は凝固因子を示している。
a：活性化状態、Ca^{2+}：イオン化カルシウム、APL：酸性リン脂質、TF：組織因子

抗凝固系および血栓溶解薬 / 薬剤

表1

血液凝固カスケード 古典的な仮説と比較したときの相違点
"新しい血液凝固カスケード"の主な違い

- 組織因子と第Ⅶ因子で形成される複合体は第Ⅸ因子の活性化に関与する。すなわち内因系、外因系両方の凝固経路がカスケードの最初からお互いにつながっている。
- カスケード全体が連続的ではない。開始、増幅、伝搬という3つの継続する段階が必要である。血小板とトロンビンの両者が後半の2つの段階に大きくかかわっている。

1	開始相	組織因子：第Ⅶ因子複合体は直接あるいは第Ⅸ因子を介して間接的に第Ⅹ因子を活性化し、プロトロンビンをトロンビンへと変換するが、この段階ではフィブリンの形成過程は不十分である。
2	増幅相	形成されたトロンビンは、血中のカルシウムや血小板に由来する酸性リン脂質とともに第ⅩⅠ、Ⅸ、Ⅷ、Ⅴ因子を特異的に活性化するフィードバック経路に関与し、血小板の活性化を促進する。 同時に走化性因子によって、ここまでに述べた因子が血小板表面に引き寄せられ、そこで活性化や増幅などの重要な過程が迅速に生じる。
3	伝播相	トロンビンの血小板のフィードバック機構を介した増幅過程とこれらの因子の活性化により、大量の第Ⅹ因子の活性化とプロトロンビン複合体の形成が生じ、プロトロンビンをトロンビンへと変換し、これにより後にフィブリノゲンがフィブリンとなる。 最後の過程も血小板の表面で起こり、大量のトロンビンとフィブリンが加速度的に産生される。

抗血小板薬

　抗血小板薬の主な作用は血小板の凝集を阻害することであり、それによって動脈内や静脈内での血栓や血餅の形成を妨げる。

　表2に異なるタイプの抗血小板薬を示した。臨床で使用されている薬剤についてのみ本文で紹介する。

シクロオキシゲナーゼ阻害薬
（アセチルサリチル酸）

　これらの薬剤は血小板のシクロオキシゲナーゼを不可

逆的に不活化する。さらにこれらの薬剤は血小板の凝集と接着を抑制し、アラキドン酸の代謝およびトロンボキサン A_2 の産生を阻害する。強調すべき点として、猫では投薬量には細心の注意を払う必要があることがあげられる。猫はグルクロン酸胞合能が欠如しているため、これらの薬剤による中毒が起こる可能性が高いためである。

※ 犬の用量：0.5mg/kg/day、経口投与。犬の主な副作用は胃腸障害である。

※ 猫での古典的な用量：80mg/頭、3日に1回（72時間）。現在ではより低用量の0.5mg/kg、3日に1回を推奨する研究データがあり、生存率に有意な違いは認められず、合併症の発生は少ないとされている。著者らは低用量の使用を推奨する。

ADP-受容体拮抗薬（クロピドグレル）

　これらの薬剤は血小板の動員やアデノシン二リン酸（ADP）誘発性の血小板の活性化を阻害する。クロピドグレルは現在、医学領域で併用抗血小板療法（アスピリンとクロピドグレル）の1つとして用いられている。獣医学領域においてもとくに肥大型心筋症の猫において、この薬剤の有効性を示す研究が実施された。現在のところ、この薬剤はこれらの動物において最も推奨される血栓予防薬のひとつである。重大な副作用は報告されておらず、投薬は経口投与で1日1回である。効果のある最低用量はまだ明らかにされていないが、18.75〜75 mg、1日1回の用量で抗血小板効果が認められ、副作用は認められていない。

表2

最も重要な抗血小板薬	
グループ	薬剤
シクロオキシゲナーゼ阻害薬	■ アセチルサリチル酸 ■ スルフィンピラゾン ■ トリフルサル ■ ディタゾール ■ インドブフェン
ホスホジエステラーゼ阻害薬	■ ジピリダモール ■ シロスタゾール ■ トリフルサル ■ プロスタサイクリン ■ エポプロステノール ■ イロプロスト
ADP-受容体拮抗薬	■ チクロピジン ■ クロピドグレル ■ プラスグレル
グリコプロテインⅡb/Ⅱa阻害薬	■ エプチフィバチド ■ チロフィバン ■ アブシキシマブ

抗凝固薬

表3に抗凝固薬の分類と、それぞれの代表的な薬剤をまとめた。

表3

最も重要な抗凝固薬	
分類	薬剤
ビタミンK依存性凝固因子阻害薬	■ アセノクマロール ■ ワルファリン
第Ⅹa因子の間接的阻害薬	■ 未分画ヘパリン（ヘパリンナトリウム） ■ 低分子量ヘパリン ■ フォンダパリヌクス
第Ⅹa因子阻害薬	■ リバロキサバン
トロンビン阻害薬	■ ダビガトラン

ビタミンK依存性凝固因子阻害薬（クマリン誘導体）

ワルファリンはビタミンK依存性の凝固因子（第Ⅱ、Ⅶ、Ⅸ、Ⅹ因子）およびプロテインC、プロテインSの活性化を抑制する。効果の発現には2〜3日を要する。プロテインSおよびプロテインCの阻害が速やかに生じることにより一時的な凝固亢進状態が生じる。そのためワルファリンは治療開始3〜5日の間は、ヘパリンとともに投与する必要がある。治療のモニタリングはINR（国際標準化比率）を用いて行い、2.0〜3.0の間に維持する。製造元によると錠剤中の薬剤の分布は均一でないため、適切な投薬量を準備するために細心の注意を払う必要があり、錠剤をすり潰して粉末にし、正確に量を量ることが推奨されている。

＊ 犬での投与量：0.05〜0.2mg/kg、経口投与、1日1回。INRが2.0〜3.0になるように投与量を調節

＊ 猫での投与量：0.6〜0.9mg/kg、経口投与、1日1回。他の抗凝固薬と比較して猫におけるワルファリンの有効性は報告されていない。一方でしばしば致死的となる出血性合併症のリスクが高いとされている。さらにワルファリンは猫への投薬が難しく、持続的なモニタリングの必要性や費用の面からもこの薬剤を使用する正当性は乏しい。

この薬剤の治療域は狭く、獣医学領域でこの薬剤を用いた場合には副作用のリスク（たとえば出血であり、これは動物の生命を脅かすおそれがある）が高い。またこの薬剤の薬価は比較的安価であるが、治療のモニタリングに必要なコストは高い。

間接的第Ⅹa因子阻害薬

未分画ヘパリン（ヘパリンナトリウム）

ヘパリンは血漿中のアンチトロンビン活性を上昇させることにより抗凝固作用を示す。アンチトロンビンはトロンビンと活性化第Ⅹ因子を阻害する生理学的に最も重要な抗凝固因子である。

ヘパリンナトリウムによる抗凝固作用をモニタリングする場合は、活性化部分トロンボプラスチン時間（APTT）を用いる。APTTは凝固カスケードの内因系および共通経路を評価する検査である。未分画ヘパリンの主な欠点はその分子の不均一さである。そのため未分画ヘパリンは血漿中蛋白質、血小板、内皮蛋白質、形成された血餅中のトロンビンなどに結合する。その結果、未分画ヘパリンによる抗凝固作用にはかなりばらつきがあり、患者の血液の状態に依存するため、注意深いモニタリングが必要とされる。たとえば、免疫介在性溶血性貧血の犬で治療効果を得るにはより高用量でのヘパリンナトリウムの投与が必要となると考えられるが、実際の治療効果はそのときの動物の臨床的な状態に依存するため、予測することが極めて困難である。

未分画ヘパリンの使用によりアンチトロンビン濃度が低下する可能性がある。その影響により凝固亢進状態が引き起こされることがあるため、未分画ヘパリンの投与時には効果のモニタリングが必要である。

硫酸プロタミンは未分画ヘパリンに対して拮抗作用をもつ。

> ヘパリンは経口投与では吸収されず、筋肉内投与では血腫を引き起こす可能性がある。そのためヘパリンは静脈内あるいは皮下に投与する必要がある。

低分子量ヘパリン

低分子量ヘパリン（LMWH）もアンチトロンビン活性を触媒することにより作用を発揮するが、LMWHのサイズはより均一であるため、ほぼすべてがアンチトロンビンに結合する。LMWHは共通経路にはほとんど影響を及ぼさず、APTTには変化を及ぼさないため抗第Ⅹa因子がモニタリングに用いられる。この抗凝固薬の反応はより一定で予測しやすいが、獣医学領域でのこれらの薬剤の使用経験は少なく、投与時にはしっかりとモニタリングすることが推奨されている。またこれらの薬剤は費用が高いことも欠点の1つである。

LMWHの場合は、硫酸プロタミンはLMWHによる抗凝固作用を部分的に拮抗する。

合成の選択的第Ⅹa因子拮抗薬であるフォンダパリヌクスは近年開発されたが、現在のところ獣医臨床で使用したとの報告はない。

表4に獣医学領域でよく用いられているヘパリンの用

量を示す。

医学領域で近年報告されているいくつかの薬剤（リバロキサバン、ダビガトラン）は、投薬量が一定でモニタリングの必要がなく、かつ副作用も少ないという特徴を有しており、獣医学領域でも将来的に応用できるかもしれない。とはいえ、これらの薬剤の使用経験は非常に限られており、費用も依然として高い。

表4

薬剤	動物種	用量	モニタリング
未分画ヘパリン	犬	■ 500 IU/kg/8h SC ■ 200IU/kg/6h SC ■ 150～200 IU/kg 最初にボーラスでSC、その後12～15IU/kg/h でIV（生理食塩水）	■ APTTが基準値の1.5～2倍に延長
	猫	■ 250～375IU/kg/8h SC ■ 200UI/kg、最初にボーラスで皮下投与、その後120～200IU/kg/4h SC もしくは10～25IU/kg/h でIV（5％糖液）	■ 最初の投与から4時間後とその後12時間おきにモニタリング
ダルテパリン（LMWH）	犬	■ 150IU/kg/8h SC	■ 抗Xa因子＝0.4～0.8IU/ml
	猫	■ 180IU/kg/6h SC	■ 抗Xa因子＝0.5～1IU/ml
エノキサパリン（LMWH）	犬	■ 0.8 mg/kg/6h SC	■ 抗Xa因子＝0.5～2IU/ml
	猫	■ 1.25mg/kg/6h SC	■ 抗Xa因子＝0.5～1IU/ml
硫酸プロタミン	犬と猫	■ ヘパリンナトリウム100 IUに対し1～1.5mgを緩徐にIV ■ ダルテパリン100IUに対し1mgを緩徐にIV ■ エノキサパリン1mgに対し1mgを緩徐にIV ■ 点滴投与も可能	■ 副作用を避けるため緩徐に投与 ■ 点滴投与も可能

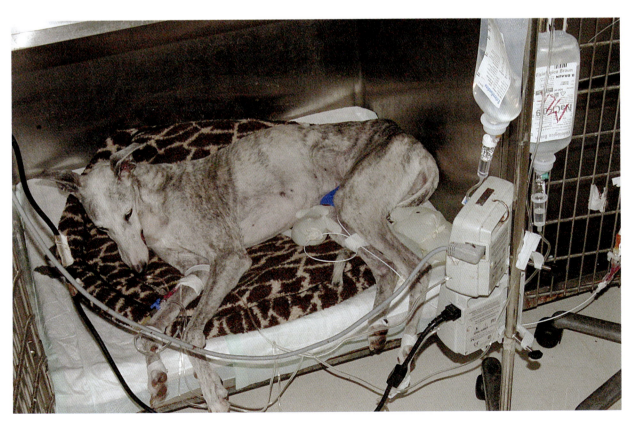

図3 血栓溶解療法を受けている症例は入院させ、二次的な出血性の合併症が生じていないか、血清カリウム濃度や乳酸濃度が上昇する再灌流障害などの合併症が生じていないかを持続的にモニタリングする必要がある。

血栓溶解薬

血栓溶解療法の目的は既に存在する血栓を溶かすことである。これには血栓溶解薬の全身投与、局所投与、形成された血栓の外科的な除去がある。

全身投与もしくは局所投与で用いられる血栓溶解薬すなわちフィブリン溶解薬の主なものとしてはストレプトキナーゼやウロキナーゼ、およびアルテプラーゼやテネクテプラーゼなどの組み替え組織プラスミノゲン活性化因子（r-tPA）があげられる。

これらの薬剤はすべてプラスミノゲンからプラスミンへの変換を触媒し、フィブリンを分解することにより血餅を溶解する（図4）。これらの薬剤の主な合併症は出血であり、医学領域ではその発生率はヘパリンを用いた治療の3倍であるとされている。

ストレプトキナーゼはβ-溶血性連鎖球菌により産生されるが、アナフィラキシー反応の懸念から医学領域ではあまり用いられなくなった。また、循環抗体の存在により、その効果が減弱する可能性がある。

ウロキナーゼは腎臓で産生される蛋白分解酵素であり、通常は尿中に認められる。組織プラスミノゲン活性化因子は医学領域では日常的に用いられるが、その費用は非常に高く、ストレプトキナーゼよりもずっと高い。

静脈内投与による血栓溶解薬の全身投与は、近年カテーテルを用いた局所投与（病変部位での血栓溶解）へととって代わられている。この方法では薬剤を血栓形成部位に直接投与し、これが留まる。どのような場合にも、新しく形成された血栓のほうが、溶解の効果は強い。

> 血栓溶解療法をより効果的に実施するには、血栓症を診断してからできるだけ早く血栓溶解薬を投与すべきである。

獣医学領域におけるこれらの薬剤の使用経験はごく限られており、明確な推奨投与基準等は存在しない。獣医学領域で血栓溶解療法が用いられる2つの主な病態は猫の動脈血栓塞栓症と犬の肺血栓塞栓症である。これらの症例に対するストレプトキナーゼやr-tPAの全身投与について評価した臨床研究がいくつか報告されている。しかし死亡率が高く（出血や再灌流障害に伴う高カリウム血症）、血栓溶解療法の成績は抗凝固薬や抗血小板薬を用いた従来の治療法と比べて良好ではなかった。全身投与により良好な経過をたどった数例の症例報告が1つと、血栓溶解薬の局所投与により効果が得られた1例報告があるのみであり、これらの薬剤の使用を推奨する十分なエビデンスがあるとはいえない状況である。

血餅の溶解効果を最大限にし、再灌流障害による合併症を最小限に留めるために、臨床症状が発現した4時間以内に血栓溶解療法を開始することが推奨される。

ストレプトキナーゼ

90,000IUを20～30分で投与し、続いて45,000IU/hで3時間持続投与する。

組織プラスミノゲン活性化因子

用量としては、0.25～1.0mg/kg/hの持続投与により1～10mg/kgを静脈内投与する。60分ごとに10回、1mg/kgをボーラスで静脈内投与することも可能である。

これらの薬剤を投与する際は、出血や代謝性アシドーシス、高カリウム血症などの再灌流障害に対処できるように、症例を注意深くモニタリングする。血栓溶解療法の費用は非常に高額であるため、これらの薬剤を使用することは極めてまれである。またその副作用や注意深いモニタリングの必要性からこの薬剤は使いにくく、高い費用を払ってまで治療を望む飼い主は少ない。

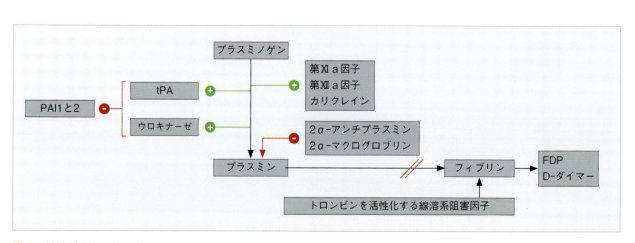

図4　線溶系のカスケード
tPA：組織プラスミノゲン活性化因子、PAI：プラスミノゲン活性化因子、FDP：フィブリン溶解産物（D-ダイマーを含む）

抗凝固系および血栓溶解薬 / 薬剤

動脈血栓塞栓症の動物に推奨される維持療法
猫の動脈血栓塞栓症に対してはアスピリン5mg/kg、3日おきの投与が推奨される。アスピリンの投与とクロピドグレルを併用する獣医師もいる。将来的にはこの疾患の管理に際しては、アスピリンに代わってクロピドグレルが用いられるようになるだろう。
ワルファリン0.6～0.9mg/kg/day を用いた治療が考慮される。しかし他の抗凝固療法と比較して、本治療法がより優れていることを示す研究はない。ワルファリンの投与開始から5～7日間は、ヘパリンを併用すべきである。
未分画ヘパリンもしくは / および低分子量ヘパリンを推奨量で投与する。
急性例では外科治療（血栓除去術あるいは塞栓除去術）が最適かもしれないが、症例の状態（心肥大、うっ血性心不全、不整脈、低体温症、DIC など）によっては高いリスクを伴う。

肺血栓塞栓症の動物に推奨される維持治療
ワルファリン（最初の5～7日間はヘパリンと併用）
未分画ヘパリン
低分子量ヘパリン（LMWH）

動物において推奨される予防薬	
外科手術	■ 股関節置換術を受ける予定の動物ではヘパリンナトリウムやLMWH を用いた周術期のヘパリン化が勧められる。 ■ 腫瘍や血栓塞栓症の危険因子が存在する場合にも同様の処置が勧められる。 ■ 副腎切除術を検討しているクッシング症候群の動物では、麻酔導入時から35IU/kg でのヘパリン化が推奨されており、続けて8時間ごとに2回、35IU/kg でヘパリンナトリウムを皮下投与する。この処置は段階的に用量を減らしながら8時間ごとに4日間続ける。 ■ 門脈シャントの外科手術
蛋白漏出性腎症とネフローゼ症候群	■ 0.5～5mg/kg のアスピリン、12～24時間ごとの投与が推奨されている。
蛋白漏出性腸症 副腎皮質機能亢進症	■ 血栓塞栓性疾患の危険因子となる他の要因が存在している場合のみ、予防的治療が推奨される。
	■ 外科手術、腫瘍や敗血症など、血栓症を引き起こすような他の因子が存在する場合、予防的な治療が勧められる。
免疫介在性溶血性貧血	■ 低用量アスピリンが推奨される（0.5mg/kg 24時間ごと）。 ■ 新しい研究ではクロピドグレル単独あるいは低用量アスピリンとの併用が推奨されている。 ■ 本疾患の症例では PTE のリスクが高いことがわかっているため、いくつかの抗凝固治療が提案されているが、その効果に関する科学的根拠は乏しい。 ■ 著者は新たな進歩があるまでは、LMWH もしくはヘパリンナトリウムの皮下投与を推奨する。
猫の肥大型心筋症	■ 予防的治療が動脈血栓塞栓症の予防に有効であることを示した研究はない。 ■ 低用量アスピリンとクロピドグレルが推奨できるかもしれない。
腫瘍	■ 腫瘍が凝固亢進状態を引き起こす病態生理学的なデータは十分に存在するが、それらの患者に対する血栓予防薬の効果を評価した研究は今のところ存在しない。

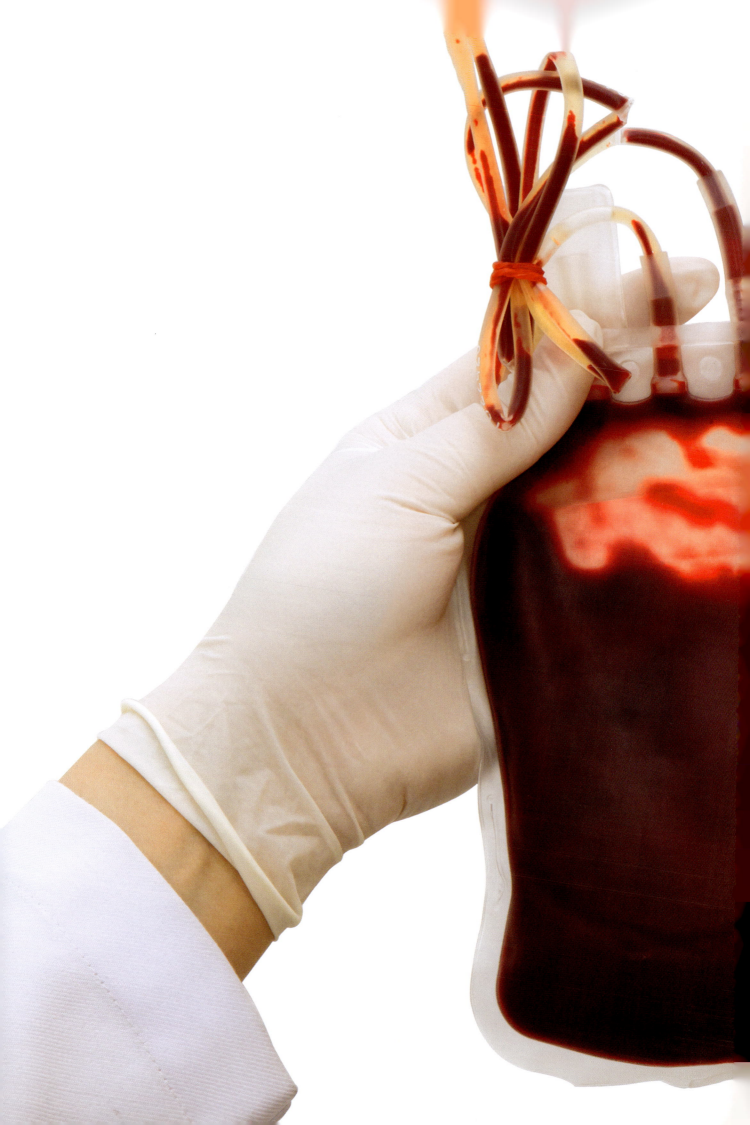

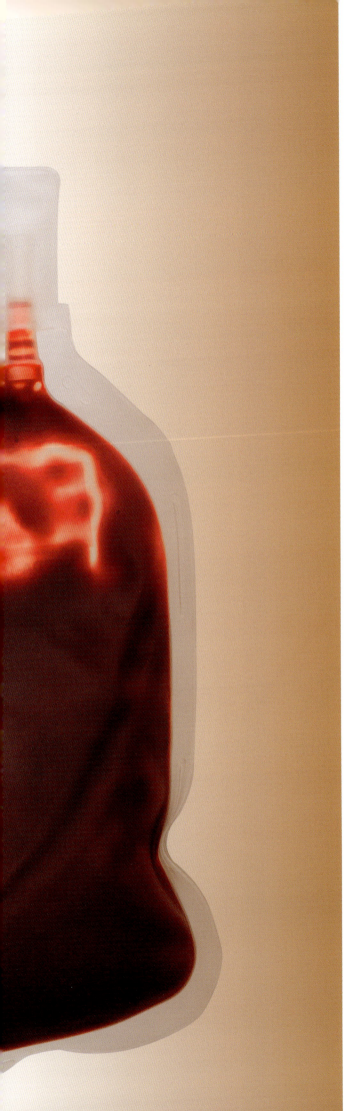

輸血の原則

概要
適応
血液型
血液型判定

血液の投与

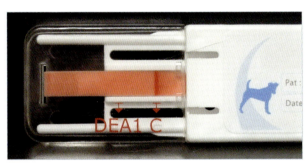

交差適合試験

臨床医のための止血術

概要 (訳者注：以下の記載は海外での状況を述べたものであり、必ずしも日本の事情と一致するわけではない)

Guillermo Couto, M. Cristina Iazbik

　獣医療における輸血学はこの数年の間に大きく発展した。飼育動物用の血液商業バンクが作られ、それらの多くが全血、あるいは血液を分離した血液製剤を製造・保管している（図1）。犬、猫いずれにおいても血液は通常頸静脈から採取する。犬では用手保定、猫ではセボフルランの吸入麻酔を用いる（図2、3）。

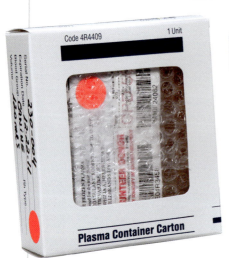

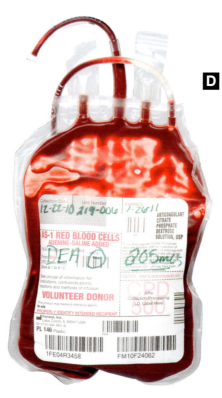

図1　（獣医臨床で用いられる）血液バンクで用意されているさまざまな血液製剤
A：犬新鮮凍結血漿
B：猫新鮮凍結血漿
C：犬クリオプレシピテート
D：犬濃厚赤血球（PRBCs）
E：猫赤血球

輸血の原則／概要

> ドナー犬からは、通常頸静脈から採血するが、橈側皮静脈や大腿静脈から採血することもある。

　よく用いられる方法は、犬から1単位の血液（450ml）を採血したら、ただちに遠心し、濃厚赤血球（PRBCs）と新鮮凍結血漿（FFP）を作成する。PRBCsには栄養溶液（ブドウ糖、アデニン、マンニトール、塩化ナトリウム）を添加するが、これにより5週間まで4℃（1〜6℃）で保存可能である。一方、FFPは−20〜−30℃で数カ月保存可能である。この温度で1年以上保存すると、おそらく不安定な凝固因子（第V因子および第VIII因子）はFFP中で減少し、保存血漿（SP）もしくは凍結血漿（FP）とみなされる。しかし、著者らは最近、SPやFPを5年間保存した後も、止血に活性があることを明らかにした。多血小板血漿（PRP）やアフェレシスによる濃厚血小板を作成している血液バンクもある。

　FFPを冷蔵庫内に置いて、数時間かけてゆっくり溶かし、全体的に"みぞれ"と同じくらいの状態になったら遠心する。血液バッグの底に残る白色の沈殿物がクリオプレシピテート（CRYO）である。少量（40〜60ml）のCRYOに、血漿1単位に含まれるほぼすべての第VIII因子、フィブリノーゲン、フォン・ビレブランド因子（vWF）が含まれている。上清はcryo-poor血漿とも呼ばれ、その他の凝固因子、アルブミン、その他の重要な蛋白質を含む。

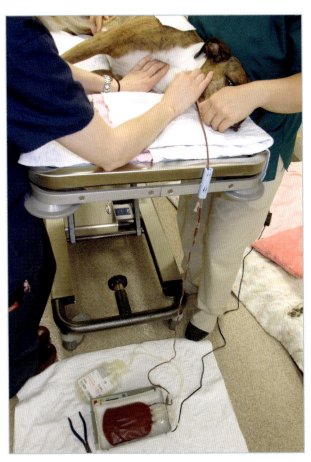

図2　従順で扱いやすい犬のドナーの場合、通常鎮静せずに頸静脈から採血する。

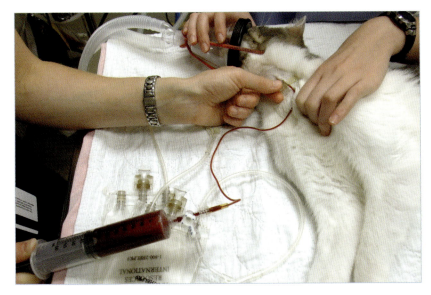

図3　猫はより神経質で扱いづらいため、採血はセボフルランによるマスク麻酔下で行う。

適応

Guillermo Couto, M. Cristina Iazbik

さまざまな臨床的状況で、全血（WB）あるいは血液製剤（PRBCs、FFP、FP、CRYO）の輸血が適応となる。WB や PRBC の輸血は、貧血患者の酸素運搬能を正常に戻すために用いられる。WB は赤血球に加えて循環血液量減少性貧血であったり凝固因子が必要な動物に用いる（図4）。PRBCs は、循環血液量に異常がない貧血、たとえば赤芽球癆や慢性腎臓病、溶血などの猫や犬に理想的である。

免疫介在性溶血性貧血（IMHA）の動物では重篤な輸血反応が起こる可能性があり、輸血療法は注意して行う必要がある。

凝固因子の欠乏で結果的に出血し多量の失血が生じた場合には WB か、理想的には FFP、FP もしくは SP が投与されることがある。

CRYO は第Ⅷ因子と vWF の濃度が高い。その代表的な使用例は犬のフォン・ビレブランド病や血友病 A である。最近では DIC の犬に対しても、フィブリノーゲンの補給のために用いられている。前述のように、cryo-poor 血漿は凝固因子（フィブリノーゲン、第Ⅷ因子、vWF を除く）とアルブミン補給のための供給源として優れている。

PRP や血小板製剤が使える場合には、自然出血をきたすような重度の血小板減少症の猫と犬に用いられることがある（表1）。しかし、多くの場合レシピエントの血小板が、出血を止めるのに十分なほど増えることはまれである。PRP と血小板製剤は末梢で血小板破壊が生じている例（たとえば免疫介在性性血小板減少症）に対してほとんどあるいは全く有用性がない。これは、血小板が輸血直後に循環から消失してしまうためである。

新鮮 WB、PRP もしくは FFP 輸血は DIC 症例にも適応となる。

頻度は少ないが、血漿が低アルブミン血症を改善するために用いられることがある。しかし、これによってレシピエントのアルブミン濃度が上昇することはまれである。コロイドや、ヒトアルブミン製剤が血漿浸透圧維持のためにはより効果的である。

「止血および止血異常」の項を参照 6ページ

表1

猫と犬における血液製剤輸血の適応

	WB	PRBCs	SP/FP	FFP	CRYO	cryo-poor 血漿
低循環血液量性貧血	+++	++	-	-	-	-
正常循環血液量性貧血	+	+++	-	-	-	-
フォン・ビレブランド病	-	-	-	+++	++++	-
血友病 A	-	-	-	+++	++++	-
血友病 B	-	-	+++	++	-	++++
殺鼠剤中毒	-	-	+++	++	-	++++
低アルブミン血症	-	-	++	+	-	++++
肝疾患	-	-	++++	++	-	++++
膵炎	-	-	++++	+++	-	++++
アンチトロンビン欠乏症	-	-	++++	+++	-	++++
DIC	++	+	++	++++	-	++

WB：全血、PRBCs：濃厚赤血球、SP/FP：保存血漿/凍結血漿、FFP：新鮮凍結血漿、CRYO：クリオプレシピテート、cryo-poor 血漿：クリオプレシピテートを除いた血漿、DIC：播種性血管内凝固

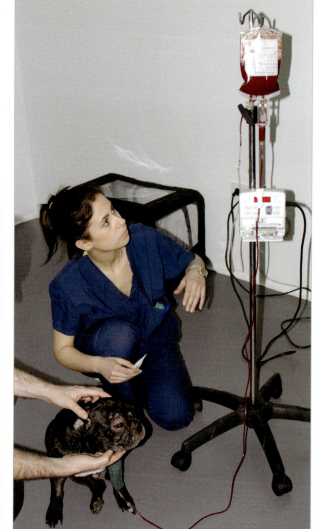

図1　脾臓腫瘍の破裂により重度の体腔内出血を起こした動物に対する全血輸血

血液型

Guillermo Couto, M. Cristina Iazbik

　犬ではいくつかの血液型が同定されており、犬赤血球抗原（DEA）1.1、DEA1.2（以前はA型として知られていた）、DEA3〜8、Dalなどがある。犬は血液型抗原に対する自然抗体を有していない。したがって、理論的には輸血されたり妊娠したりしない限り抗体をもたない。しかし、近年の研究では犬において妊娠と抗体の産生に相関が認められていない。

　輸血反応は、DEA1.1、1.2、7陽性血液を、それらが陰性の犬に輸血したときに起こることがある。ドナーはこれらの抗体陰性でなければならない。しかしながら、輸血による、臨床的に有意な急性溶血反応は犬ではきわめてまれである。また、輸血反応における抗原7の臨床的意義についても疑わしい。

> 血液型がわからないが、輸血歴のないドナーからの輸血は、血液型にかかわらず、臨床的な問題を引き起こすことはきわめてまれである。

　猫の血液型はA、B、AB型である。アメリカで調べられた猫は大部分がA型であり、過去10年に著者らの病院で検査されたB型の猫はほとんどが在来短毛種であった。B型の猫の割合は地域ごと、品種ごとに大きく異なる。
- 15〜30％の猫がB型：アビシニアン、バーマン、ヒマラヤン、ペルシャ、スコティッシュ・フォールド、ソマリ
- 30％以上の猫がB型：ブリティッシュ・ショートヘア、デボン・レックス

　近年のポルトガルとスペインの研究でも血液型はA型が最も多く、リスボンでは97.5％、ポルトガル北部で89.3％、カナリア諸島で88.7％であった。

　A型の血液を輸血されたB型の猫では致死的な輸血反応が一般的であるため、すべての猫で血液型を検査する必要があり、可能であれば、適合するか確認するために交差適合試験を行うべきである。

> B型の猫に対する輸血の際には常にB型のドナーを用いなければならない。

　血液型判定は、B型の母猫から生まれたA型やAB型の子猫で生じる新生子同種溶血を避けるためにも重要である。AB型の猫に輸血が必要な場合で、AB型の供血猫がいないときは、A型のドナーを使うことが推奨される。

> 猫には自然抗体が存在するため、どのような輸血の際にも（初めての輸血のときにも）これまで述べた検査や交差適合試験を用いて常に血液型適合性を確認する必要がある。

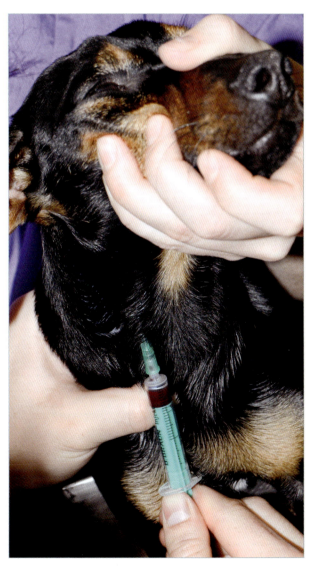

図1　血液型判定のための採血

血液型判定

Guillermo Couto, M. Cristina Iazbik

　犬と猫のいずれにも、臨床現場でドナーと患者に行う迅速で安価な血液型判定検査法がある。これらの検査は既知の（ポリクローナルもしくはモノクローナル）抗体と赤血球表面抗原が接触したときに生じる血液凝集反応に基づいている。これらの迅速検査は凝集、もしくはイムノクロマトグラフィーに基づく。
　犬の DEA 1.1、猫の A、B、AB 型を判定する凝集法による血液型判定カードが利用可能である（図1）。またイムノクロマトグラフィー法を用いたシステムも利用可能である（図2、3）。

> これらの検査をそれぞれ正しく実施するためには、取り扱い説明書を読み、製造者の指示に従うことが重要である。

> 輸血を受けたことがある犬や輸血歴の不明な犬では、次の輸血前に交差適合試験を行わなければならない。

　表1にはこれらの検査系の利点と欠点のいくつかを示した。
　自己凝集があったり、イムノクロマトグラフィーを使った血液型判定ができない場合には、抗原陰性、もしくは DEA1.1 陰性の血液を用いることが推奨される。
　交差適合試験は過去に輸血を受けた動物や猫、何度も輸血しなければならない症例で行う代替法である。

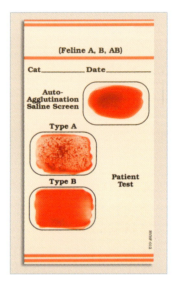

図1　凝集反応による猫の血液型判定。この症例では凝集が A 型の血液に対する抗体を含む枠内で認められている。したがって、この猫は A 型である。

図2　DEA1.1 の血液型検出用のイムノクロマトグラフィー法。もし検査された犬が DEA1.1 陽性であれば、"DEA1" と表示された部分に赤い線が現われ、"C" の部分に2本目の線が現われる。2本目の線はコントロール反応で、検査が問題なく行われたことを保証するものである。この写真では症例は DEA1.1 陰性であることが確認される。

図3　猫の血液型を判定するイムノクロマトグラフィー検査により、この猫は B 型であると確認された。

表1

猫と犬の血液型判定検査の長所と短所		
検査法	イムノクロマトグラフィー法	凝集法
必要なサンプルのタイプ	EDTA、全血、クエン酸血漿、CPD（クエン酸リン酸グルコース血）	EDTA のみ
注意点	自己凝集や重度貧血が結果に影響しない	自己凝集や重度の貧血では不適である
サンプル量	10μl	150μl

血液の投与

Guillermo Couto, M. Cristina Iazbik

冷蔵した血液は、とくに小型の犬や猫では投与前あるいは投与中に外気温に温めてもよい。フィブリノーゲンの析出や自己凝集を起こすので高温となることは避ける。最近の研究では輸血前に血液を温めてもレシピエントの中心体温には影響しないとされており、通常は必要ない。

血液投与セットには凝血や凝集した血小板などの小片を取り除くための輸血フィルターがついている必要がある。

血液は通常、橈側皮静脈、サフェナもしくは頸静脈から投与する。しかし、小さい動物や新生子、末梢循環が悪い動物では骨髄内投与することもある。

輸液や輸血を骨髄内投与で行う場合には、大腿部の皮膚を外科的に準備し、皮膚と大腿骨転子窩骨膜を1%リドカインで麻酔する。18G骨髄針もしくは骨髄内カテーテルを骨髄腔内に大腿の軸と平行に挿入する。10mlのシリンジで吸引し、骨髄内容（脂肪、骨片、血液）が吸引されることで穿刺針が正しく設置されたことを確認する。血液は、170〜240μmフィルターのついた通常の投与セットで投与できる。

推奨投与速度はさまざまである。通常は22ml/kg/dayで投与するが、循環血液量減少症の動物では20ml/kg/hまで速めることができる。心不全の犬と猫では5ml/kg/day以上の投与速度に耐えられない。

細菌の汚染を防ぐため、血液は投与中、4時間以上室温のままにすべきではない。

> 血液が4時間以上室温に置かれた場合、汚染されているとみなす。

血液は、乳酸リンゲル液と同時に投与してはならない。クエン酸ナトリウムによるカルシウムのキレートが起こり、クロットが形成されることがある。輸液を選択するときは生理食塩水（0.9% NaCl）とする。

レシピエントのヘマトクリット値の増加を予測する簡単なルールとして、ドナーのヘマトクリット値が約45%であれば2.2ml/kgの輸血ごとに1%増加する、ということを覚えておくとよい。猫では、WBやPRBC1単位でヘマトクリット値が約5%増加する（例：10〜15%に増加）。

輸血の合併症

輸血に伴う合併症は、免疫系が介在するものと、そうではないものに由来するものに大別される。

- **免疫介在性反応**：紅斑、溶血、発熱
- **非免疫介在性合併症**：保存が適切でなかった血液の輸血による発熱や溶血、循環血液量の過剰、クエン酸中毒、感染性疾患の伝播

免疫介在性溶血の徴候は迅速に生じ、投与開始後数分で発現する。振戦、悪心、発熱も伴う。これは犬ではきわめてまれであるが、適合しない血液製剤を投与された猫では一般的である。遅発性の溶血反応はより一般的で、主に輸血後の予期しないゆっくりとしたヘマトクリット値の低下と、これに伴うヘモグロビン血症、ヘモグロビン尿、高ビリルビン血症が現れる。

循環血液量の過剰では嘔吐、呼吸困難、発咳が現れることがある。

輸血に関連した急性肺障害（TRALI）が起こることがあり、これは血液製剤の投与に関連した超急性の肺症候群である。著者らは全血を投与された何頭かの犬で確認している。

クエン酸中毒は輸血速度が速すぎた場合や、肝臓がクエン酸を代謝できない場合に生じる。クエン酸中毒の徴候は低カルシウム血症によるもので、振戦や不整脈が起こる。

輸血反応の症状を1つでも認めた場合、当然ながら輸血を中止し、症例に対象療法を行う。

交差適合試験

この検査を行うためには、3つの異なる検査をそれぞれ行わなければならない。
- コントロール：レシピエントの血漿＋レシピエントの赤血球
- 主適合試験：レシピエントの血漿＋ドナーの赤血球
- 副適合試験：ドナーの血漿＋レシピエントの赤血球

症例の中には自己凝集を示し、これによりドナーとレシピエントの適合性について判断する妨げとなることがある。このため自己コントロール試験を実施すべきである。

主適合試験および副適合試験で溶血や凝集が認められた場合、血液不適合であることが示唆され、別のドナーを選択しなければならない。

> 犬においては副適合試験は陰性（適合）でなければならない。ドナーの血漿にはいかなる赤血球抗原も含まれてはならないからである。

適合試験が陰性であった場合には、検査されたその時点で赤血球に対する検出できる抗体がないことを示しているのにすぎない。輸血後にはドナーの赤血球抗原に対する感作が生じることがあることを覚えておかなければならない。

この検査を実施する際は以下の手順で行う。

1. レシピエントおよびドナーの候補となる動物から採血しEDTA管に入れる。
2. 試験管を1,000gで5分遠心し、血漿と赤血球を分離する。
3. それぞれのサンプルからピペットで血漿を吸引し、別のプラスチックもしくはガラスの試験管に移す。試験管には正しく記載を行い、どのサンプルか混同しないようにしなければならない。
4. 赤血球を生理食塩水で3回洗浄する。
   - 赤血球を含む試験管に生理食塩水を、試験管の3/4程度まで加える。
   - よく混和する。
   - 1,000gで1分間遠心する。
   - 上清を捨て、試験管の底に赤血球を残す。
   - 赤血球を生理食塩水で再び懸濁する。この手順を2回繰り返す。
5. 最後に赤血球沈殿物が試験管の底に得られ、最後に約2～4％の洗浄赤血球溶液（トマトジュース程度の色合い）を得る（図1）。

図1 洗浄した赤血球の懸濁液。溶液中には赤血球だけが含まれていなければならず、その他の血球成分は取り除かれている。

輸血の原則／交差適合試験

6. 患者とドナーの血漿もしくは血清を分離し、それぞれの洗浄赤血球が得られたら、"主"、"副"、"コントロール"と記載した3本の試験管を用意する。血漿2滴（100μl）と赤血球懸濁液1滴（50μl）を以下のように加える。
    - "コントロール"の試験管：レシピエントの血漿とレシピエントの赤血球
    - "主"の試験管：レシピエントの血漿とドナーの赤血球
    - "副"の試験管：ドナーの血漿とレシピエントの赤血球
7. それぞれの試験管を混和し、37℃のウォーターバスで15分間インキュベートする。
8. 試験管を1,000gで15秒間遠心する。
9. 試験管内の溶血、肉眼的および顕微鏡的な凝集を評価する。適合したサンプルでは溶血は認められない。あるいは、もとの血漿や血清よりも程度が強くてはならない。この点はしばしば評価が難しく、うまく試験できないこともある。
10. 試験管をゆっくりと振り、赤血球の"沈殿物"を再び懸濁し、内容を検査する。適合サンプルは赤血球が自由に浮遊し、目視可能な凝集がある場合には、それがどのような程度でも不適合であることを示す（図2）。

> 遠心した後は、どの試験管にも赤血球沈殿物が認められる。適合のサンプルを混和した場合は血漿と赤血球は均一な混和物となる。しかし、不適合の場合、さまざまなサイズの"塊"が認められる。これは試験管を振っても崩れない赤血球凝集である。

11. 肉眼的な凝集が確認されなかった場合、一滴の懸濁液を顕微鏡スライドに載せ、カバーグラスをその上に載せ顕微鏡の40倍のレンズで評価を行う。適合サンプルでは赤血球はそれぞれ分離して認められ、凝集は認められない。凝集した赤血球（不適合）と"連銭形成"（適合）を鑑別することが重要である。
12. 疑わしいケースで凝集反応あるいは"連銭形成"が認められた場合には、以下の手順を行う。
    - もう一度遠心する（1,000g 15秒）。
    - ピペットで上清を取り除き、生理食塩水2滴を滴下する。
    - ゆっくりと混和し、15秒遠心し、再びゆっくりと混和する。
    - 1滴を顕微鏡で観察する。"連銭形成"は解離するが、凝集は残る。

> 適合性試験で適合することは両者の血液型が同一であることを意味するわけではない。赤血球に対する抗体が存在せず、急性反応が起こらないという意味でしかない。

猫と犬の交差適合試験を行うキットも販売されており、ピペット、試験管、希釈液を含む。遠心器だけが必要である。

図2　赤血球の凝集が試験管の底に沈殿しており、血液型不適合を示す。

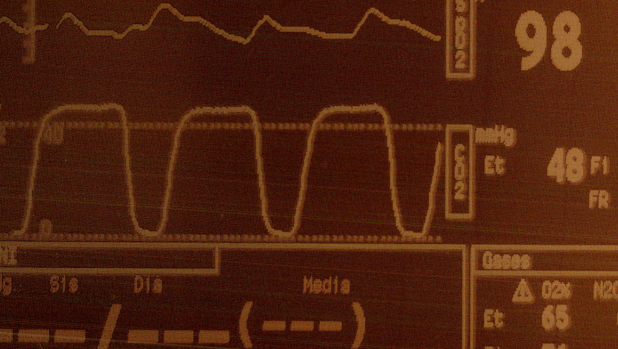

麻酔および周術期の出血

概要
出血に影響する因子
麻酔薬の影響
輸液療法
局所および領域麻酔

低体温

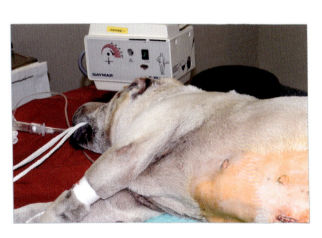

アシドーシス
出血を最小限に留める麻酔方法

概要

術中の出血は今も昔も麻酔医や外科医の悩みの種である。術中の出血を減らすことにより術野が明瞭となり、麻酔時間や手術時間が短縮される。

血圧、低体温、アシドーシスなどさまざまな要因が術中の出血に大きく影響する。麻酔医が入念に麻酔方法を計画して適切なモニタリングを行うことにより、それらの影響をコントロールあるいは最小限に抑えることが可能である。

術中の出血は動物の血圧に影響される（図1）。そのため、以下の点を考慮すべきである。

- 動脈性の出血は平均血圧（MAP）に左右される。動脈からの出血は止血帯の使用や血管結紮を行う以外に止める方法はないが、MAPや心拍数を低下させることにより減少させることが可能である。
- 毛細血管からの出血は毛細血管床の血流量に左右される。毛細血管レベルでの出血は、人為的低血圧やアドレナリンの滴下による選択的血管収縮により、減少させることが可能である。
- 静脈性の出血は静脈緊張と静脈還流量に左右されるため、動物の体位に大きく影響される。静脈の緊張は硬膜外麻酔や脊椎麻酔あるいは血管拡張薬（ニトロプルシドナトリウム、ヒドララジン）の使用により低下させられる。

術中の出血は麻酔方法により影響を受けるが、基本的には動脈血圧に生じる生理的変化や使用する薬剤に左右される。

呼吸様式の変更、機械的人工換気における呼気終末陽圧（PEEP）の使用や患者の体位により、生理的に動脈の静水圧が変化する。

心筋収縮力や末梢血管の緊張を変化させる薬剤を使用することでも、動脈血圧が変化する。

低酸素症、高炭酸血症、硬膜外麻酔や脊椎麻酔による交感神経幹の抑制なども血管径を変化させるため、出血に影響する可能性がある。

> 麻酔は生理学的および薬理学的に主に動脈血圧を変化させることにより、術中の出血に大きな影響を与える。

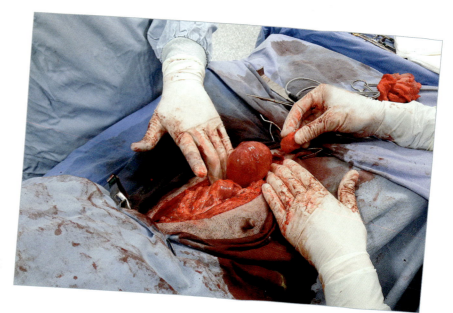

図1　犬の子宮卵巣摘出の予定手術における術中血

出血に影響する因子

Cristina Bonastre

動物の体位

動脈血圧と末梢静脈血圧に依存した術中出血は、患者の体位により減少させることが可能である。心臓に対して術野を2.5cm高くするごとに、術野の動脈血圧は2mmHgずつ低下する。動物の体位によっては、機能的残気量（FRC）の低下、無気肺の増加やガス交換能の変化など肺の機能に変化が生じる（表1）。

表1　中心静脈系、呼吸器系、中枢神経系に対する患者の体位の影響

体位	中心静脈系	呼吸器系	中枢神経系
背臥位	■ ↑VR、↑CL ＊（肥満患者では大静脈が圧迫されるため↓VR、↓CL）	■ ↓FRC ■ ↓コンプライアンス ■ ↓V/Q	
腹臥位	■ ↓VR、↓CL ■ ↑硬膜外静脈出血（腹部圧迫時）	■ ↑FRC ■ V/Qの改善 ■ 酸素化の改善	↑IOP
トレンデレンブルク	■ ↑↑VR、↑↑CL	■ ↓↓FRC ■ ↓↓コンプライアンス ■ ↓↓V/Q ■ 喉頭浮腫の可能性	↑IOP、↑ICP
逆トレンデレンブルク	■ ↓↓VR、↓↓CL ■ ↑頭部からの静脈還流	■ ↑FRC ■ ↑コンプライアンス ■ ↓換気圧 ■ 酸素化の改善	↓IOP、↓ICP
横臥位	■ ↑VR、↑CL	■ ↑V/Q （下側肺の低換気と高灌流。上側肺の過換気と低灌流）	

VR：静脈還流量、CL：心負荷、IOP：眼圧、ICP：頭蓋内圧、FRC：機能的残気量、V/Q：換気/血流比
（MacDonald and Washington, 2013より改変）

＊ 不適切な動物の体勢は術野の出血を増加させる

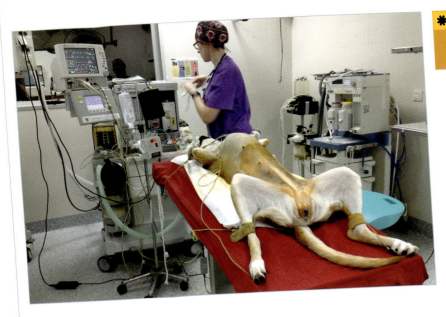

図1　逆トレンデレンブルク体位

機械的人工換気

機械的人工換気あるいは間欠的陽圧換気（IPPV）は、本来は特定の状況（開胸術、横隔膜ヘルニアあるいは横隔膜破裂の整復、筋弛緩使用時、腹腔鏡下手術、頭蓋脳外傷、無呼吸、その他の呼吸障害）において必須であり、重症患者、外傷の手術、長時間の麻酔においても強く推奨される（図2）。

自発呼吸下の動物では、吸気時に生じる胸腔内の陰圧の影響により心臓への静脈還流が増加する。

IPPV下の動物では換気の機序が異なり、人工呼吸器から送られるガスにより吸気時は胸腔内が陽圧となり、静脈還流が減少する。

- 正常血圧の動物では、IPPVは前負荷にほとんど影響しないが、胸腔内圧の上昇に伴い血管収縮反射が生じ、低血圧に対して圧受容器が反応して代償性の頻脈が生じる。
- 一方、既に低血圧の動物や静脈還流量が低下しやすい体位の動物に対する影響には注意が必要である。

IPPVは特定の薬剤と併用して人為的低血圧を行う上で有効な方法であり、人為的低血圧に使用する薬剤の用量を減少させ、術後低血圧の時間を短縮できる。

IPPVにおける呼気終末陽圧（PEEP）の適用

IPPVに呼気終末陽圧（PEEP）を加えると、機能的残気量が増加して酸素化が改善し、肺胞の虚脱が予防される。

PEEPにより呼気相の肺胞に圧がかかるため、静脈還流量がさらに減少して前負荷が減少する。このようにPEEPは動脈血圧を低下させる手技の1つである。

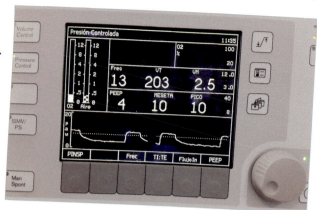

図2　間欠的陽圧換気の圧モード（最高気道内圧：10cmH₂O、PEEP：呼気終末陽圧4cmH₂O）

動物の換気の変化

二酸化炭素分圧の影響

二酸化炭素（CO_2）は細胞の代謝により産生され、血液を介して肺胞へ輸送されて体外へ排出される。小動物における呼気中の二酸化炭素分圧（$EtCO_2$）の正常値は35〜45mmHgである。

呼気中の二酸化炭素分圧の高値（高炭酸ガス血症）は動物が低換気であり、またこれは深麻酔であることと一致する傾向を示すこと、あるいは、CO_2の再呼吸が生じていることやガス産生が高まっていることを示す。呼気二酸化炭素分圧の上昇（$EtCO_2 > 60mmHg$）は血管拡張を引き起こす。

一方、過換気やCO_2産生の低下（低体温／低血圧）により低炭酸ガス血症（$EtCO_2 < 35mmHg$）が生じると、血管収縮が生じる。頭高位の動物では過換気から血管収縮が生じると頭部への血流が低下するため、とくに注意が必要である。

低酸素血症／低酸素症の影響

低酸素血症の定義は、動脈血中の酸素分圧（PaO_2）が60mmHgを下回ることである。とくに低酸素血症は組織への酸素供給が低下する低酸素症を招きやすい。低酸素血症は、新鮮ガス中の酸素濃度低下、低換気、V/Q比の変化や拡散障害により生じる。

急性の低酸素症ではPaO_2を増加させるために呼吸数が増加し、心拍数および心筋収縮力の増加や全身の血管拡張が生じ、同時に全身動脈血圧や肺動脈血圧が上昇する。肺では血管収縮が生じ、換気の良い部位への肺血流の再分布が生じる。

間欠的陽圧換気（IPPV）は静脈還流量を減少させ、前負荷を減少させる。PEEPを加えることにより、その効果はさらに大きくなる。

麻酔薬の影響

Cristina Bonastre

　一般に普段から麻酔で使用されている薬剤は、NSAIDsを除いて止血機能にほとんど影響しない。麻酔で使用される薬剤は、動脈血圧に大きな影響を及ぼし、ほとんどの場合その作用は用量依存性である。

　これらの薬剤が動脈血圧や止血機能におよぼす影響を以下に記す。

フェノチアジン系薬剤

　マレイン酸アセプロマジンは、犬や猫の前投与薬や鎮静薬として使用される機会が多い。鎮静作用や抗不安作用があり、軽度の抗ヒスタミン作用、抗けいれん作用、制吐作用もある。

　用量依存性の副作用として、α_1受容体を直接阻害することによる血管拡張作用があり、低血圧が生じる。

　脾臓の腫大も引き起こし、ヘマトクリット値を最大で30%低下させることがある。

> 上記の理由から、出血性ショック、循環血液量減少、低血圧、低体温の動物に対するアセプロマジンの使用は禁忌とされる。

　さらに、健康な動物において血小板の接着能を阻害することがあるが、止血機能に影響することはない。

ベンゾジアゼピン系薬剤

　小動物で最も使用されているベンゾジアゼピン系の薬剤は**ジアゼパム**と**ミダゾラム**である。これらの薬剤は、通常の用量では止血機能や動脈血圧に対する影響はほとんどない。

α_2受容体作動薬

　α_2作動薬は強力な鎮静薬であり、小動物臨床で使用される機会が多い。α_2作動薬は鎮痛作用と良好な筋弛緩作用も発揮する。

　最も使用されている薬剤は**メデトミジン**と**デクスメデトミジン**であり、α_2受容体に対する選択性の低いキシラジンは使用される機会が少ない。

　これらの薬剤の副作用は用量依存性である。心血管系に対して、末梢血管の収縮による動脈血圧の上昇を引き起こして代償性に反射性徐脈を生じさせるが、この作用の程度は用量と投与経路に影響される（図1）。また、房室ブロックが生じることもある。

　凝固機能に対する直接作用として、α_2アドレナリン受容体の刺激により、血小板の接着能を強める凝固促進作用と、カテコラミンの放出を抑制する一酸化窒素（NO）を血管内皮細胞から遊離させる抗凝固作用がある。これらの作用により、わずかに凝固能は低下するが、それでも正常な凝固機能が保たれる。

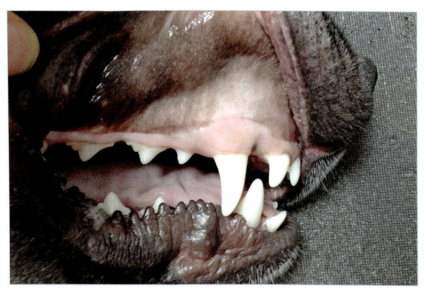

図1　α_2作動薬を投与された犬における末梢血管の収縮

オピオイド

一般にオピオイドは用量依存性に心拍数と動脈血圧を低下させる。

モルヒネやペチジンにはヒスタミン放出作用があり、アナフィラキシー反応を引き起こす可能性がある。どちらの薬剤でも、肥満細胞の顆粒から放出されるヘパリンによる出血時間の延長が認められることがある。

ケタミン

ケタミンは解離性麻酔薬であり、強力な鎮痛作用、NMDA 受容体の拮抗作用、鎮静作用がある。

麻酔用量として使用した場合、単独で使用した場合には、筋硬直、呼吸抑制、心拍数の増加と心収縮力の増加および動脈圧の上昇が生じる。

> ✴ 麻酔用量では、ケタミンは IOP（眼圧）や ICP（頭蓋内圧）を上昇させるため、頭部外傷の動物では推奨されない。

麻酔用量以下では、ケタミンは通常は鎮痛補助薬として使用され、0.1～1.0mg/kg の負荷投与後に0.6mg/kg/h で持続投与することにより、鎮静作用や鎮痛作用を発揮する。麻酔用量以下（0.1～1.0mg/kg）では、ICP や IOP の顕著な上昇は認められない。

プロポフォール

プロポフォールは、短時間の鎮静のための麻酔導入から持続投与による麻酔維持まで、幅広く使用されている麻酔薬である。

プロポフォールが循環動態に及ぼす作用は、末梢血管抵抗の減少による前負荷の減少と一時的な血圧低下（MAP［平均動脈圧］の最大30%低下）および直接的な心筋抑制（陰性変力作用）である。どちらの作用も用量依存性である。

麻酔導入中および導入後に IOP が上昇することに留意し、眼圧上昇が有害となりうる動物では導入薬として使用すべきではない。

人の耳鼻咽頭手術ではプロポフォールは最も使用されている薬剤の1つである。フェンタニルやレミフェンタニルなどのオピオイドと併用すると、副鼻腔の内視鏡下手術や中耳の手術において、手術部位の血流が減少して出血が減るため術野の視界が明瞭となる。

アルファキサロン

アルファキサロンはプロジェステロン由来の麻酔薬であり、小動物では基本的に麻酔導入や静脈内持続投与による麻酔維持に使用される。

麻酔導入後に一時的に末梢血管抵抗の低下が生じるが、心拍数が増加することで平均動脈圧は維持される。推奨用量における心血管系に対する影響は中程度であり、心疾患を抱える動物でも安全に使用できる。

チオペンタールナトリウム

チオペンタールナトリウムはバルビツレート系の薬剤であり、麻酔導入で使用されることが多く、静脈内単回投与を繰り返して麻酔維持にも利用される。近年は獣医の麻酔領域でもプロポフォールやアルファキサロンなどの薬剤が利用可能となり、使用機会が減っている。

チオペンタールにより心血管系の抑制はプロポフォールと同様であり、推奨用量で血管拡張と心筋抑制を引き起こす。

> プロポフォールと異なり、チオペンタールナトリウムによる麻酔導入では眼圧が低下するため、眼圧上昇を避けたい場合に適している。

エトミデート

エトミデートは、通常の用量では血行動態に対する影響がほとんどないため、主に心血管系に問題のある動物で使用される。末梢血管抵抗はわずかに低下するが、心拍数や心筋収縮力は維持されるため通常は心負荷に影響がない。循環血液量が減少した動物では、血圧低下が生じる可能性がある。

吸入麻酔薬

現在、小動物で最も使用されている吸入麻酔薬は**イソフルランとセボフルラン**である（表2）。

最近の研究では、ハロゲン化吸入麻酔薬とプロポフォールによる麻酔維持を比較すると、イソフルランやセボフルランは、血小板に発現して接着能および凝集塊の安定性に重要な役割を果たしている αⅡbβ3受容体の活性化機構を変化させ、血小板機能に影響を与えることが示されている。

麻酔および周術期の出血／麻酔薬の影響

小手術を受ける人の患者でイソフルラン、セボフルラン、デスフルランを比較した研究では、3つの薬剤すべてが挿管後15分間は臨床的に有意な抗血栓活性を示し、さらにセボフルランだけは手術終了から1時間以上経過しても、その作用が持続していた。ただし、この研究の著者らは、この作用は術中の出血量を明らかに増加させるものではないと述べている。

表2

犬猫の麻酔に一般的に使用される薬剤の推奨用量 (Rioja et al., 2013)		
吸入麻酔薬	MAC（犬）	MAC（猫）
イソフルラン	1.3%	1.6%
セボフルラン	2.3%	2.6%

MAC：最少肺胞内濃度

抗コリン薬

抗コリン薬としてアトロピンやグリコピロレートが使用されている。これらは、麻酔を行うときに常に使用される薬剤ではない。迷走神経反射やオピオイドの過量投与などにより生じる重度の徐脈に対して使用されることがある。

用量依存性に頻脈が生じ、動脈血圧が上昇する。

心筋の酸素消費量の増加や不整脈の閾値の低下を招く可能性があることに注意する。

非脱分極性筋弛緩薬

近年、獣医臨床においてアトラクリウム、ベクロニウム、ロクロニウムなどの筋弛緩薬が使用される機会が増えている。

筋弛緩薬は非常に精密な手術、眼科や整形外科手術など完全な筋弛緩が必要な動物、呼吸器系に問題があったり障害があり IPPV による人工換気を行う動物で使用される。

一般的に、これらの薬剤には、わずかな血圧低下作用があり、その機序として、交感神経節に対する拮抗作用に加え、ヒスタミンの放出作用が知られている。ヒスタミンの放出はアナフィラキシー反応を引き起こす可能性もある。アトラクリウムではベクロニウムやロクロニウムよりもこの反応が生じやすいが、実際の臨床で使用される用量で生じることはまれである。

非ステロイド系抗炎症薬

非ステロイド系抗炎症薬（NSAIDs）は、獣医療では外傷や手術に起因する疼痛の治療に広く使用されている。

これらの薬剤は疼痛を緩和させてオピオイドの使用量を減少させるが、小さな処置を除いて完全な鎮痛が得られることは少ない。鎮痛作用に加えて、抗炎症作用や解熱作用があることも知られている。現在、小動物で最もよく使用されている NSAIDs は**メロキシカム、カルプロフェン、ケトプロフェン、ベダプロフェン**である。

可能性のある副作用として食欲不振、嘔吐、下痢、急性腎不全を引き起こすことがある腎毒性があり、さらに血小板の接着能を低下させて周術期の出血を増加させる可能性もある。

> NSAIDs は血小板の接着能を低下させ、周術期の出血量を増加させる可能性がある。

これらの作用を理解するためには NSAIDs の作用機序を知ることが重要である。NSAIDs の作用はシクロオキシゲナーゼ（COX）の阻害作用に基づいているが、この COX はプロスタグランジン（腎血流量の調節と消化管粘膜の保護）の産生とトロンボキサン A2（TXA2）（血小板接着に欠かせない因子）の産生にかかわる酵素である。

この酵素には2種類のアイソフォームが同定されている。COX-1は細胞の恒常性、消化管や腎臓の保護に関与し、COX-2は炎症の過程に関係するプロスタグランジンの合成に関与している。このことから、選択的なCOX-2阻害薬は副作用のない理想的な治療薬であると考えられていた。

今日、COX-1は炎症や痛覚過敏にかかわるプロスタグランジンの産生にも関与し、COX-2は腎臓、脳、生殖器官などの臓器で重要な役割を果たしていることが知られている。

NSAIDs は凝固系、消化器系あるいは腎機能に問題のある動物では禁忌である。循環血液量の減少、脱水、低血圧の認められる動物では腎障害の危険性があるため使用は勧められない。また、消化管潰瘍を生じる危険性があるためコルチコステロイドとの併用も勧められない。

> NSAIDs は凝固系、消化器系、腎機能に問題がある動物では禁忌である。

臨床医のための止血術

表3

犬猫の麻酔に一般的に利用される薬剤の推奨用量（Sandez and Cabezas, 2014）		
薬剤	用量（犬）	用量（猫）
アセプロマジン	0.005〜0.05mg/kg IM, IV, SC	0.005〜0.05mg/kg IM, IV, SC
ジアゼパム	0.1〜0.5mg/kg IV	0.1〜0.5mg/kg IV
ミダゾラム	0.1〜0.5mg/kg IM, IV	0.1〜0.5mg/kg IM, IV
キシラジン	0.1〜1mg/kg IM, IV	0.2〜1mg/kg IM, IV
メデトミジン	10〜20μg/kg IM 5〜10μg/kg IV CRI：1〜2μg/kg/h	10〜30μg/kg IM 5〜10μg/kg IV CRI：1〜2μg/kg/h
デクスメデトミジン	2〜10μg/kg IM 0.5〜3μg/kg IV CRI：0.5〜1μg/kg/h	5〜20μg/kg IM 1〜5μg/kg IV CRI：0.5〜1μg/kg/h
フルマゼニル	0.01〜0.1mg/kg IM, IV, SC	0.01〜0.1mg/kg IM, IV, SC
アチパメゾール	メデトミジンの5倍量 デクスメデトミジンの2.5倍量 IM, SC	メデトミジンの5倍量 デクスメデトミジンの2.5倍量 IM, SC
ヨヒンビン	キシラジンの0.1〜0.5倍量 IM, SC	キシラジンの0.1〜0.5倍量 IM, SC
モルヒネ	0.1〜0.5mg/kg IM, IV, SC CRI：0.1〜0.2mg/kg/h	0.1〜0.5mg/kg IM, IV, SC
メサドン	0.1〜0.5mg/kg IM, IV, SC	0.1〜0.3mg/kg IM, IV, SC
フェンタニル	3〜10μg/kg IV 負荷量：5μg/kg 投与後 CRI：2〜10μg/kg/h	3〜10μg/kg IV 負荷量：5μg/kg 投与後 CRI：2〜10μg/kg/h
ペチジン	2〜5mg/kg IM, SC	2〜5mg/kg IM, SC
トラマドール	2〜5mg/kg IM, IV, SC	1〜2mg/kg IM, IV, SC
ブプレノルフィン	10〜20μg/kg IM, IV, SC	10〜20μg/kg IM, IV, SC
ブトルファノール	0.1〜0.3mg/kg IM, IV, SC	0.1〜0.3mg/kg IM, IV, SC
ナロキソン	0.002〜0.04mg/kg IV	0.002〜0.04mg/kg IV
ケタミン	2〜6mg/kg IV 5〜20mg/kg IM 負荷量：0.5〜1mg/kg 投与後 CRI：0.1〜1mg/kg/h	2〜6mg/kg IV 5〜20mg/kg IM 負荷量：0.5〜1mg/kg 投与後 CRI：0.1〜1mg/kg/h
プロポフォール	前投与ありのとき1〜4mg/kg IV 前投与なしのとき4〜8mg/kg IV CRI：0.1〜0.4mg/kg/min	前投与ありのとき1〜4mg/kg IV 前投与なしのとき4〜8mg/kg IV
アルファキサロン	前投与ありのとき0.5〜3mg/kg IV CRI：0.05〜0.2mg/kg/min	前投与ありのとき0.5〜3mg/kg IV 前投与として4〜5mg/kg IM CRI：0.05〜0.2mg/kg/min
チオペンタールナトリウム	7〜12mg/kg IV	7〜12mg/kg IV
エトミデート	0.5〜2mg/kg IV	0.5〜2mg/kg IV
アトラクリウム	0.1〜0.2mg/kg IV	0.1〜0.2mg/kg IV
ベクロニウム	0.08〜0.1mg/kg IV	0.08〜0.1mg/kg IV
ネオスチグミン	0.04mg/kg IV（アトロピンの併用を推奨）	0.04mg/kg IV（アトロピンの併用を推奨）
アトロピン	0.02〜0.04mg/kg IM, SC 0.01〜0.02mg/kg IV	0.02〜0.04mg/kg IM, SC 0.01〜0.02mg/kg IV
グリコピロレート	0.01〜0.02mg/kg IM, SC 0.005〜0.01mg/kg IV	0.01〜0.02mg/kg IM, SC 0.005〜0.01mg/kg IV
メロキシカム	初日0.2mg/kg、その後0.1mg/kg IV, SC, PO	0.3mg/kg 単回のみ IV, SC, PO
カルプロフェン	4.4mg/kg 1〜2回／日 SC, PO	1〜4mg/kg 単回のみ SC

CRI：持続投与

輸液療法

Cristina Bonastre

晶質液

　一般的には、基本的に晶質液は血液希釈による効果を除いて凝固機能に影響しない。

　晶質液の静脈内投与は、40％までの血液希釈であれば凝固機能を向上させることが、さまざまな研究により示されている。この作用は抗凝固因子が希釈されることと関連している。イオン化カルシウム濃度が正常範囲に保たれていれば、晶質液による40〜70％の血液希釈は凝固能に影響しない。

　これが外傷患者の輸液蘇生において膠質液よりも晶質液の方が成績が良いことの理由の1つである。

　血液量の7.5％を超える量の高張生理食塩水（7.5％）を投与した場合は、クロライドイオンが血液凝固の過程に影響して凝固機能が変化することがある。

膠質液

　デキストランやハイドロキシエチルスターチのような合成コロイドは、とくに大量投与により凝固機能に影響を与えることがある。

　デキストランを24時間あたり20ml/kg以上投与すると、抗トロンビン作用に加えて、わずかではあるがフィブリノゲンや他の凝固因子を減少させ、血小板の接着能を低下させる。

　凝固機能に変化が生じる可能性はあるが、スターチの凝固機能に対する影響はデキストランよりも少なく、とくに低分子量の新世代スターチでは少ない。

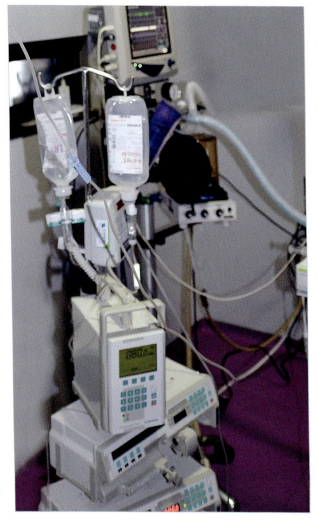

図1　輸液療法の目的は、周術期における水電解質バランスの維持、循環系の補助、容量不均衡の是正、pHや電解質の補正である。

臨床医のための止血術

局所および領域麻酔

　局所麻酔薬は、臨床で使用される通常の用量では止血には大きく影響しない。推奨用量を超えた場合に限り、血小板機能を阻害する作用がある。

> 推奨用量において、リドカインの局所および静脈内投与には抗血栓作用がある。

局所麻酔薬単独あるいはアドレナリン併用による局所浸潤

　アドレナリンは交感神経刺激作用があり、とくに血管収縮を引き起こす。局所麻酔薬と併用あるいは単独で切開創に浸潤投与されることが多く、局所の血管収縮を生じさせ、血管からの出血を減少させて術野の視界を明瞭にする（図1）。

　投与するアドレナリンの濃度は、十分な血管収縮は生じるが組織が壊死するような重篤な血管攣縮は生じない程度であることが必要である。アドレナリン単独あるいは局所麻酔薬と併用する場合の希釈濃度は1：200,000～1：400,000が適切である。

　非常に低い濃度で使用する場合でも、血管内に誤って投与しないように必ず吸引テストを行う。

> アドレナリンを単独あるいは局所麻酔薬と併用する場合の希釈濃度は1：200,000～1：400,000が適切である。

硬膜外麻酔

　局所麻酔薬単独あるいはオピオイドを併用して硬膜外に投与する方法は、後腹部および前腹部、体の後部1/3の領域、腓骨領域の手術において使用される機会が増えてきている麻酔方法である（図2）。

『骨盤領域』の「腰仙椎硬膜外麻酔」の項を参照
242～247ページ

　用量、局所麻酔薬の濃度、投与量が脊髄のブロックの広がりや作用の強さに影響する。

　同時に、作用している分節によっては交感神経幹がブロックされ動脈の血管拡張と静脈緊張の低下が生じ、静脈還流量と前負荷が低下して低血圧が生じる。静脈緊張の低下は術中の出血量を低下させるために非常に効果的であり、とくに骨盤の静脈叢で顕著である（図3）。

　一方、凝固機能に問題のある動物に対する硬膜外あるいは脊椎麻酔は、血管穿刺により脊柱管内に血腫が生じる危険性があるため推奨されない。これらの動物に対する局所および領域麻酔法による末梢神経ブロックでは、予想以上にブロックの効果が強まる危険性がある。

「ハイドロディセクション」の項を参照 81ページ

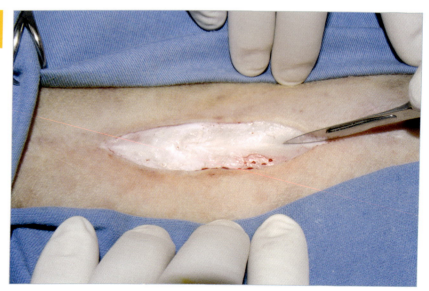

図1　2％リドカインと1：200,000に希釈したアドレナリンの局所浸潤を施した動物の腹部の皮膚切開

麻酔および周術期の出血 / 局所および領域麻酔

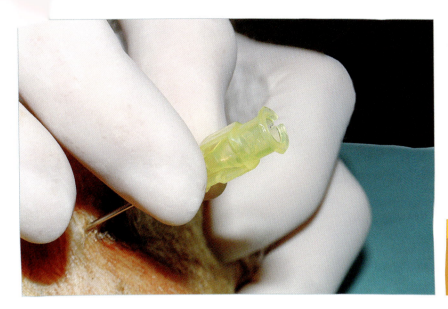

図2　腰仙部からTuohy針を硬膜外腔へ穿刺し、薬剤を投与する前に位置の確認を行う。

＊ 凝固障害のある動物では硬膜外あるいは脊椎麻酔は絶対禁忌である。

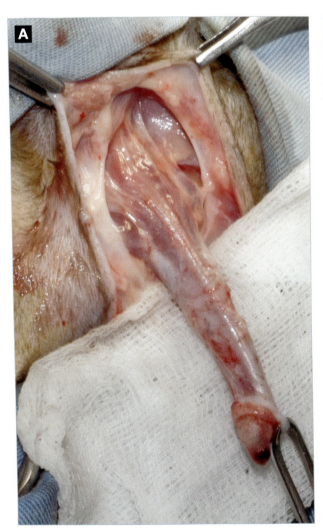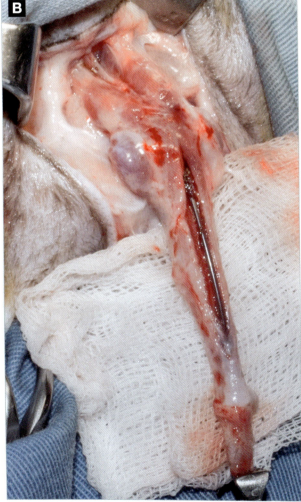

図3　硬膜外麻酔を行った猫。陰茎の分離と尿道切開を行ったが、出血は最小限であった。

臨床医のための止血術

静脈内領域麻酔（Bier block）

　この手技は前後肢の遠位部、とくに断指の手術に適用される領域ブロックである。

　断指を行う際は、まず駆血帯を巻いて駆血帯より遠位で局所麻酔薬（リドカイン）を静脈内投与する。肢の脱血と駆血帯による圧迫により、動脈血の流れが閉塞し、無血の術野が得られる（図4）。

　駆血帯による圧迫で虚血とリドカインの血管内残留が生じ、止血機構に影響が生じる。駆血帯で血流を遮断している間、患肢と全身で線溶系の活性が上昇することが明らかとなっている。

　虚血した肢の静脈内の高濃度リドカインは線溶系の反応を改善させるが、駆血帯による虚血から生じる血小板機能不全を改善することはできない。

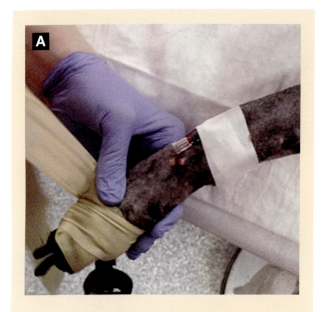

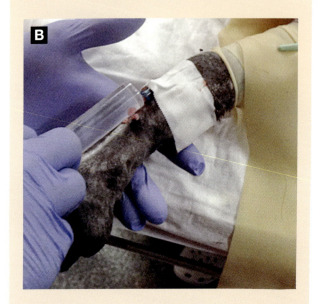

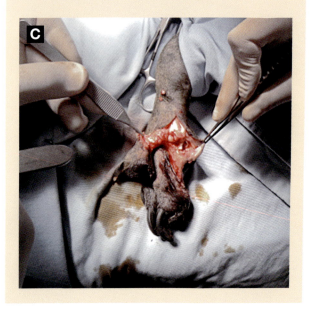

図4　Bier block。A：静脈カテーテルを留置したのち、Smarch包帯を用いて患肢の脱血を行う。B：駆血帯による肢の近位の圧迫は、術野への血液供給を遮断して静脈内に投与された局所麻酔薬の作用が発現する。C：Bier blockを行った後の無血の術野。

低体温

Cristina Bonastre

　低体温は全身麻酔や手術における最も多い合併症の1つである。

　手術時間の長さ、手術室の低い室温、麻酔導入時から薬剤が引き起こす放射による熱の喪失、露出した臓器の漿膜からの熱の蒸散、術中の洗浄などが低体温を引き起こし、多くの例では重度の低体温となり生命を脅かすこともある。

　低体温は細胞の代謝、心肺機能、免疫機能を変化させ、術創感染の危険性を高め、創傷治癒に影響する。麻酔薬必要量の低下や覚醒時間の延長を引き起こすことにも注意が必要である。

> 低体温は血小板の接着能の低下や凝固時間の延長を引き起こし、血小板の機能不全が生じる。

　手術をした動物では、短時間の低体温であっても凝固機能に影響が出て、出血による大事故が生じて手術の合併症発生率や死亡率が増加する可能性がある。

　軽度であっても長時間であっても低体温は血小板機能を低下させ、血液凝固の開始を遅らせ、凝固時間を延長させ、出血量を増加させる。

　重度の低体温の動物では血小板は肝臓と脾臓に貯蔵され、血小板の接着能は低下し、凝固時間の延長と線溶系の活性化が生じる。

> ＊ 重度の低体温の動物において、急速な復温により致命的な播種性血管内凝固症候群（DIC）が生じる可能性があるため、注意が必要である。

　さらに、低体温は血液の粘性を増加させ毛細血管流速を減少させるなど、循環機能にも障害をきたす。

> 人では、わずか0.5℃の体温低下でも血液喪失量の有意な増加が認められた。軽度の低体温でも出血量が16～30％増加するとされている。

　線溶系は軽度の低体温では変化せず、高体温で有意に活性化する。このことから低体温により生じる凝固機能の変化は、血栓の溶解よりも血栓の形成と強い関連があることが示唆される。

　外傷の動物では損傷した組織から大量のトロンボプラスチンが放出されており、凝固機能が亢進した状態にある。重度の低体温あるいは急速な復温中の動物においてトロンボプラスチンが全身循環に放出されると、DICが進行する可能性がある。

　事前の加温処置、毛布や断熱毛布の使用（図1）、適度な温水による術野の洗浄、麻酔開始から動物の体温と同程度に温めた輸液剤を使用することは、術中の低体温の軽減や予防に有効である（図2）。全身麻酔あるいは脊椎麻酔を行った動物に対して、熱産生を促すためにアミノ酸輸液が使用されることもある。

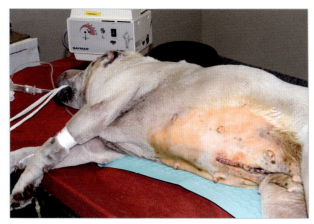

図1　術中および術後の低体温を軽減するため加温装置を使用することは有効な方法である。温水の入った瓶や温風装置の使用は推奨されるが、電気的な加温装置は使用しない。

図2　手術を受けた猫の97％は低体温になっており、とくに腹部手術や整形外科手術では重度の低体温になりやすい。術中は出血が増加し、術後は覚醒遅延を引き起こすなど大きな影響がある。

低体温の動物における麻酔薬の動態

　低体温は静脈内投与された薬物の代謝を低下させる。プロポフォールやフェンタニルなどの薬剤は、体温が低下すると血漿中濃度が上昇することにも注意する必要がある（1℃低下するごとにそれぞれ10％、5％ずつ上昇する）。ベクロニウム、ロクロニウム、アトラクリウムなどの筋弛緩薬は、軽度の低体温で作用時間が最大で50％以上延長する。

　吸入麻酔薬は低体温では血液溶解度が増加し、体温が1℃低下するごとにMACが最大で5％低下する。低体温は吸入麻酔薬の効果には影響しないとされる。

> 低体温は注射薬の代謝を低下させ、また吸入麻酔薬の必要量を低下させ、麻酔からの覚醒を遅延させる。

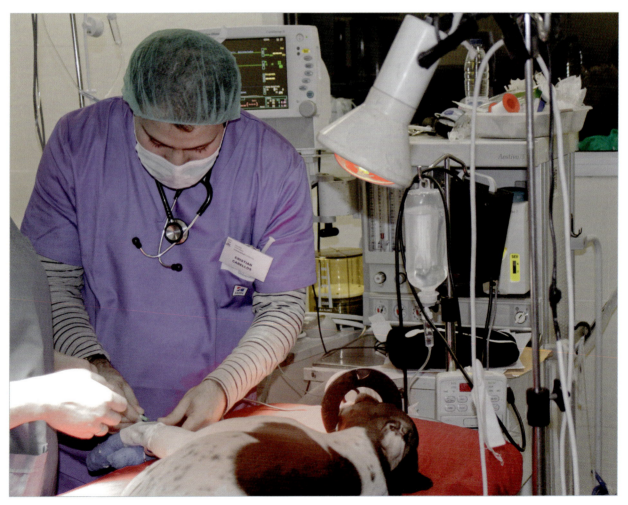

図3　外部からの加温処置を術前から行うことで術中の低体温は軽減される。しかし、高体温を避けるために体温管理は必要である。

アシドーシス

Cristina Bonastre

　低体温の状態では、前負荷の減少、末梢組織の低灌流、酸性代謝物の蓄積を引き起こす腎機能低下などの結果アシドーシスが生じる。

　アシドーシスは血栓の形成とその程度に悪影響を及ぼし、より軽度ではあるが低体温も同様の影響を及ぼす。これらが同時に生じるとアシドーシスは低体温の影響を増強して相乗的に働き、凝固時間が延長し、血栓の強さが減弱する。さらに低体温ではアシドーシスの有無によらず血栓の溶解が低下する。正常体温の動物ではアシドーシス自体は凝固機能に大きく影響しないことが明らかとなっている。

　これらの知見は、血液凝固を正常化するすためにアシドーシスや低体温を補正することが重要であることを示す（図1）。

　このことと関連して、近年の人の外傷後の出血性ショック時の管理が変わってきている。生理・病理学的および治療学的変化により、これらの患者でアシドーシス、低体温、凝固障害などの"致死的三徴候"として知られる合併症が生じると、患者の生存率が大幅に低下することが明らかとなっている。

　現在の治療戦略はダメージコントロール蘇生（DCR）であり、低血圧の容認（PAH）、止血機能の蘇生、外科的介入による外傷管理などの概念が包括されている。DCRは、外傷に伴う出血と凝固障害の管理に重点を置き、同時にアシドーシスや低体温を補正して患者の生理状態を正常化することを目標としている。

> アシドーシスと低体温の補正は止血機能の正常化に必須である。

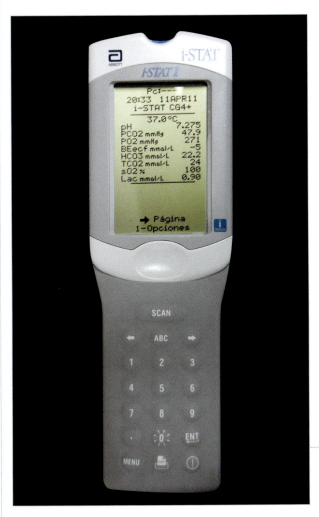

図1　血液ガスやpHの検査によりアシドーシスのモニタが可能となり、血中の乳酸値やガス成分を知ることもできる。

出血を最小限に留める麻酔方法

Cristina Bonastre

手術中および覚醒中の出血を軽減あるいは管理するためにさまざまな麻酔方法がある。

低血圧麻酔

低血圧麻酔は人為的あるいは計画的な低血圧であり、人医療では一般的に使用されている麻酔法である。1917年に Cushing が考案し、1946年に Gardner が臨床に応用した。以来、術中の出血を減らし術野の視界を良好に保ち、輸血の必要性も減少させる目的で50年以上も使われ続けている。

低血圧麻酔は収縮期血圧を80〜90mmHg に低下させる方法であり、高血圧症ではない患者では平均血圧を50〜65mmHg に低下させ、高血圧症の患者では平均血圧を30%低下させる。

> 低血圧麻酔の目的は、術中の出血を減少させて手術の状況を良好に維持することである（きれいな術野、手術時間の短縮、輸血量の減少）。

> 低血圧麻酔では連続的な動脈血圧（MAP）の測定が必須である。

適用

耳鼻咽喉頭の手術や顕微鏡下の手術のように、術野を出血で妨げないことが重要となる手術が第一の適用である。心血管系の手術や脳血管系の手術などいくつかの手術は、低血圧麻酔なしに行うことはできない。また、出血量の多くなる股関節置換術などの整形外科手術でも有用である。

この方法で出血量が最大50%減少するという見積もりもある。

> 犬では動脈管開存症の手術の麻酔法として、血管の破裂の可能性を減らすために低血圧麻酔を用いることがある。

方法

一般的に、術中の低血圧麻酔に使用する理想的な薬剤は、以下の特徴を有することが望ましい：投与が簡便である、作用時間が短い、消失が速い、代謝産物に毒性がない、臓器に対する傷害や副作用がない、予測しやすい用量依存性の作用、これらの効果により投与が終了すると速やかに作用が消失する。今のところ、これらの条件をすべて満たす低血圧麻酔に理想的な薬剤は存在しない。

低血圧麻酔は以下の薬剤を用いたさまざまな方法で実践されてきた：硬膜外麻酔あるいは脊椎麻酔（イソフルランあるいはセボフルランによる全身麻酔下）、静脈麻酔（プロポフォール、チオペンタール）、カルシウムチャネル阻害薬、血管拡張薬（ニトログリセリン、ニトロプルシド）、オピオイド（フェンタニル、レミフェンタニル）、a_2作動薬（クロニジン、デクスメデトミジン）、短時間作用型β遮断薬（エスモロール）、プロスタグランジン E_1。

低血圧麻酔の方法として IPPV も利用されてきた。過換気により生じる呼気中炭酸ガス分圧の低下は、血管収縮を引き起こして血流を低下させる。一方、低換気は高炭酸血症を引き起こして血管拡張と血流の増加を生じさせる。

注意点

低血圧麻酔を行うために使用されるこれらの薬剤には副作用がある。例えば、吸入麻酔からの覚醒遅延、血管拡張薬に対する抵抗性、急性脱感作、ニトロプルシドによるシアン中毒である。

低血圧麻酔による肝臓、腎臓、脳や心臓などの臓器の機能に対する大きな有害作用はない。平均血圧が各臓器の自己調節能を維持することができる範囲内であれば、低血圧麻酔による低灌流は通常は生じない。

禁忌

この麻酔法は大量の循環血液量（＞20ml/kg）を消失している動物、貧血の動物、心不全の動物には適用できない。

麻酔および周術期の出血 / 麻酔方法

低血圧の許容と低血圧蘇生

　人におけるいくつかの研究において、外傷患者での低血圧の許容や低血圧麻酔による蘇生は、正常血圧の患者よりも腹腔内出血量が少なくなると同時に重要臓器の灌流を維持することも可能であることが示されている。

　外傷患者において正常血圧を維持するために血管内容量を回復させると、出血を増加させる危険性や死亡率の増加につながる可能性がある。

正常循環血液量を維持する急性の血液希釈

　正常循環血液量を維持する急性の血液希釈は人で使用される方法であり、自己の赤血球を保存することで輸血バンクを利用する必要性を減少させる。

　患者の状態にもよるがヘマトクリット値が25％、時には20％まで低下するように、通常は麻酔導入時に一定量の血液を抜き取る。その後に晶質液や膠質液で採取した血液量を置換する。

　この方法は赤血球の喪失量を減少させて輸血の必要性を低下させるための安全で効果的な方法であるが、血液の粘度が低下して微小循環が改善するため形成外科や再建手術にも有益な方法でもある。

臨床例の例示

この方法の本質は以下の例を使って明示できる。

ヘマトクリット値が45％の動物で、1000ml の血液の喪失は450ml の赤血球の喪失となる。この動物のヘマトクリット値が25％であれば、同量の血液の喪失はわずか250ml の赤血球の喪失となる。比較すると200ml の赤血球を失わずにすむことになる。

急速循環血液量過剰性血液希釈

　急速循環血液量過剰性血液希釈は、膠質液（デキストランやゼラチン）と晶質液の等量混合液（1：1）を手術が始まる直前に投与する方法である。循環血液量の増加が生じるが、赤血球の構造や血液の粘性は変化しない。この場合、循環血液量の喪失量が同じ場合でも赤血球の喪失量は減少する。

　この方法はエホバの証人の患者で利用されている。健康な患者では合併症は生じないとされるが、循環血液量や静脈還流量が増加し、容量負荷がかかって肺動脈圧が上昇するため心血管系に障害のある患者では推奨されない。

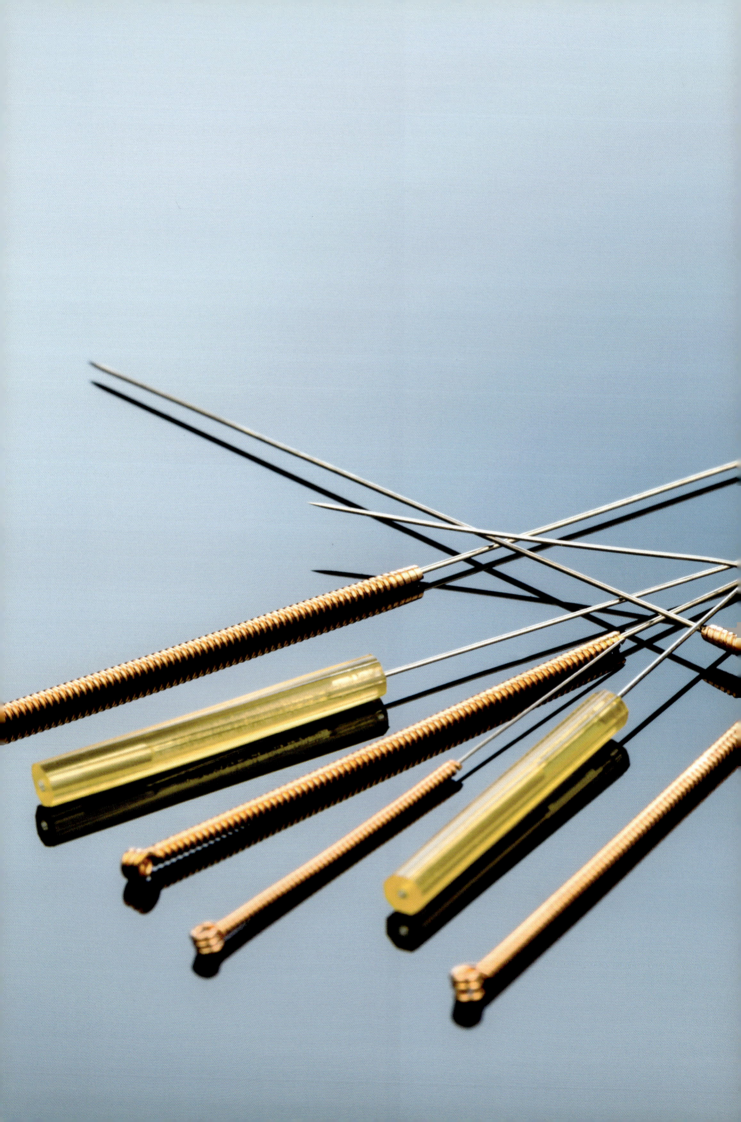

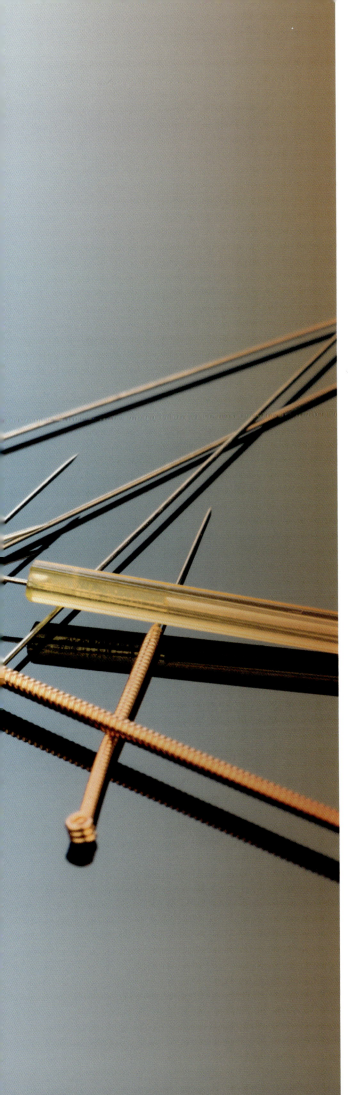

術前の止血療法

止血を促進する薬剤
リジン類似物質

エタンシラート

その他の治療薬

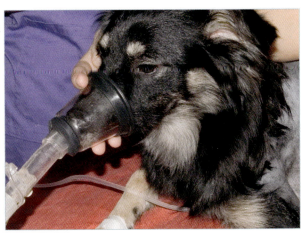

補助的な止血療法
鍼療法

ホメオパシー

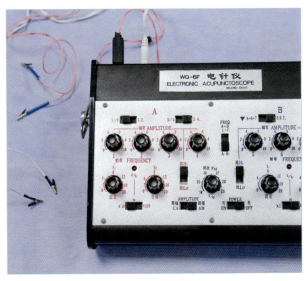

止血を促進する薬剤

Guillermo Couto, Jorge Llinás

たとえば血液凝固異常や周術期に出血している動物の治療に血漿や血液製剤が使用できないような状況では、止血を促進する薬剤の投与が必要な場合がある。これは、損傷している臓器や外傷がはっきりしない場合、本書の他項にある外科的な方法で出血をコントロールできないからである。このカテゴリーの薬剤の大部分は治療効果が高く、犬に高用量で投与でき、明らかな臨床的有用性が認められている。

リジン類似物質

ε-アミノカプロン酸（AEAC）やトラネキサム酸（ATX）などのリジン類似物質はフィブリン溶解抑制剤であり、理論的には、凝固したフィブリンの分解酵素であるプラスミンへのプラスミノゲンからの変換を抑制する。しかし、犬においてこれらの薬剤がフィブリン融解を抑制することは証明されていない。それでも、これらの薬剤は、血小板減少症を含む多くの凝固障害の患者において高い効果がある。

AEACの一般的な投与量は15～25mg/kgであり、8時間おきに静脈内もしくは経口的に投与する。効果はすぐに（2～3時間）発現する。また必要あればより高用量で使用できる（表1）。LD_{50}は500mg/kgである。骨肉腫のグレイハウンドにおける断脚術の術後出血についての回顧的研究では、血漿を投与された症例と比較して、AEACを投与された症例では、輸血回数が有意に少なかったと報告されている。100頭のグレイハウンドの去勢手術での前向き二重盲検試験において、AEAC投与群では、術後出血は10%程度であったのに対して、プラセボ群では30%において認められたと報告されている。また著者らの経験でも、グレイハウンドにおいて術前にAEAC投与することで、実際に輸血することがなくなった。

> ε-アミノカプロン酸を予防的に投与することで、術後の出血を予防したり減少させたりできる。

ATXはAEACと同様の機序を有し、人における効果はその10倍とされる。ATXの推奨投与量は6～10mg/kg 静脈内投与もしくは、25mg/kg 8時間ごとの経口投与である（表1）。AEACについての前向き研究では、ATX治療群は対照群と比較して、輸血回数が少なかった。

表1

周術期の出血を減少させる薬剤	
薬剤	用量
ε-アミノカプロン酸	100mg/kg、経口または静脈内単回投与、以降最大8時間まで、1時間毎に追加投与
ε-アミノカプロン酸	15～25mg/kg、8時間毎、経口もしくは静脈内投与
トラネキサム酸	6～10mg/kg、静脈内投与
トラネキサム酸	25mg/kg、8時間毎、経口投与

> トラネキサム酸は、たとえば口腔内の処置などで局所的に用いることもできる。

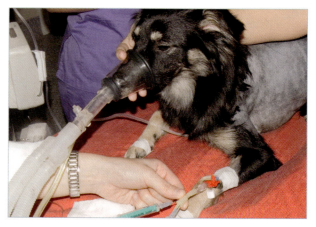

図1 肋間開胸術に先立って、AEAC 100mg/kgを静脈内に単回投与し、酸素化している。

エタンシラート

エタンシラートは、止血作用、抗炎症作用、血管保護作用を有する薬剤であり、血小板凝固を促進し、血管の脆弱性や透過性異常を安定化させる。その作用機序は、血小板の離解、血管拡張と毛細管の透過性亢進を引き起こすプロスタサイクリン（PGI_2）合成阻害、血小板、白血球、血管内皮細胞の相互作用を促進する P-セレクチンの活性化である。人医療および獣医療において、さまざまな状況下（外傷、手術、産科など）で出血抑制効果が認められている。

> エタンシラートは一次止血に働き、血栓のリスクを高めることなく、損傷血管への血小板凝集を助ける。この薬剤は、副作用や禁忌がほとんどなく、よく許容される有効な止血剤である。

人医療では、さまざまな臨床的状況で、また外科的介入時の出血量を減らす血管保護剤として30年以上用いられてきたが、犬で臨床応用された報告は限られている。

エタンシラートの止血作用は注射後約10分後から現れ、20分から4時間後にピークに達する。投与9時間後に半減期を迎え24時間後には効果が6％まで低下する。

ある実験によれば、エタンシラートは筋肉内もしくは静脈内投与が可能であり、推奨投与量は6.25～12.5mg/kg である。出血を減らすために予防的に用いる場合には、外科処置の15～30分前の投与が必要である。治療に用いる場合は、初回投与後6時間ごとに半量を追加投与する必要がある。

著者は、エタンシラートを出血のリスクが中程度から重度である手技の出血量を減らすために使うことが多い（表2）。結果は良好だが、著者が用いている投与プロトコルは実験結果から推奨されているものとは異なっている。著者のプロトコルでは、手術の1時間前に25mg/kgのエタンシラートを20ml の生理食塩水で希釈し5ml/kg/h で静脈内点滴する。

術後の投与間隔は、行った手術手技や症例の状態の変化によって異なっていたが、大部分の症例で25mg/kg、8時間毎、5日間であった。入院期間中は静脈投与、退院後は皮下投与を行った。

表2

エタンシラートの使用が推奨される手術・処置	
上顎・顔面手術	口蓋裂、口蓋形成、舌・歯肉・口唇の腫瘍切除
泌尿生殖器手術	膀胱切開、膀胱腫瘍切除、異所性尿管手術、尿道手術
耳道手術	全耳道切除
腹部手術	肝生検、肝葉切除、腎切開、腎臓切除、胆嚢切除、胃切開、脾臓切除
鼻腔内手術および検査	鼻腔鏡検査、鼻腔切開、鼻腔腫瘍切除
産科処置	帝王切開

その他の治療薬

雲南白薬（YNB：Yunnan Baiyao）は中国伝統医学で用いられてきた漢方薬である。患部へ直接塗布することで止血や局所循環促進効果がある。YNB は7種のハーブ（*Panax notoginseng*、*Ajuga forrestii Diels*、*Dioscorea parviflora Ting*、*Inula cappa*、*Herba geranii* と *Herba erodii*、*Rhizoma dioscoreae*、*Rhizoma dioscoreae nipponicae*）の合剤である。約40％は *P. notoginseng* の抽出物である。人においては、口腔上顎や腫瘍外科において、術中止血に有効とされている。犬においても経験的に使用されているが、文献報告はない。

> 出血量を抑えるために、出血部位に YNB の粉を直接ふりかける。もしくは、出血予防として術前術後に経口投与する（中型から大型犬で1日1カプセル、重度出血症例では2カプセル）。

補助的な止血療法

Azucena Gálvez

鍼療法やホメオパシーはこれまで述べてきた治療薬の補助として用いることができ、術前、術中、術後の出血のコントロールに役立つ可能性がある。このタイプの治療法は術後疼痛のコントロールや局所炎症の抑制、痛みの脳への伝達阻害にも働く可能性がある。

鍼療法

鍼療法は、数千年の中国伝統医学の1つであり、疾患を予防もしくは治療するために特定の場所に経皮的に細針を刺入する療法である。針を刺す部位は**経穴**と呼ばれ、以下に示すように解剖学的に特定の場所である。

これらの経穴を刺激するもう1つの方法が**灸**である。体の特定の部位に艾炷や艾巻を置き、燃やして温熱刺激を与える施術である（図1）。

鍼に電気刺激を併用することもある。刺入した鍼に微弱電流を流す。これは特定疾患の治療や手術中の鎮痛などの目的で行われる。

犬を用いて行われた研究で血液凝固時間、出血時間、血餅収縮能、血小板数などが検討された。全身麻酔下で電気鍼を行った群と、全身麻酔のみの群を比較したところ、電気鍼群では凝固時間と出血時間が短縮し、血餅収縮能は上昇し、血小板数はより高値であった。

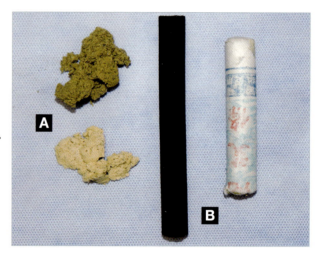

図1　艾（もぐさ）の粉（A）を円錐状（艾炷）にして直接、施灸するか、ロール状（艾巻：B）にして間接的に施灸する。これら艾炷や艾巻はヨモギ（*Artemisa vulgaris*）を乾燥させ挽いて細かい粉状にしたものである。

> 鍼治療は、明らかな副作用がなく、手術時の出血のコントロールに役立つ可能性がある。

鍼療法、出血と手術

鍼療法は手術の際に、凝固異常の改善と術中の出血量低下の2つの作用から術中の出血コントロールに役立つ可能性がある。

経穴1Bへの灸は、古典的に体のあらゆる部分、とくに子宮からの出血を止めるとされているが、鼻や胃、膀胱、腸などからの出血に対しても用いられる。

犬では、経穴17Vへの灸は、出血や造血機能障害に有効とされる。また1Bは子宮からの出血やその他の出血に、7VGは馬において去勢や鼻血、血尿に対して用いられる。また10Bも出血を抑制するために使用される。

> 鍼療法は、身体のさまざまな部位における多様な病態の出血に対する治療の一環として有用である。

鍼療法は、馬の運動誘発性肺出血や血圧の異常に用いられてきた。人では、凝固障害、循環血液量減少、免疫抑制状態の患者に、17V、36E、20V、41G、11IG、4VC、14VG、6B、6VC、10Bが用いられる。

経験的に、鍼療法は術前に行うことができる。この治療は出血予防効果のある一連の経穴に行う。鍼療法は10B、4VC、5VC、3R、36E、20V、17Vに行い、1Bには直接施灸する。

経穴

経穴を特定するには、それぞれ特定の骨や筋肉の位置を参考にする。時に尺（cun）が計測単位として用いられる。これは動物では2つのポイントの距離からの相対的な距離による測定法である。たとえば膝関節から脛骨外側顆の遠位端の関節間を16尺（16単位）とすると、膝から8尺にある経穴は脛骨の真ん中にある。

手術時に出血を軽減する効果のある経穴は以下のとおりである。

- **17V（膈俞：Ge Shu）**：胸最長筋の第7肋間外側にある。もしくは第7および第8胸椎間にある。第7胸椎棘突起の後縁で胸最長筋の外側縁を探す（図2）。

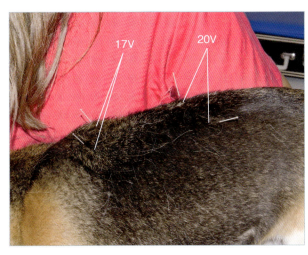

図2　経穴17V、20V

> 椎体を特定するには、後ろから数えるとよい。両側腸骨稜は肥満犬や筋肉量の多い犬でも突出しているので容易に承知できる。その前縁を結んだラインの後ろに第7腰椎がある。したがって、ここから目標の椎体までL6、L5、L4…というように数えることができる。

- **20V（脾俞：Pi Shu）**：胸最長筋および腰最長筋の第12肋間外側にある（図2）。20Vは第12胸椎と第13胸椎の間を触知することでより容易に特定できる。すなわち腰椎の棘突起から数え上げてくると特定しやすい。この経穴は、第12胸椎の後縁で胸最長筋および腰最長筋の外側にある。
- **10B（血海：Xue Hai）**：大腿部内側にあって大腿骨内側顆頭側縁の近位にある。大腿筋群内側面の恥骨結合の前縁から大腿骨内側顆までを18尺とすると、この経穴は膝蓋骨の背側縁から頭内側に2尺の大腿四頭筋の筋腹にある（図3）。これを同定するには、膝を屈曲し、膝蓋骨の背側縁を確認する。そして大腿四頭筋腱を触診しながら頭側に2尺の陥凹を探る。
- **3R（太谿：Tai Xi）**：脛骨内側果の尾側で、浅指屈筋腱の頭側である（図3）。まず内側果の先端と踵骨の背側縁を確認するとよい。3Rはこれらを結ぶ線分の中央にある。
- **1B（隠白：Yin Bai）**：第2末節骨基部の内側に位置する（図3）。

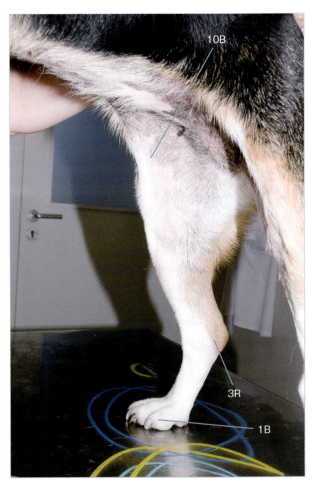

図3　経穴10B、3R、1B

- **36E（后三里：Hou San Li）**：脛骨稜の遠位端外側に位置する。膝関節面と脛骨外側顆の距離を16尺とすると、膝関節面から遠位に3尺、外側に半尺の前脛骨筋上にある（図4）。位置を同定するには脛骨の前面を確認する。膝を屈伸すると脛骨粗面を同定しやすい。脛骨稜の遠位端からやや外側の前脛骨筋にある軽度な陥凹がこの経穴である。
- **5VC（石門：Shi Men）**：臍から恥骨までを5尺とすると、5VCは臍から尾側へ2尺の正中にある（図5）。施術者は動物を処置台に立たせ、動物の腹側にある臍と恥骨を触診することで、経穴を同定できる。
- **4VC（關元：Guan Yuan）**：臍から恥骨までを5尺とすると、4VCは臍から尾側へ3尺の正中にある（図5）。

　鍼を刺入する際、動物はリラックスしていなければならず、好まない体位に無理矢理させてはならない。処置台で落ち着かない猫では、飼い主が座り、猫を自然な体位で抱きながら行う。

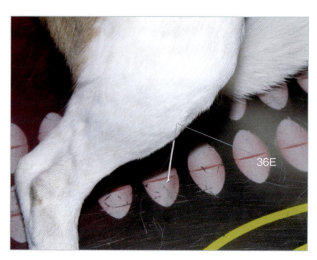

図4　経穴36E

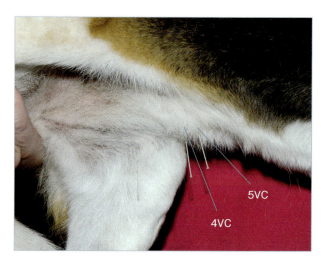

図5　経穴4VC、5VC

周術期の鎮痛としての鍼療法

　鍼療法は、術中および術後の疼痛管理に効果的である。犬の乳腺切除術において、36Eや34VB、6Bへの電気鍼療法は、予防的なモルヒネ投与や経穴を外した鍼療法よりも強い鎮痛効果を示した。これにより手術後のオピオイド使用を減らすことができる。また、犬の卵巣子宮摘出術においても同部位への電気鍼療法は、同様に鎮痛効果をもたらし、また切開線に沿ってその両側に電気鍼療法を行うことでも鎮痛効果は得られる。

　鍼療法を鎮痛、鎮静を目的で使用する場合には、（患者に苦痛を与えない程度の）最高電圧で高頻度の電気刺激を約20分施術する必要がある。効果は最長15時間持続する。鍼療法の施術部位は、手術する部位によって決める。たとえば腹側正中切開では、36Eと34VB、もしくは36Eと6Bなどに切開線に沿って両側から刺入する。

> 鍼療法を周術期疼痛管理として行うと、出血量が予想よりも低下することが認められている。

器具の選択

動物においても人で用いられる器具が使用できる。鍼にはさまざまな径や長さ（図6、表1と2）があり、動物のサイズや鍼を刺入する経穴の場所によって選択する（表3）。

表には、中国式と西欧式の2種類の単位で直径と長さを記載した。

表1

鍼の直径	
中国式（#）	西欧式（mm）
28	0.35
30	0.32
32	0.26
34	0.22
36	0.20

表2

鍼の長さ	
中国式（尺）	西欧式（mm）
4.00	100.00
3.00	75.00
2.50	60.00
2.00	50.00
1.50	40.00
1.20	30.00
1.00	25.00
0.50	13.00
0.25	6.50

> ※ 主要臓器を傷害しないように、刺入場所によっては、鍼を深く刺しすぎてはならない。たとえば胸郭においては、肺や大血管を損傷しないように注意しなければならない。

最も適切な鍼の長さは動物のサイズや経穴の位置によって異なる。さらに、患者が肥満であれば、鍼はより深く刺入しなければならないが、反対に痩せていたり筋萎縮症であれば、より短い鍼を使用すべきである。これらは例外とするが、最も一般的に使用される鍼の長さを表3に示す。

最も一般的に使用される鍼の径は、32（0.26mm）、34（0.22mm）、36（0.2mm）である。径32は最も太いため使いやすいが、動物が過敏だとより細い鍼が必要である。34や36を適切に刺入すれば、疼痛は生じない。ただしこれらの針はとても細く曲がりやすい。しかし経験を積めばそうした問題は生じない。

表3

	犬に推奨される鍼の長さ		
	胸部脊椎領域	腰仙部脊椎、肢（橈骨・脛骨中央まで）	肢（橈骨・脛骨中央より遠位）
大型犬	1.0尺＝25mm	1.5尺＝40mm	1.0尺＝25mm
中型犬	1.0尺＝25mm（浅い穿刺）	1.0尺＝25mm	0.5尺＝13mm
小型犬	0.5尺＝13mm	1.0尺＝25mm	0.5尺＝13mm

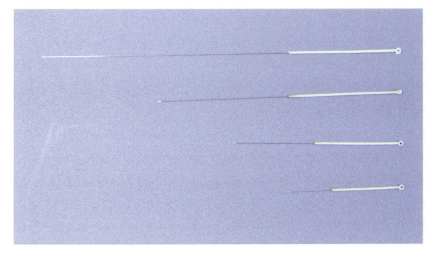

図6　猫や犬で用いられるさまざまな長さの鍼

施術

　鍼はしっかり素早く、しかし慎重に刺入しなければならない。刺入する前には経穴を解剖学的に指標となるポイントを使って同定する必要がある。必要があれば親指（や他の指）の爪をガイドにして、もう片方の手で鍼を刺入する。

　鍼の刺入角度は、身体のどの部位かによって変わってくる。多くの場合、皮膚に対して90°で刺入する。主要臓器に近い場合、筋肉量が少ない場合には、約45°にして刺入する。筋肉がほとんどない、頭蓋骨や顔面、胸部などでは水平もしくは垂直方向に寝かせて15°の角度で刺入する。

　刺入深度は、経穴の位置、組織、症状による。また、鍼が動物に不快感を与えないように動物の反応を見ながら深度を決める。鍼が適切な深度に刺入されると、患者と施術者双方に独特の感覚が得られる。これは"得気（Qi sensation）"といわれ、鍼療法により期待した効果を得るために重要な感覚である。もし、刺入された鍼が皮膚にしっかりと固定されず揺れ動くならば、まず場所が正しいか確かめる。正しい場合、鍼を抜くのではなく少し動かしてみる。一般的な方法は、鍼を回すことである。ただし、一方向に回転させるのではなく、左右にねじる。もしくは、鍼をずらず。わずかに鍼を抜き差ししながら抜くのではなく、少しずつ深く刺してみる。鍼を調節する方法は多いが、これら2つの方法が最もよく用いられ、一般的である。

> 位置が正しければ、鍼は皮膚にしっかりと刺さり、垂れたりしない。

　鍼は治療の間（約20分間）刺入したままにしておく。鍼療法の効果を引き出すために、中国伝統医学での診断によっては、別な動かし方（補法 tonification と瀉法 sedation）を行う。ただし、得気のあとに鍼を動かすことは、熟練していない場合や、どのように動かすべきか不確かな場合には行うべきではない。

　また、鍼を通して電気刺激を行うこともある（図7）。この方法は鍼による鎮痛法の項で既に述べた。他の疾患でも、電気鍼が電気の周波数を変えて行われる。

　鍼は、疼痛を避けるためにゆっくりねじりながら抜く。

> 鍼を刺入したり、操作したり抜いたりした経験がない場合には、扱いやすい短く太い鍼を使ってコルクやオレンジで練習し、徐々に長く細い鍼に変えていくとよい。

　経穴1Bへの施灸が出血予防に用いられることは既に述べた。直接施灸する場合、その部位の毛を刈り、艾炷を置き点火する。大きな艾炷を用いる場合には、艾が燃え尽きて皮膚が熱傷する前に取り除く。もしくは小さな艾炷を用いて燃え尽きるまで施灸し、小さな熱傷を残す。

　非常に過敏な動物の場合には、艾巻を用いて間接的に施灸する。艾巻は皮膚に近接して熱を発するが熱傷は起こさない。間接施灸は痛みがないので動物には受け入れやすいが、1Bに対する効果は減弱する。

図7　電子鍼に用いる電気刺激装置

術前の止血療法 / 補助的な止血療法

ホメオパシー

（監訳者注：日本においては日本学術会議が2010年8月24日、ホメオパシーの効果について全面否定している。医療従事者が治療に用いないように求める会長談話を発表している）

Olivia Gironés

術前術後にホメオパシーを行うことで、患者は手術侵襲からより早く回復する可能性がある。

この項では、ハーネマン博士（ホメオパシーを臨床に導入した最初の医師）が提唱したこの代替医療の基本概念を解説し、作用機序の基礎的な考え方、外科分野での適応と用法を提案する。

Samuel Hahnemann（1755〜1843）は、「ホメオパシーは同種の法則を臨床応用するすべての治療法を指し、有効物質を低用量から極微量で投与するものである」と述べている。

同種の法則とは、ヒポクラテスの時代から観察されてきた生理学的現象であり、ヒポクラテスはシビル語で「症状を起こすものは、その症状を取り去るものになる」と述べている。事実、毒性と有効性を併せもつ薬剤は多い。

ハーネマンはヒポクラテスの仮説を確かめた。「薬効のある物質は、それが起こしうる症状に似た症状を治すことができる（同種の法則）」とした。それらの物質による治療は非常に少ない、低用量、極微量で行う必要がある。こうした理由から、尺度（ポーテンシー）はさまざまであり、decimal 法（DH、X）、centesimal 法（CH）、Korsakovian 法（K）、quintamillesimal 法（LM）などがある。

獣医療では、急性症状に対する処方では、centesimal 法が一般的である。たとえば、原物質1ml を水99ml に希釈し、数回振盪して得られるものを1CH という。この希釈液1ml を99ml の水に希釈したものが2CH であり、以下同様に希釈される。限界希釈（30CH 以下）されたものが急性症状に対して用いられる。これよりも濃いものは例外的な症例に用いられるのみである。

ホメオパシーは顆粒や粒状、滴状や注射液、クリームなどで使用される。獣医療では顆粒が用いられ、舌下に直接投与したり、少量の水に溶かして経口投与される。それらはサッカリン顆粒に物質を染み込ませただけだから、動物は通常拒絶しない。あるいは口腔もしくは肛門の粘膜から直接吸収される方が効果的である。

ホメオパシー医療は症例ごとに調整される。ホメオパシー医は疾患ではなく症例を診る。同じ病態であっても症例ごとに現れる症状は非常に異なる。適切な治療には、すべての症状、とくに発症の仕方がまれな症状も検討に加えるべきである。たとえば、発熱症例で、ある症例は不安や動揺を示すが、別の症例は倦怠感を示すかもしれない。仲間を探す行動をとる症例もいれば、単独を好む症例もいるだろう。そして青白くやつれて見える症例もいれば紅潮している症例もいる。高体温ではすべてがよく起こることであり、それぞれに合わせたホメオパシーが必要である。

> 手術や症例の状況によっては、ホメオパシーに他の治療を加える必要がある。

術前投与で用いられるホメオパシーは以下のとおり。

- 一般に、術前の15日間に、慢性呼吸障害、喘鳴、慢性気管支炎、気道に異常のある症例では、**酒石酸アンチモニルカリウム（**Antimonium tartaricum**）5CH** を、5錠1日1回投与する。手術後も障害がある場合には術後に15日間継続治療する。
- 手術前8日間は、全例において、以下を5錠1日1回投与する。
  - **イエロージャスミン（**Gelsemium sempervirens**）9CH**：情動過剰、不安、動揺
  - **イグナチウス豆（**ignatia amara**）9CH**：知覚過敏、動揺
  - **硝酸銀（AgNO$_3$、**Argentum nitricum**）9CH**：不安
- 手術前日には、以下を5錠1日1回投与する。
  - **アルニカモンタナ（**Arnica montana**）9CH**：出血リスクを軽減し、浮腫や血腫の再吸収を促進する。
  - **白燐（**Phosphorus**）7CH**：出血予防
  - **キナルブラ（**China rubra**）5CH**：手術や外傷後の止血
  - **セントジョーンズワート（**Hypericum perforatum**）15CH**：神経や手術侵襲による疼痛の防止・治療。また術後に、アルニカモンタナと一緒に鎮痛止血剤として用いられる。
- **ケシ（**Opium**）9CH**：麻酔からの覚醒を促進し、鎮痛鎮静効果がある。術中出血の症例では、5顆粒を水に溶解し、口腔外に牽引した舌や直腸粘膜に滴下する。
  - **白燐（**Phosphorus**）30CH**：赤い血の出血
  - **ラケシス（**Lachesis mutus**）30CH**：黒い血の出血
- 術後
  - **マチン（**Nux vomica**）**：麻酔薬の排泄を促進
  - **7CH**：1単位（10粒）を1日目に投与
  - **9CH**：1単位を3日目に投与
  - **12CH**：1単位を5日目に投与
  - **キナルブラ（**China rubra**）5CH**：大量出血により疲労感や虚弱、腫脹、血圧低下を認めた場合。1時間ごとに5粒、患者の回復に従って徐々に投与間隔を延長
  - **ヒレハリソウ（**Symphytum officinale**）7CH ＋リン酸カルシウム（Ca$_3$（PO4）$_2$、**Calcarea phosphorica**）7CH**：骨折と靭帯損傷。5粒1日1回、1カ月間
  - **鉛（**Plumbum metallicum**）5CH**：術後の便秘予防。5粒1日3回
  - **トウゴマの種（**Ricinus communis**）5CH**：消化器術後の吐き気。5粒1日3回
  - **アルニカモンタナ（**Arnica montana**）9CH**：強力な消炎鎮痛、術後出血の抑制。5錠1日3回、数日間。患者の回復に従って徐々に投与間隔を延長

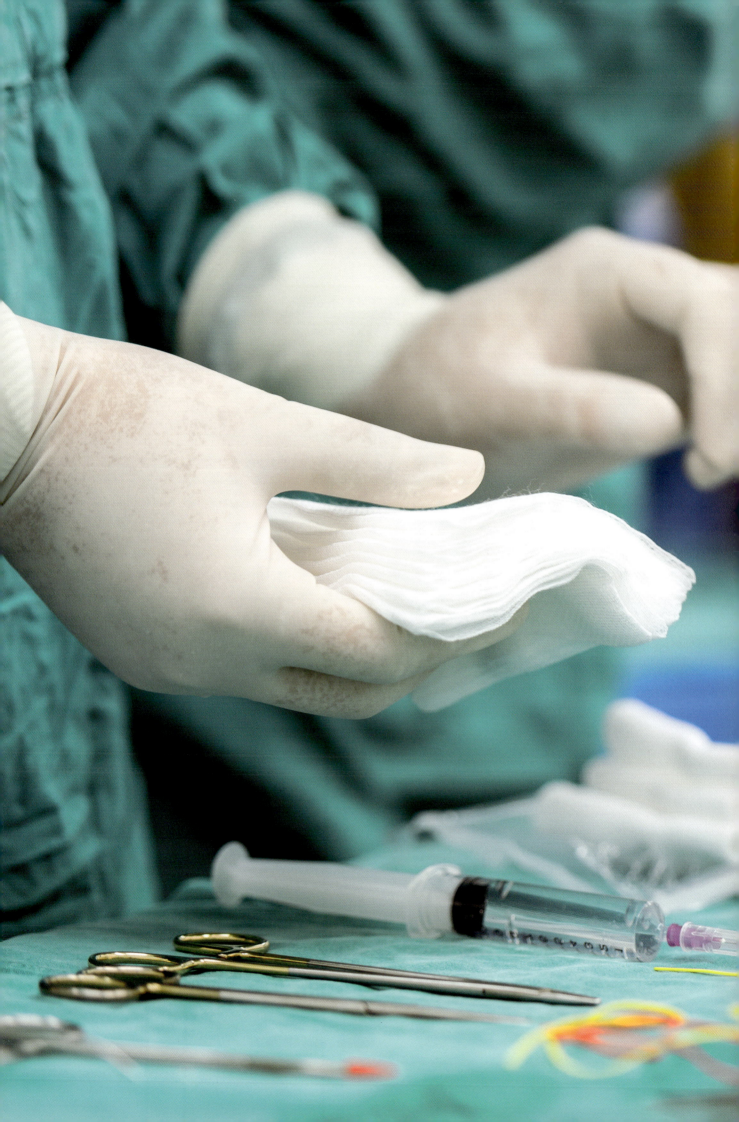

手術中の止血手技

手術中の血液喪失を最少にする手技

予防的止血

ハイドロディセクション

結紮

血管鉗子とルンメルターニケット

ヘモクリップ、手術用ステイプラー

肝臓、脾臓および肺の外科手術での臨床応用

正確な止血

圧迫による止血

局所止血製剤

外科的止血法

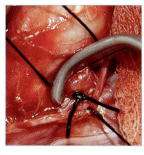 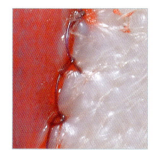

術中出血量の評価

臨床医のための止血術

手術中の血液喪失を最少にする手技 　José Rodríguez, Jorge Llinás

概要

　どのような外科手技においても術中出血のコントロールは良好な結果を得るために必要不可欠である。

　したがって読者には次にあげるステップに従うことを勧める。

■ 十分に計画を立ててから手術を行う。操作部位周辺の解剖を理解し、損傷する前に大血管を同定する。

■ ハルステッドの手術時の原則に従って組織を慎重に取り扱う。

■ 湿らせたガーゼで組織を保護・湿潤させておき、術野には温めた生理食塩水を定期的にかける。

■ 血管は切断する前に閉鎖する。出血前の予防的止血はより効果的である。

■ 術野をきれいに保ち解剖学的構造が容易に同定でき、術後合併症が少なくなるようにする。手術用吸引器を使うと顎顔面領域の手術を行う際に非常に役立つ。

> 手術においては、治療よりも予防の方が重要である。

■ 損傷した血管は、確実に閉鎖するか再建して適切かつ完全に止血する。

■ 重度の出血が生じた場合には、パニックにならないことが重要である（図1）。パニックになると問題の解決に役立たないうえに、手術の失敗につながる。まずは出血部位を指で圧迫する。続いて深呼吸をする。ライトを調節して術野をよく照らす。出血した血液を取り除く。状況を評価する。止血に必要な器具を準備し、注意深く手技を実施する（図2）。

> 大動脈からの出血の場合には、まずは用手で広い範囲を圧迫するように止血する。

　本項や他項では、出血を最小限にする手法や、血管を切断した場合の安全な止血方法、血管や出血部位ごとの止血方法、また症例や手術チームを傷つけることなく、電気メスやレーザーなどの高エネルギーによる止血法で最良の結果を得るための方法について解説する。

外科手術を成功させるためのハルステッドの原則	
1. 組織の慎重な取り扱い	医原性の組織損傷を最小限にする。 切開による損傷は最小限にし、可能な限り解剖学的構造を温存するように注意する。
2. 出血のコントロール	出血を防止し、出血した血管には注意深く止血を行う。
3. 血液供給の温存	組織の適切な灌流は、壊死や感染予防、迅速な組織回復のための基本である。
4. 厳密な無菌操作	感染の防止のために手術中は常に無菌状態を維持しなくてはならない。
5. 最小限の組織緊張	縫合はきつすぎてはならない。組織の虚血と壊死につながり、縫合の破綻と外科手技の失敗を引き起こす。
6. 正確な組織の並置	適切な創傷治癒が得られるように、組織は重なり合うことなく、また間に他の組織や異物を挟むことなく正確に縫合する。
7. 死腔の閉鎖	これにより液体や異物の貯留が防止でき、治癒が促進される。

手術中の止血手技 / 概要

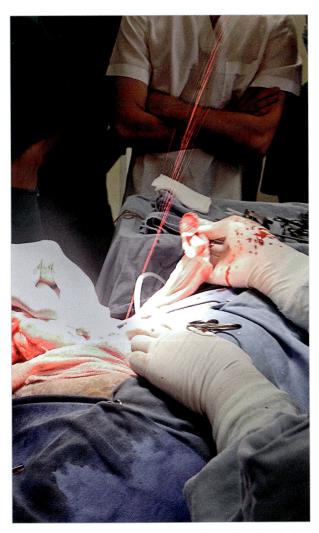

図1　誤って動脈を切ってしまうと写真のような派手な出血が見られる。このような場合に軽率に慌てて行動しないことが重要である。冷静に、確実な止血を行う。出血部位を同定し適切な止血を行うため、一時的に出血させたままにする方が良いこともある。

図2　術中に大量出血が生じたときに初めに取るべき手段は、用手的にその部位を圧迫して血管を押さえ血液喪失を防ぐことである。次に、できるだけ冷静さを保ちながら術野をきれいにし、最良の視野を確保する。その後出血している血管を同定し閉鎖を行うための必要なステップ（切開を広げる、組織を切開する等）を行う。

術中出血のコントロールに対する黄金律はパニックにならないことである。

術中の止血に関しては多くの側面がある。しかし、その基本は適切な麻酔プロトコールと完成された外科技術である。

臨床医のための止血術

予防的止血

José Rodríguez, Jorge Llinás

　予防的止血とは、手術中に侵襲を加えたり切開したりする組織からの出血を防止することである。たとえば、断指術の際には、出血の全くない術野を確保するために一時的な予防的止血を行うことができる。また、卵巣摘出術における卵巣動静脈のように切断し再建しない血管からの出血を防ぐには、恒久的な予防的止血を行う。

　組織や臓器に対する予防的止血術は、血管を切断する前に出血を予防するためにさまざまな器具や材料を用いて実施する（図2、3）。鉗子や血管鉗子を用いる方法、結紮や縫合を用いる方法、血管収縮薬を用いる方法、そして組織を切断する前に血液凝固を誘導する高エネルギー機器を用いた方法などがある。

> 予防的止血により手術時間は短縮する。

> 予防的止血は血管に損傷を与えうる。
> 止血を終了する前に、組織が損傷されていないことと二次的な出血が起こる可能性が低いことを必ず確認する。

　予防的止血は次項以降に記述されているように、化学的、熱的、機械的方法により実施する。

　四肢では、不可逆的な組織虚血が生じない程度の時間であれば、空気圧式のターニケットやエスマルヒターニケットを外から装着して使用することができる。生体内では鉗子による圧迫や無傷性鉗子（血管鉗子）を使うことができ、一時的な血流遮断のためにルンメルターニケットを用いることもできる（図1）。

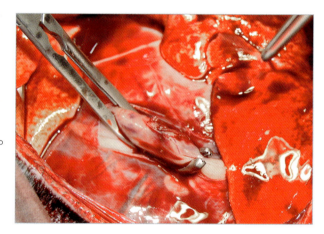

図1　術中出血を防ぐために後大静脈にサテンスキー鉗子を装着している。

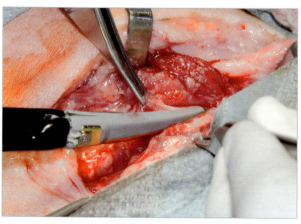

図2　側方開胸術を行うときにバイポーラ電気メスを用いると、血管切断前にその中の血液を凝固させ、術中の血液漏出を最小限にすることができる。

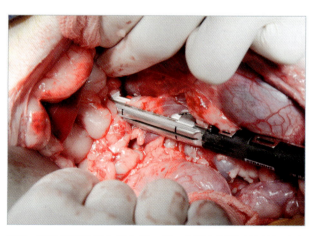

図3　外科用自動縫合器を使って、血管を切断する前に安全かつ永久的に閉鎖する。この症例では自動縫合器によって腎臓摘出前に腎血管の予防的止血を行っている。

手術中の止血手技 / 予防的止血

ハイドロディセクション

José Rodríguez, Carolina Serrano, Amaya de Torre, Cristina Bonastre, Ángel Ortillés

　著者らが実施しているハイドロディセクション法の基本は、対象の臓器への生理食塩水の注入である。これにより切開が容易になり、手術による損傷を減少させ、血管の視認がより良好となり、選択的な止血を行うことができる（図1）。

> ハイドロディセクションは硬さや弾性の異なる組織を分離し、血液喪失を最小限にするために用いる手技である。

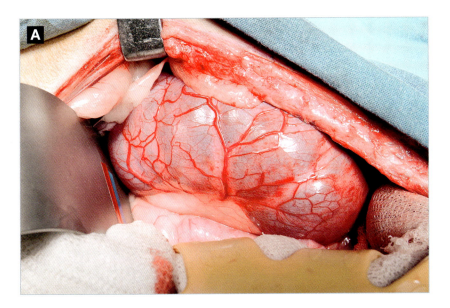

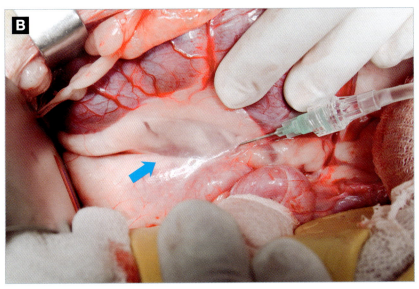

図1　この症例では腎臓摘出術を行っている。腎門部の切開を容易にし、腎動静脈の同定をより簡単にするために、腎門部の脂肪組織に生理食塩水を注入している。下の写真に示されるように、生理食塩水は動静脈を素早く正確に同定する手助けとなる（矢印は腎静脈を示す）。

デリケートで弾力性のある組織では、切断する組織の周囲に20mlシリンジを用いて生理食塩水を注入し、低圧でハイドロディセクションを行う。これは皮下組織や脂肪組織、後腹膜腔のような抵抗の少ない組織において非常に効果的である（図2〜4）。

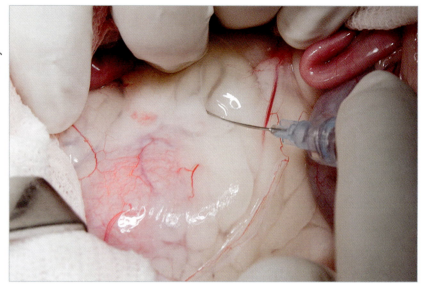

図2　腎臓周囲への生理食塩水注入は単純であり、10mlまたは20mlシリンジにて簡単に行える。

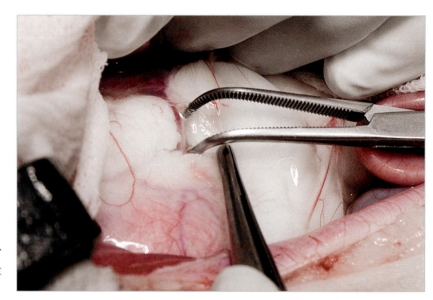

図3　腎門部の脂肪組織を"浮腫化"させると、外科医が腎血管をより安全に同定し、切断する手助けとなる。

図4　ハイドロディセクションにより切断前の血管の同定と閉鎖が容易になる。

手術中の止血手技／予防的止血

多くの場合、正確に組織を分離するためには複数回の注入が必要となる（図5）。

血管収縮薬を用いたコールドハイドロディセクション

ハイドロディセクションを行う際に1：200,000〜1：400,000の割合でアドレナリンを加えた生理食塩水を用いると、心血管系には影響を与えることなくアドレナリンによって血管収縮が起こるため、組織を自然な状態で分離しつつ大幅に出血を抑えることができる（図6）。

> 使用する生理食塩水にアドレナリンとリドカインを加えると、ハイドロディセクションが行えるだけでなく、出血を抑制し、また疼痛を緩和することができる。

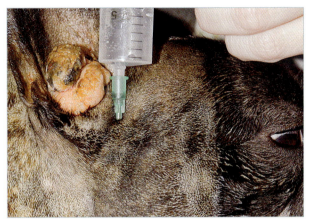

図5　この症例では、切除を行う前に外耳道周辺の組織にハイドロディセクションを行っている。生理食塩水を均一に分布させるためは外耳道周囲に複数回の穿刺が必要となる。

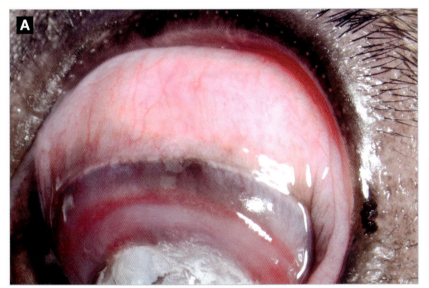

より良好な血管収縮作用を得るためには、手術を開始する前に5〜10分待つとよい。

> ハイドロディセクションに20mlシリンジを用いる場合には、アドレナリン（1mg/ml）をインスリンシリンジで0.1ml吸引し、生理食塩水で満たした20mlシリンジに加える（1：200,000希釈）*。

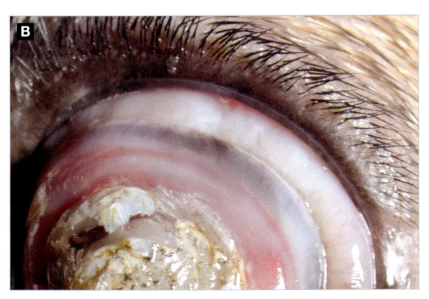

図6　眼球周囲へのアドレナリン加生理食塩水（1：200,000）注入前（A）後（B）の写真。これにより結膜下や眼球後方へのアプローチ時の出血を減らすことができ、眼球に付着する筋肉や組織の切除が驚くほど簡単になる。

*著者注：アドレナリンの希釈に関しては、アドレナリン1アンプル（1mg/ml）を199mlの生理食塩水に希釈することで1：200,000希釈を得られる。

> 術後の合併症や治癒に影響することなく、出血を最小限にできる。

アドレナリン加生理食塩水（1：200,000）は出血の軽減を目的として体表面の手術中に、組織にかけることもできる。これにより、他の止血手技の必要性が減り、手術時間を短縮することができる。

> 症例に投与するアドレナリン量は確実に管理し、心臓への影響（頻拍や不整脈）や血圧上昇が起きていないかモニタする。

図7 体表層の手術では、血管収縮薬入りの溶液を用いることで術中出血を軽減することができる。
図は瞬膜上の涙腺の整復術を行っている2症例を示している。
A：血管収縮薬を使用しなかった場合の組織の状態。
B：眼の表面に血管収縮薬入りの溶液をかけたときの効果：血管収縮と出血の減少により手術はより簡単で短時間になる。

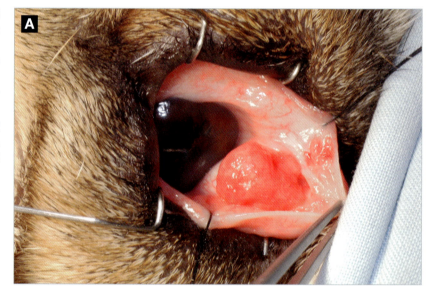

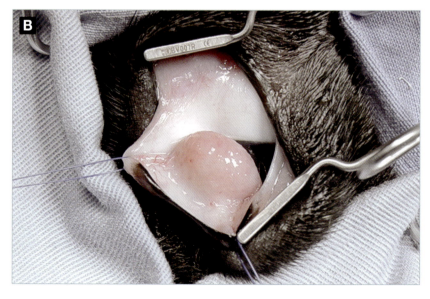

加圧ハイドロディセクション

ハイドロディセクションを線維性の密な組織に用いる際には、組織を分離するために生理食塩水をより強い圧力で注入しなければならない。このような場合には、小さな2mlシリンジを用いる必要がある。2mlシリンジは他の大きなシリンジよりも強い圧力をかけながら注入することができる。

組織抵抗に打ち勝つために強い圧力が必要であると考えられる場合、シリンジガンを使用するとより素晴らしい、安価な選択肢となる（図8）。このシステムは、インド人の顎顔面外科医が歯肉組織の分離を目的として考案した。

大量の液体を用いる際のもう一つのオプションは、早く点滴を行いたいときに用いる加圧バックを温めた生理食塩水の袋の周囲に取り付けて利用する方法である（図9）。この方法では33,330.6〜39,996.7 Pa（250〜300mmHgまたは0.34〜0.40バール）の圧力をかけることができ、組織の損傷や血管の損傷が無く組織を分離するのに十分である。

ハイドロディセクションは安全な組織分離法ではあるが、いくつかの欠点がある。
- 組織が生理食塩水によって水和されているため、高周波機器を用いている場合に電気凝固やレーザーによる止血の効果が弱まる。
- 大量の生理食塩水が使用された場合には、その液体の冷却効果により症例が低体温に陥る可能性がある。とくに生理食塩水が温められていない場合には低体温がより重篤となりうる。
- アドレナリンを添加した溶液でハイドロディセクションを行っている場合には、それらが体循環に入ってしまうことによって、心血管系への影響が現れることがあり、また高濃度の溶液を用いると重度の血管収縮に

図8　10〜50mlのシリンジを使用できるようにした業務用のシリコンガン。強固に密着した線維組織のハイドロディセクションを目的として、このシリコン注入用器具を用いると5,880,000Pa（60バール）の圧力を得ることができる。

より虚血が生じ周辺組織の壊死が起こることがある。

特別な機器を用いたハイドロディセクション

高圧の生理食塩水の注入によるハイドロディセクションは、異なる硬さや連続性をもつ組織を損傷なく分離する手段として人医領域では広く取り入れられつつある。ハイドロディセクションにより選択的な組織の切断が最小限の出血で達成できる。

生理食塩水を圧力（294,000〜5,880,000Pa、30〜60バール）をかけながら送り出す特殊な機器が市販されているが、おそらく獣医外科医にとっては非常に高価なものとなるであろう。

> ハイドロディセクションの利用によって、組織表面をより簡単に同定でき、解剖学的な構造をより正確に分離することができる。

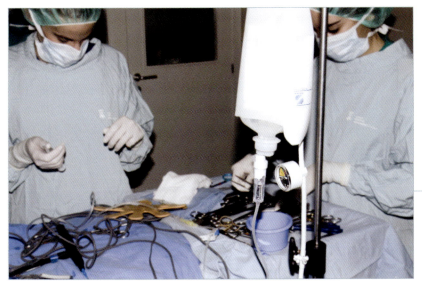

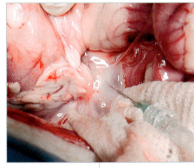

図9　空気圧を用いて組織に加圧しながら生理食塩水を注入するためのシステム。この症例では、数カ月前に行われた卵巣摘出術の結果生じた膵臓周囲の癒着を分離・切除する目的でハイドロディセクションが用いられている。

臨床医のための止血術

結紮

José Rodríguez, Manuel Jiménez, Jorge Llinás, Carolina Serrano, Amaya de Torre

概要

切断後、修復する予定のない血管は縫合糸と外科結びにより、安全かつ恒久的に閉鎖する。血管結紮は獣医領域で最も一般的な止血法である。結紮は静脈や、腎動脈のような高圧の血管、子宮間膜のような複数の脈管を含んだ組織茎の閉鎖に用いられる（図1、2）。

結紮を行う際には吸収糸を用いることが好ましい。

基本的には、モノフィラメント糸が推奨される。これはモノフィラメント糸がより安全に血管の周囲を滑り、マルチフィラメント糸で生じうる"ノコギリ効果"をもたないからである。しかし、結び目はやや安定性を欠くため、正確で確実な結紮が必要となることを忘れてはならない。

> 良好な糸結びの技術は確実な結紮を約束する。

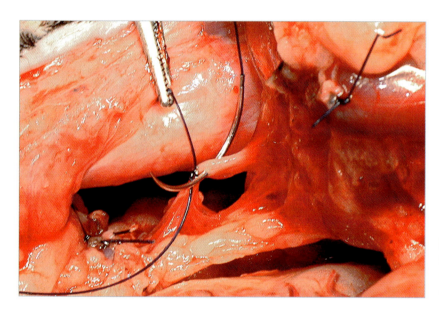

図1　腎動脈を単純縫合と貫通縫合で閉鎖しようとしている。この方法により、結紮糸が血圧によって滑り落ちることを予防する。

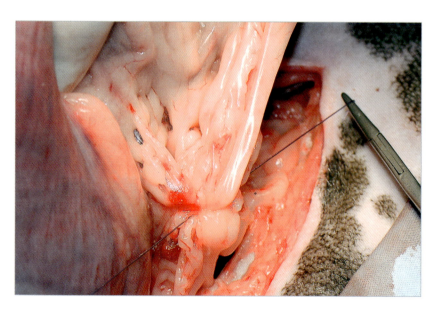

図2　強い張力がかかることが予想される組織茎を結紮するときには、ミラーズノットかミラーズノット変法を用いる。

結紮の確実性は次の要素に左右される。
- 結び目の種類と構造
- 使用する結紮糸の摩擦係数
- 結び目の断端の長さ

推奨される結び目の種類

結紮を行う際には、縫合糸の太さと結紮部位にかかる圧力を考慮して、毎回最も適切な結び目を選択することが重要である。

男結び

男結びは最も一般的な結紮法である。

男結びは最低でも2回以上の平行した単交差によって作られる。完成後の結び目からは、2本の縫合糸断端がそれぞれ結び目と同じ側から出入りする（図3A）。さらに常に単純結紮を何重か追加すべきであり、各交差が1つ前の交差と反対向きになるように追加するか、もしくは同じ男結びを初めの男結びの上に重ねるようにする（最低でも1回か2回の単純結紮を追加することで結紮と安定性が確実なものになる）。どのような結紮や結び目を作るときでも、最後に確実性を高めるためにこの追加を行う。

もし第2結紮を行った後に縫合糸断端が結び目に対してクロスしてしまうと、これは縦結びになり、確実性が損なわれる（図3B）。

結び目の要素	
単交差	縫合糸を1度だけ交差させる

二重交差	縫合糸の片方を2回他方にくぐらせる

結び目	2回以上の結紮を重ね合わせ強固にしたものが結び目となる

正しい男結びの結び方

図3A　2回の結紮により確実で安全な結紮を行う男結び。2本の縫合糸断端のそれぞれがどのように結び目の同じ側から出入りしているか注目せよ。

図3B　縦結びの例。交差を正しく作り、縫合糸が間違った方向にクロスしないようにする。

臨床医のための止血術

縫合糸に張力がかかってない場合には、男結びは素早くて簡単である（図4）。

> 男結びは安全で確実な結紮法であり、張力の少ない組織で正しく結ばれた場合には良好な結果をもたらす。

> ＊ もし初めの単交差が組織の張力によって緩んでしまう場合であっても、助手に鉗子で把持してもらう方法は勧められない。縫合糸が鉗子を外すときに傷んでしまい、直後または術後に破綻してしまう可能性がある。

男結びを実施するステップ

図4A　右側の糸（緑）を左に向け、左側の糸（赤）を緑の糸のまわりをくぐらせて初めの単交差を作る。

図4B　緑の糸を右側の元あった位置に戻し、2回目の単交差を作るために赤の糸を緑色の糸の上に通す。

図4C　2回目の交差を完成させるために、赤の糸を緑の糸の下に通す。両方の糸を逆方向に引っ張ることで、図3Aに示されたような男結びが正しく結ばれる。

滑り結び

　滑り結びはアプローチの難しい術野の深部において外科医が結紮を行うのに良い手法であり、また締めた後の結び目は確実で滑り落ちることがないため、男結びの良い代替法となる。

　滑り結びを作るには、まず2番目までの結紮を締めることなく男結びを作る（図5）。次に長い方の糸を引っ張り、交差が回転して二つのループの間を1本の糸が滑るようにする（図6）。結び目を目的部位まで移動させる。望ましい張力が得られたら、短い方の糸を引っ張り結び目を締める（図7）。最後に、滑り結びの上に男結びを重ねて、結紮を確実なものにする。

> ＊ この種類の結紮を行うときには、結紮を行う組織を"ノコギリ効果"で傷つけることのないように、モノフィラメント糸を用いる。

　滑り結びを正しく結ぶには、長い糸を引っ張って結紮部位まで移動させている間、短い方の糸を長い糸に対して垂直に保持し、張力をかけてはいけない。

手術中の止血手技 / 予防的止血

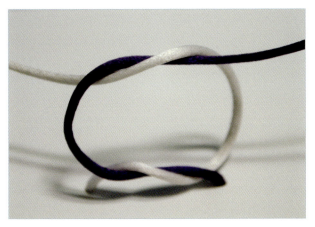

図5　緩い男結びを作り、滑り結びを結ぶ方法。長く残した糸（白）を引っ張る。

> 短い糸を引く時に、長い糸は結び目に固定され、結紮が完成する。

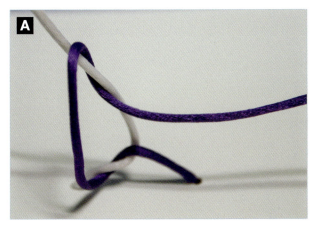

図6A　長く残した糸を引っ張り、男結びを滑り結びに変える。

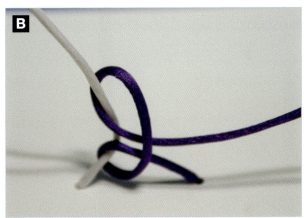

図6B　このような状態の時に、糸が2つのループになっていることを必ず確認する。

図7A　血管の上で結紮を締めるときには、張力を短い糸（青）に掛ける。

図7B　このように短い糸が長い糸を横切り、結び目は滑らなくなる。

外科結び

組織にかかる張力が大きいときには、第1結紮が緩むことがある。このようなときには、外科結びを用いて摩擦係数を高め、結紮が緩むのを防ぐことができる。

この方法では、初めの交差において片方の糸を他方に2回か3回くぐらせて摩擦係数を高め、2度目の交差を作っている間に糸が緩むことを防ぐ（図8、9）。

男結びと比較した際の外科結びの欠点は以下のとおりである。
- 主に太い糸を用いている場合では、摩擦係数の上昇によって、初めの交差を締めて組織を閉鎖することが難しい。
- 主に糸が細い場合には、摩擦係数が強すぎて糸が破綻することがある。
- 異物としての影響が大きい。
- 外観が美しくない。

> ＊ もし結び目を作っている最中に糸が切れたとしても、外科医はその素材や使用期限のせいにしてはいけない。なぜならば、多くの場合で交差の作り方が不適切であったり、摩擦係数が高すぎたりすることが原因だからである。

図8　外科結びでは、最初の交差で片方の糸を他方に2回くぐらせる。この目的は糸同士の摩擦係数を高めて、2回目の交差を作っている途中に最初の交差が緩むのを防ぐことである。

図9　外科結びを完成させるために、男結びを重ねて結紮に必要な安定性を確保する。

ミラーズノット（袋結び）

船乗りは帆の入った袋やずだ袋の口を閉じるために袋結びを用いる。これはとても強固な結び方であり、確実に絞めるとほどくのは非常に難しい。ミラーによって外科手術に応用されるようになった。

ミラーズノットもしくはミラーズノット変法を用いることで、血管茎に対して安全で確実な結紮を行うことができる。

ミラーズノットの方法は図10に示す。

手術中の止血手技／予防的止血

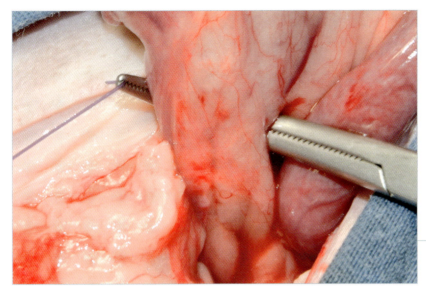

図10　ミラーズノットの方法
図10A　糸を血管茎の周囲に通し、大きなループを作る。

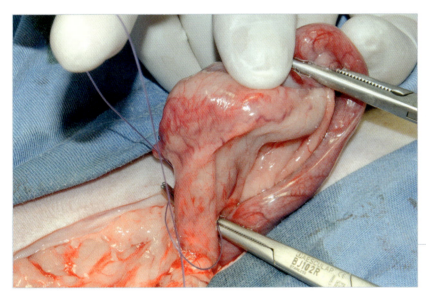

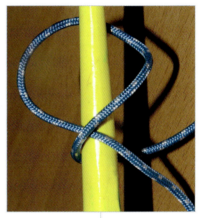

図10B　短い方の縫合糸端を長い方の上に通し、もう一度血管茎の周囲を通す。

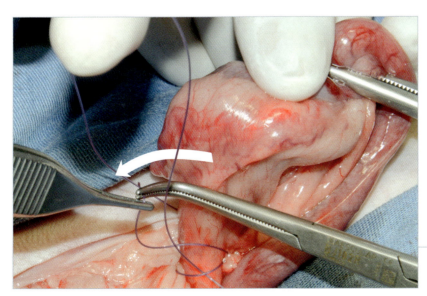

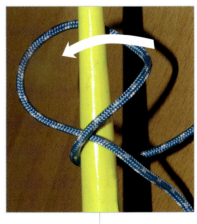

図10C　短い糸を初めのループと血管茎の間に通す。

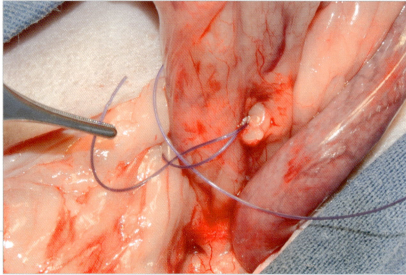

図10D の両端を強く引き、結紮を締める。

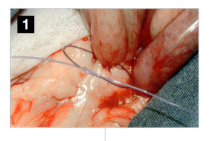
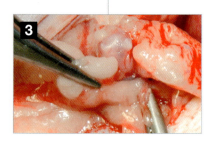
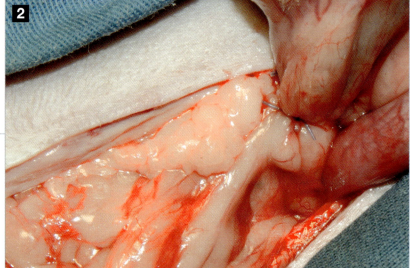

図10E　最後に男結びを重ねて結紮の確実性を高める。

ミラーズノット変法は図11に示す。

ミラーズノットは卵巣や肺の動静脈など大きな組織茎の中にある血管や、血圧の高い脈管に対して用いることのできる非常に確実性の高い結紮法である。

図11　A：糸を血管茎の周囲に2回通す。B：次に短い断端を2つのループの下にくぐらせる。

手術中の止血手技／予防的止血

貫通結紮変法

高圧血管の結紮は貫通結紮を加えることでより確実なものとなる。貫通結紮の方法には次の2種類がある。
- 血管の近くに強固な組織が存在する場合は、単純結節縫合で血管を組織に固定する。たとえば、後子宮動脈の結紮時である（図12、13）。
- 血管が分離されているのであれば、血管を結紮した後に遠位の血管壁を貫通させて、結紮糸が滑り落ちることを防止する（p86図1）。

 貫通結紮を行う際には、無傷性の針のついた糸を使う必要がある：鋭利な針を用いてはいけない。

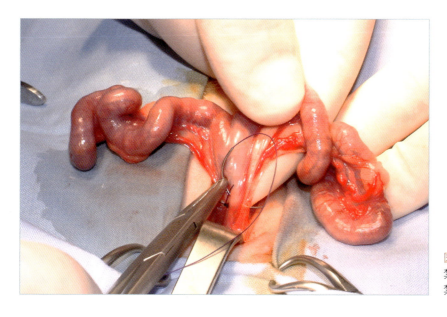

図12 子宮摘出術中の後子宮動脈の結紮。結紮を確実にするために、貫通結紮を施し、子宮頸に固定する。

図13 貫通結紮は血圧によって結紮が逸脱してしまうことがなく、また組織の連続性により、とても確実な方法である。図は、大型犬の雌犬の卵巣子宮摘出術中に後子宮動静脈を結紮している。

集束結紮

集束結紮は血管の分離が困難な場合や、肝臓や肺などの臓器を部分切除する際の予防止血を目的として行われる（図14、15）。

> 結紮を実施する組織の実質を完全に閉鎖するには、部分的に重なり合う結紮を複数回実施する必要がある。

 脾臓捻転の症例に対しては、捻転を整復することなく脾臓摘出を行わなければならない。

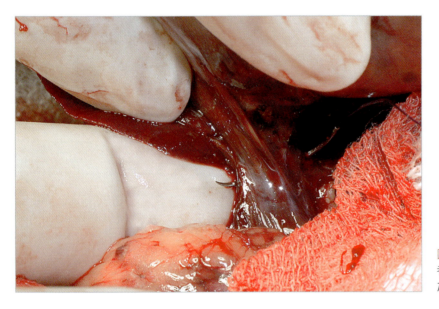

図14 外側左葉の肝葉切除術を行う患者に対して、出血の防止のために行った肝門部の集束結紮の一糸

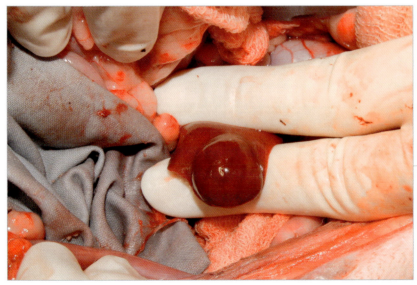
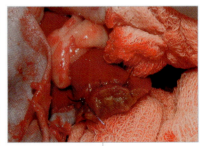

図15 生検を実施する前に、肝臓切除後の出血を予防するために肝実質に集束結紮を重複させて行っている。

手術中の止血手技 / 予防的止血

結紮を行う際の一般的な注意点
■ 結び目の確実性は糸の太さと反比例する。分離した血管には3-0または4-0の縫合糸を用い、太い血管茎に対しては2-0または0の結紮糸を用いる。
■ 糸の交差は正しい方向に作って締めなくてはならない（図16A）。 □ もし両端がクロスしてしまうと（図16B）、ループができてしまい、糸が滑って結紮が緩んでしまう（図16C）。糸のループが他端の糸を切ってしまうかもしれない（図16D）。
■ とくに結び目を作っているときに、結紮を構成する部分の縫合糸は把針器や鉗子で把持してはならない。
■ 結び目が完成した後は、モノフィラメント糸の剛性によって結び目がほどけてしまうのを防ぐために断端を3〜5mm残して切断する（図10E）。
■ 血管茎の結紮の際には、結紮が遠位に向かって滑り落ち、遅延性の出血が生じることを防ぐために、結紮部位から少し距離をとって切断する（図10E）。

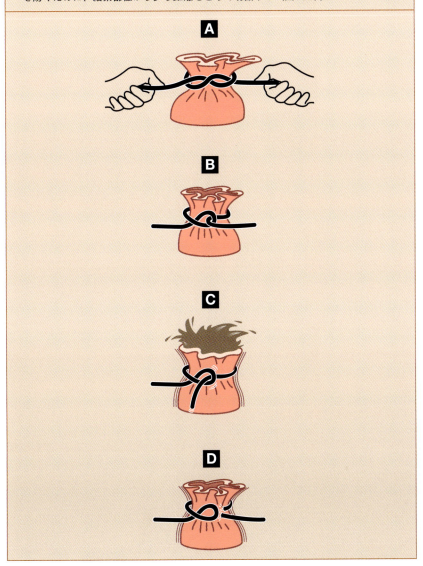

図16　正しい結紮の実施。
A：糸の交差は正しく作成し、締める。
B：糸がクロスしていると結び目は不安定になる。
C：結び目の摩擦係数が最小になり、結紮は緩む。
D：結紮を締める際に、糸が切れる。

血管鉗子とルンメルターニケット

Roberto Bussadori, Gabriele Di Salvo

　無傷性で予防的な止血法の1つが、術中の出血を予防するために一時的に血管を閉鎖する方法である。体内で止血を行うために血管鉗子とルンメルターニケットが用いられる。

　血管鉗子やルンメルターニケットでは血管は障害されない。これらの器具を取り外せば、一時的に閉鎖した血管の血流は直ちに正常に回復する。

血管鉗子

　血管鉗子には深い位置でも血管構造に容易にアクセスでき、クランプすることができるよう直線型、アングル型、カーブ型、屈曲型などさまざまな形とサイズがあり、無傷性である（図1）。これらの鉗子先端は特有な形をしており、組織損傷を最小限にしながら血管を部分的または完全に閉鎖することが可能である。使用する鉗子はできるだけ小さい方がよいが、適用する構造に適したものでなくてはならない。

　胸部外科手術においては、心臓と肺の持続的な動きにより小血管や隣接構造に損傷を与える危険性を考えると、軽さと適応性がとくに重要である。

血管鉗子の種類

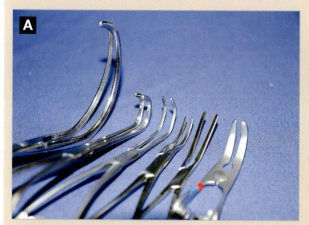

図1A　さまざまな種類の鉗子

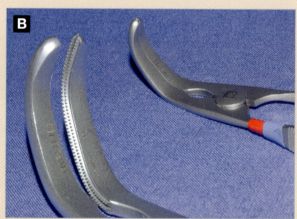

図1B　ブルドッグ鉗子

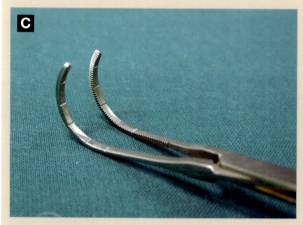

図1C　ポッツ鉗子

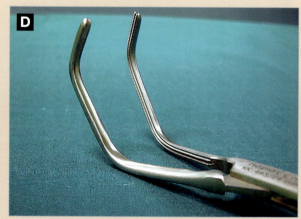

図1D　サテンスキー鉗子

> 指が器具に引っかからないように、外科医が器具を使うときには指先だけ、あるいは第一関節まで指を入れるようにする。

心血管および胸部外科手術では、曲の屈曲血管鉗子が非常に有用である。
以下は拍動下での心臓手術における、いくつかの血管鉗子の実際の使用例である（図2〜8）。

> ＊ 鉗子の凹側を上向きに保持し、隣接組織を把持、損傷しないよう注意する。

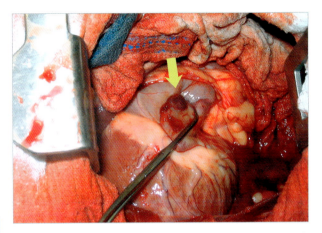
図2　血管肉腫を切除するための右心耳のクランプ（黄矢印）

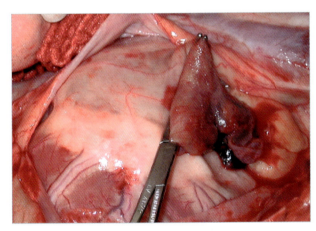
図3　心耳切除前の血管鉗子の位置

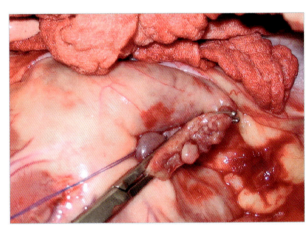
図4　血管鉗子を腫瘍切除後の縫合の確保に用いる。

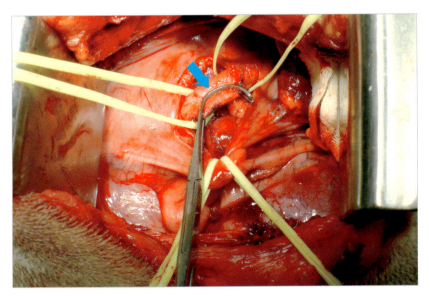
図5　ポッツ鉗子を用いて大動脈を部分的に遮断している（青矢印）。これによりファロー四徴症の犬で大動脈肺動脈バイパス術を行っている間、血管内腔の血流を維持できる。

図6 大動脈と肺動脈幹間の血管バイパス手術の第一段階。
人工血管(白矢印)が既に大動脈(青矢印)縫合されている。肺動脈幹はもう1本のポッツ鉗子で部分的に遮断され、縦切開が加えられている(緑矢印)。

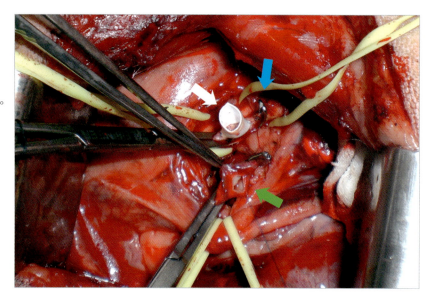

- 縫合糸で心収縮による血管鉗子の動きを制限し、適切な位置に固定すると有用なことがある(図7黄矢印)。しかし、必要なときにはすぐ外せるように掛ける。

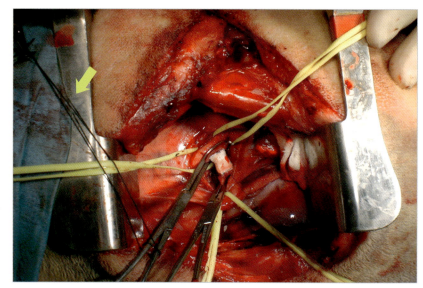

図7 大動脈肺動脈バイパスの縫合が完成したところ

- 止血鉗子を完全に外す前に、先端をわずかに開いて縫合部からの出血がないか確認する(図8)。

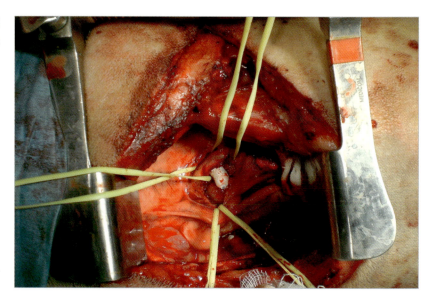

図8 縫合部がしっかりしていることと出血がないことに注目せよ。

ルンメルターニケット

ルンメルターニケットにより、血管を一時的に完全閉鎖させることができる。このターニケットは、開心術における静脈路の閉鎖や、腫瘍（大静脈内に浸潤する副腎腫瘍）を摘出するために後大静脈からの流入のブロック、肝臓手術（プリングル法）あるいは腎臓手術に用いることができる。

『胸部』の「大血管流入遮断テクニック／静脈還流の完全遮断」の項を参照
209〜213ページ

ルンメルターニケットはすぐに使えるものが販売されている。綿またはシリコンのテープと糸通しおよびラバーカテーテルが一式となっている。ターニケットを保持するためのストッパーが付属しているものもある（図9）。

ルンメルターニケットの使用法は非常に単純である。
- 血管テープは滅菌生理食塩水に浸して血管周囲に巻き付ける際にスムーズに滑るようにし、血管を鋸のように傷つけないようにする。
- 先が屈曲した鉗子（剥離鉗子）を使ってテープを血管の周囲に滑り込ませる。テープの両端を糸通しで掴み（図10A）、カテーテルの中を通し、反対側の端に出てくるまで引く（図10B）。
- 次にテープを締め、完全に閉鎖するまでカテーテルを血管に向かって押し下げる。ストッパーまたは鉗圧することでテープをカテーテルに固定する（図10C）。
- ルンメルターニケットが使えなければ、血管テープを血管周囲に2回巻き付け、端を引いて血管を閉鎖させ、鉗圧して固定する（図11、13、14）。

ルンメルターニケット使用時の手順

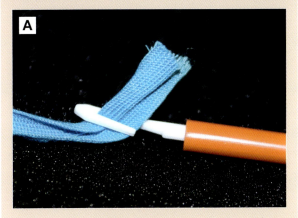

図10A テープを糸通しで掴む。

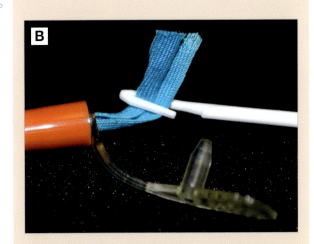

図10B テープが反対側の端に出てくるまで引く。

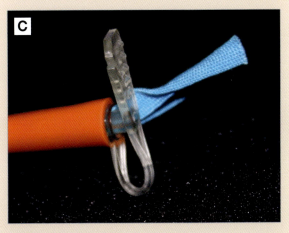

図10C テープを調整して血管を閉鎖後、ラバーカテーテルのストッパーを閉じてその位置に留める。

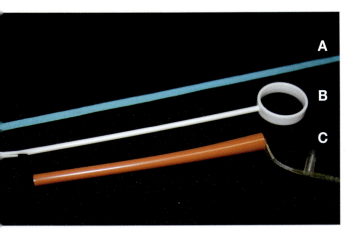

図9 ルンメルターニケット
A：血管テープ
B：糸通し
C：ラバーカテーテル

- 前もってターニケットを掛けておき、血管の遮断が必要になったらテープの端を引いて鉗子で締める（図11、12）。

『胸部』の「ルンメルターニケット確保手技の確認事項」の項を参照
213ページ

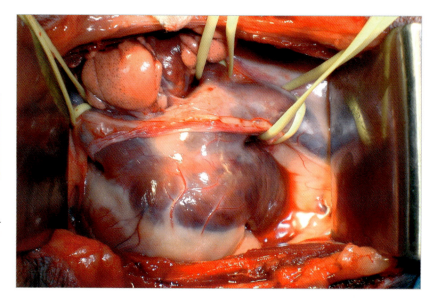

図11 この症例では右側開胸術を行い、右心房の粘液腫を切除するために奇静脈、前および後大静脈周囲に5本の血管テープを掛け、心臓への静脈血の流入を止めた。

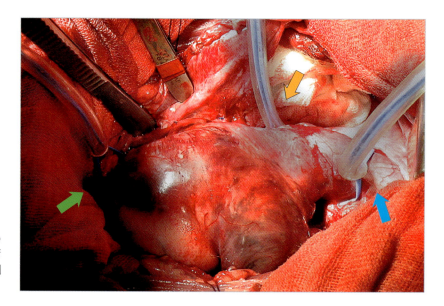

図12 心臓への静脈血流入を遮断するために奇静脈（橙矢印）、前大静脈（青矢印）および後大静脈（緑矢印）周囲にルンメルターニケットを設置する。

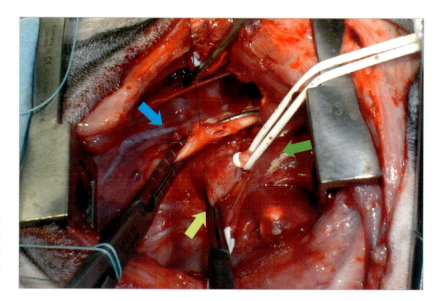

図13 血管鉗子を併用しながら（黄矢印）、左肺動脈周囲へ血管テープ（緑矢印）を掛け心臓への血流を完全閉鎖した。大動脈もサテンスキー鉗子で部分的にクランプしている（青矢印）。

"開心手術"を実施するためには、心臓への静脈還流を遮断することが必須である。この手技には高度な専門的機器は必要ないが、手術できる時間は非常に限られている。

> 血流を遮断するためにはルンメルターニケットあるいは血管鉗子のいずれも利用可能である。

正常体温の症例の開心手術は必要であれば4分間まで延長することはできるが、2分以上継続すべきではない。この虚血時間は症例の体温を32〜34℃まで下げれば8分間まで延長可能である。

> 心室細動の原因となるため、症例の体温を32℃以下に下げることは推奨されない。

腹部外科においては血管鉗子とルンメルターニケットを使うと非常に役立つ。肝臓の大きな外傷や大きく複雑な切除では血液喪失が重度の合併症を引き起こす可能性がある。このような症例の手術で用いられる方法としては、血管胆道系の茎部全体を用手または機械的に遮断する単純な手技（プリングル法）、あるいは完全に虚血させた肝臓で手術を行うために大動脈、大静脈、門脈を完全遮断する、より複雑な手技がある。

プリングル法では肝臓の茎部全体（肝動脈、門脈および胆管）を血管鉗子あるいはターニケットで閉鎖する（図16）。遮断中の血管および胆道系組織の損傷を防ぐため、周囲のリンパ管や脂肪組織は分離しないようにする。

この血流の遮断は、持続的に行ったり、長時間の虚血による長期的障害を避けるために、15〜20分間の虚血時間と5分間の休止時間で間欠的に実施することができる。

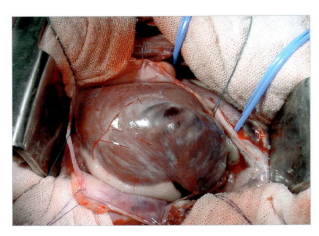

図14 右心室の腫瘍を切除するための心臓への流入血流を遮断するための準備

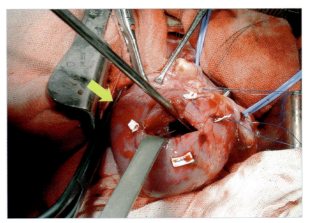

図15 前大静脈と奇静脈はターニケットで閉鎖し、後大静脈はサテンスキー鉗子で遮断している（矢印）。

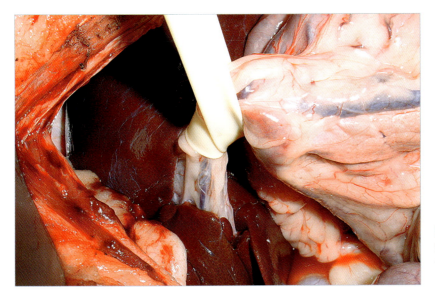

図16 プリングル法により肝動脈、肝静脈と胆管を同時に閉鎖することができる。この症例ではペンローズドレインをターニケットとして用いている。

ヘモクリップ、手術用ステイプラー

José Rodríguez, Jorge Llinás, Manuel Jiménez, Luis García, Carolina Serrano, Amaya de Torre

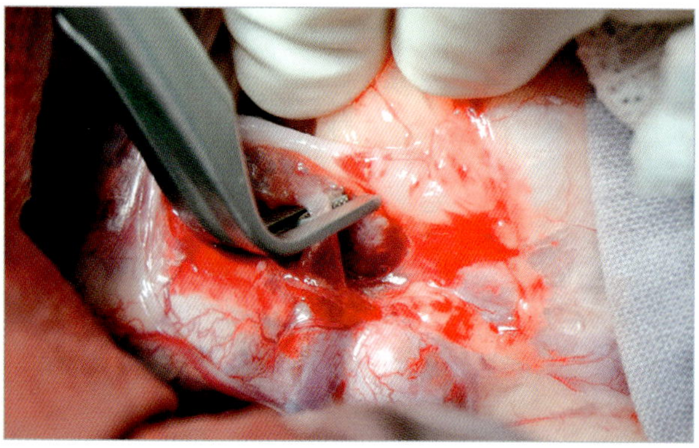

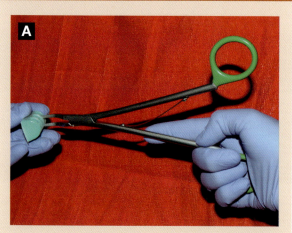

図1 副腎摘出を実施する前にヘモクリップで横隔腹静脈を閉鎖する。

ヘモクリップ

ヘモクリップは簡単に素早く血管に設置可能で、血管を永久的に閉鎖できる（図1）。さまざまな大きさのものがあり、それぞれの血管に最適なサイズを選択することができる。

クリップには縫合糸と比較して長所も短所もある。
- 簡単にアクセスしにくい部分で用いることができる。
- 迅速に設置できる。
- 正しく扱って取り付けないと、移動したり、なくなったりすることがある。
- X線検査時に干渉することがある。
- 吸収されないため、異物反応が生じることがある。

> ヘモクリップはアクセスが難しい血管の閉鎖に非常に有用である。

血管クリップを装着する際に、クランプのリングに少しでも力がかかるとクリップが曲がって落ちてしまうので、最大限の注意を払って扱う必要がある（図2）。

> ＊ もし最初からクランプの両方のリングを掴んでしまうと無意識に若干閉じてしまう可能性がある。そうすると、クリップがわずかに曲がって無駄にすることになる。

クリップを血管にあてがうときに、もう一方のリングを使い圧をかけて閉鎖する（図3）。

クリップの装填

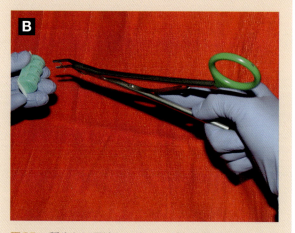

図2A クランプの片側のリングだけを持ち、顎部をクリップの上にはめる。

図2B 穏やかに圧迫してクリップを装着する。

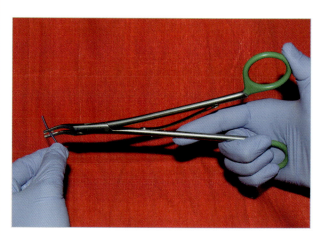

図3 クリップを閉じるときにはクランプの使っていない側のリングを掴み圧迫する。

ヘモクリップを設置するときには、組織が滑り落ちないよう、先端を最初に閉じる（図4）。

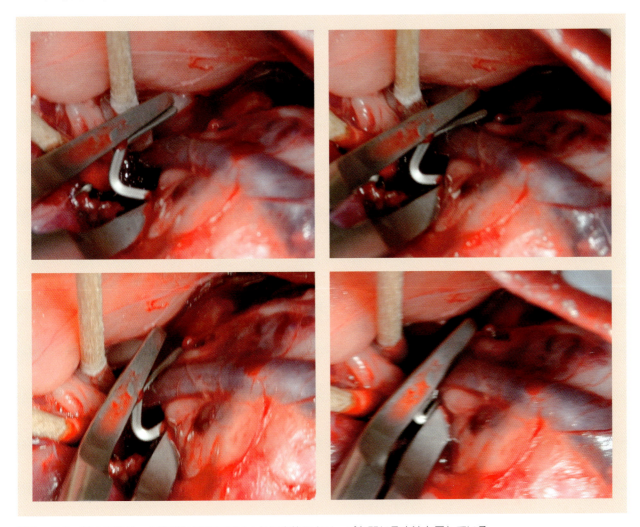

図4　この一連の画像は、血管が滑り落ちないように血管用クリップを閉じる方法を示している。

　クリップを閉じる際には、クリップに接触する血管の表面は楕円形になって長くなる。すなわち血管のいくらかが外側に残ってしまう可能性がある。このような理由から、血管クリップは閉鎖する血管径の1/3〜2/3大きいサイズのものがよい。

　血管用クリップで血管を確実に正しく閉鎖するために、著者は以下のことを推奨する。
- 血管の直径に対して適切なサイズの血管用クリップを選択する。小さめのクリップでは完全に血管を閉鎖することができないことがあり、大きすぎるクリップでは血管を引き裂いてしまう可能性がある（図5、6）。

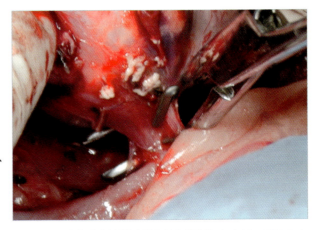

図5　この血管茎を閉鎖するために選択したクリップは小さすぎる。より大きなものが必要である。

臨床医のための止血術

血管クリップが小さすぎたり大きすぎたりすると、設置の際に血管を引き裂いてしまう可能性がある

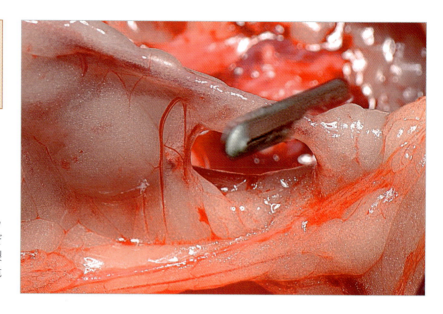

図6　この症例では、選択したクリップがこの血管を閉鎖するには大きすぎる。組織の損傷を起こすか血管茎を裂いてしまうか、あるいはその両方の危険性がある。

- 血管を周囲組織から剥離し分離する。滑脱の可能性を最小限にするために、クリップを装着したときに血管の直径の少なくとも1/3以上は、はみ出していること（図7）。

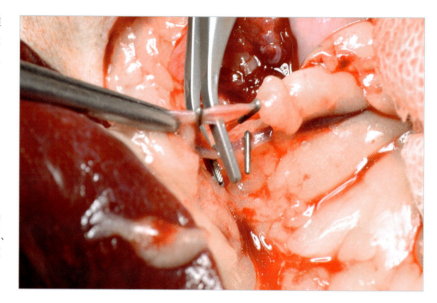

図7　ヘモクリップが手術中および術後にしっかりとその位置にあるように、クリップを閉じたときに血管径を数mm超えるサイズのものを注意深く選ぶ。

- 確実に血管の止血を行うために、残す側の血管にクリップを2つ装着する（図8）。

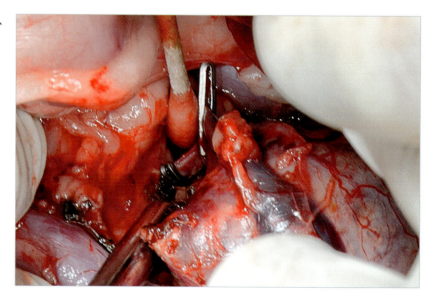

図8　この症例では残す側の血管に2つの血管クリップを装着している。これによりクリップを装着するときの手技的なミスによる二次的出血の可能性を最小限にした。

手術中の止血手技／予防的止血

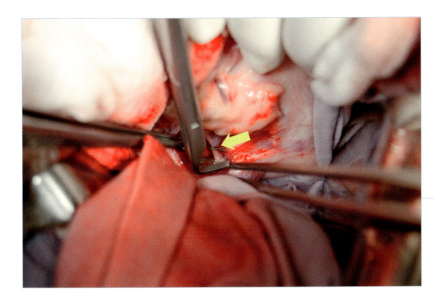
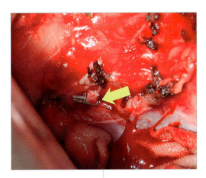

図9　手術中あるいは術後に外れないように、血管は必ずヘモクリップ（矢印）から数mm離れた位置で切断する。

- 手術中に滑脱したり、なくなったりしないように、血管はクリップから2〜3mm離して切断する（図9）。

> クリップがなくなったり周囲の繊細な組織を損傷したりしないように、クリップを装着した組織は注意深く取り扱う。

手術用ステイプラー

手術用ステイプラーは適切に使用すれば、素早く正確かつ安全に組織を閉鎖できる方法である（図10）。

> 手術用ステイプラーは適切に使用すれば非常に安全である。使う組織によってステープルの型とサイズを選択する。

獣医外科で最も広く使用されているステイプラーのタイプは以下のとおりである。
- 結紮および切断ステイプラー（LDS）：血管茎に2つのC型の血管クリップを装着すると同時に切断する（図11）。最もよく使われるのは多数の血管を結紮し迅速に切断する必要がある脾臓摘出術である。

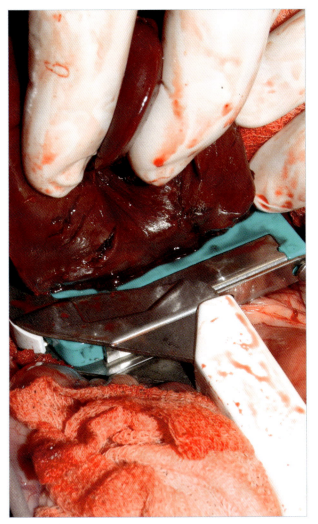

図10　肝葉切除実施の際に手術用ステイプラーを用いれば時間短縮と切断端の優れた止血が可能である。

- **胸腹部ステイプラー(TA)**：このステイプラーはB型のステイプルを2列または3列で設置する。このステイプラーは組織の正確な止血を行いつつ、切断表面から伸びる微小循環を妨げないように、そしてステイプラーを掛けた組織が壊死しないように設計されている（図12）。

  ステイプラーはさまざまな長さと高さのものがあり、色で識別されている（表1）。数多くの適用があるが、例として肺葉切除や肝葉切除、または腎臓摘出があげられる。

- **胃腸吻合ステイプラー(GIA)**：このステイプラーはTAステイプラーと同様の技術的特性をもつ。しかし、このタイプのものは2列または3列のステイプルを装着後、間で組織を切断する（図13）。主に消化管吻合と内視鏡外科で用いられる。

> 手術用ステイプルは従来の縫合法と比べて高価であるが、成績は安全かつ迅速で大幅に手術時間を減らすことができる。

表1

胸腹部ステイプラーの種類（TA）				
カートリッジの色	カートリッジの長さ(mm)	ステイプルの列数	ステイプルのサイズ(幅×高さmm)	ステイプル閉鎖後の高さ（mm）
白	30/45	3	3.0×2.5	1.0
青	30/55/90	2	4.0×3.5	1.5
緑	30/55/90	2	4.0×4.8	2.0

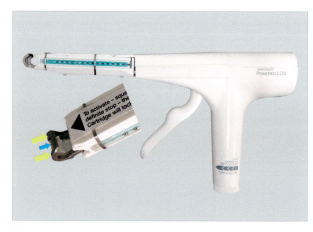

図11　LDSステイプラーは2つのステイプル（黄矢印）を装着し、同時に自動的に血管茎を切断する（青矢印）。この仕組みにより組織の操作と手術時間が減らせる。

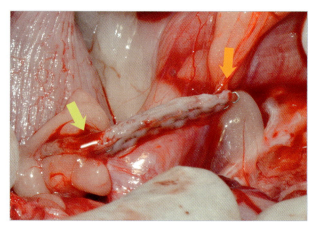

図12　TAおよびGIAステイプラーは、該当組織に対してそれぞれ交互に配置されたステイプルを数列装着して完全な閉鎖を確実に行う。術者は切断部から出血がないかを必ず確認しなければならない。橙矢印で示した血管は完璧に閉鎖されているが、黄矢印で示した血管からは出血していることに注目せよ。

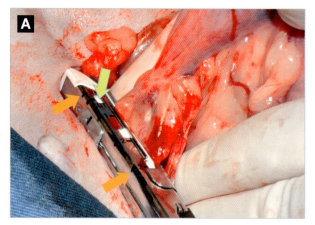

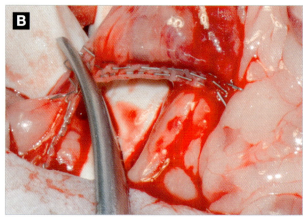

図13　この写真で示したGIAステイプラーには、外側の縁（橙矢印）の間に6列のステイプルが装着されている。同時に刃でこの間の組織が切断されるが、安全性の理由からCUTマーク（黄矢印）までのみが切断される（A）。時折、切断を完了するために鋏を用いる必要がある（B）。

手術中の止血手技 / 予防的止血

肝臓、脾臓および肺の外科手術での臨床応用

José Rodríguez, Jorge Llinás, Manuel Jiménez, Luis García, Carolina Serrano, Amaya de Torre

肝葉切除

　肝実質をステイプリングして切断する方法は、分離して結紮する古典的な方法と比べて、出血が少なく結果的に壊死と炎症が少ない。

　このような症例では、血管と胆管は肝門部で分離しそれぞれ結紮する。続いて該当する実質の厚みに応じてカートリッジのタイプを選択し、ステイプラーを閉じる（図1、2）。

　ステイプラーを外したときに切断部に沿って出血が認められた場合には、ガーゼで数分間圧迫し、さらに止血用素材、電気的凝固や縫合糸を用いる。

 組織が1.5または2.0mmに圧迫するには厚すぎる場合は、ステイプルが適切に閉じないため、ステイプラーが失敗に終わる可能性がある

 『上腹部』の「症例2/肝細胞癌　胸腹部外科用ステイプラーを用いた切除」の項を参照　217〜220ページ

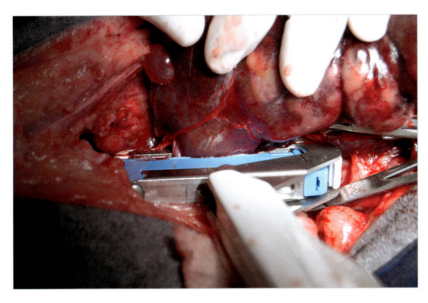

図1　この症例では肝葉切除を実施するときに肝実質を閉鎖するため、TA55（3.5）ステイプラーを選択した。

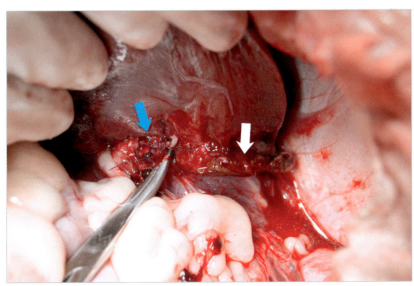

図2　肝葉切除後、切断線に沿った出血を確認することは重要である（白矢印）。
この写真ではあらかじめ実施したこの肝葉への門脈および動脈の分枝および胆管（青矢印）の結紮も示している。

部分脾臓切除

脾臓の部分切除時にTAステイプラーを使うと手術時間を相当減らすことができる。しかし、脾門部の血管をステイプラーに巻き込まないよう注意が必要である。もしも巻き込んでしまうと裂開して出血が生じる。

『上腹部』の「症例2/脾臓部分摘出術」の項を参照
131〜133ページ

肺葉切除

部分的あるいは完全肺葉切除はTAステイプラーを用いて実施することができる。閉鎖する組織の厚みに合わせて2.5mmまたは3.5mmのステイプラーを用いる（図3）。気管支に並走する血管を含む場合、切断面に沿って出血や空気の漏出がないことを確認する（図4）。血管を圧迫するのにステイプルの高さが高すぎたり、気管支の両端を適切に閉鎖するのに短すぎたりする可能性がある。

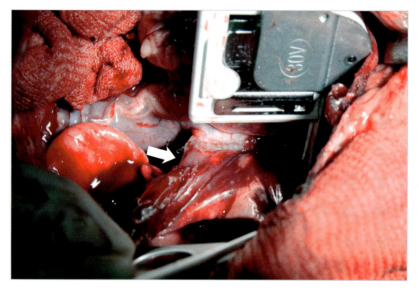

図3　完全肺葉切除中の症例。血管と気管支を同時に閉鎖するためにTA 30V（V3）ステイプラーを使用している。矢印は続いて切断する部位を示している。

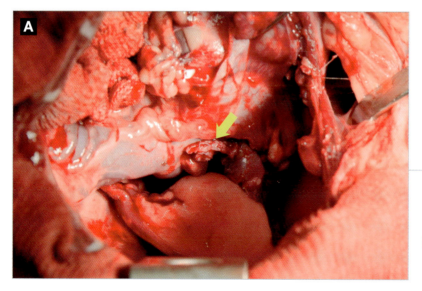
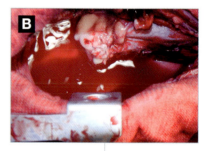

図4　肺葉切除後にステイプルの線に沿って出血（黄矢印）（A）、または空気の漏出（B）がないか確認する必要がある。

正確な止血

José Rodríguez, Jorge Llinás

　症例の手術で予想以上の出血が起こったときは、いかなる外科医も警戒すべきである。外科医がこのような出血に対して準備をしていなかったら、とっさの判断でミスが起こる可能性があり、その手術や動物の回復にも大きな影響を与えることになる。

> 適切に管理できない、予期しない術中出血は、以下のような合併症を引き起こす可能性がある。
> ■ 治癒遅延
> ■ 感染の危険性増大、縫合不全や組織壊死
> ■ 術後疼痛の増加
> ■ 飼い主からの苦情

> 正確な止血は、出血している血管を永久に塞ぐ、あるいは血管壁を再建することで得られる。

　術中に出血が生じすぐに止血を試みたが、出血血管が裂けやすいためにコントロールがより難しくなり、出血や周囲組織の損傷が悪化する場合がある。このような状況は落ち着いて、正確に切り抜ける必要がある。その後これが避けられるものであったかを考える（図1）。

図1　A：予期せぬ動脈損傷はかなりの出血を伴う。
B：外科医は落ち着いて行動し、正確に出血している血管をみつけ、この症例でバイポーラ電気メスを用いたように、安全に止血を行う必要がある。

術中出血は、まず用手または器械による圧迫でコントロールすることができる。その目的は、一時的に出血を止めて出血箇所を確認する十分な時間を稼ぎ、それぞれの場面に最も適した止血方法で止血することにある（図2）。

これからの項では術中出血コントロールに有用な手技について紹介していく。外科医はこれらの手技を十分に理解し、正しく使用して最善の結果が得られるようにしなければならない。

「臨床医のための止血の生理学」の項を参照 9ページ

正しい外科手術と効果的な止血は、良好な術野と手術時間の短縮、死亡率や合併症の発生率低下にもつながる。

表1

術中出血をコントロールする手技	
器械的止血	直接用手圧迫 ガーゼ圧迫 止血鉗子 結紮糸 血管クリップ 縫合
熱的止血	電気メスによる止血 レーザーによる止血
化学的止血	アドレナリン プロタミン デスモプレシン アミノカプロン酸 トラネキサム酸
止血製剤	コラーゲン セルロース ゼラチン ワックス
密封剤や接着剤	フィブリン 外科用接着剤

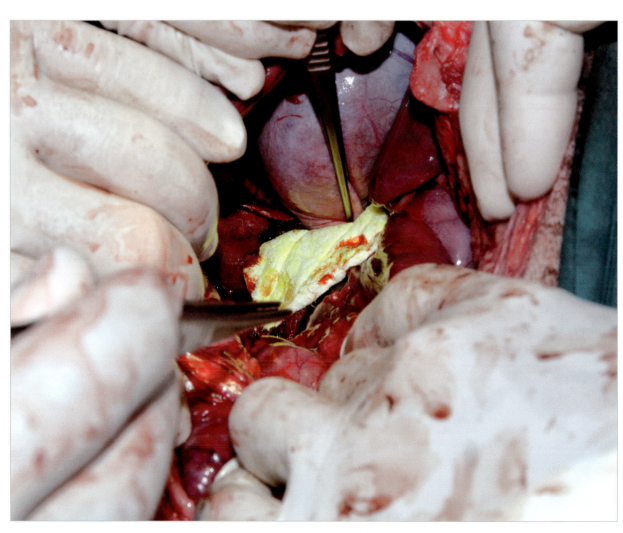

図2 非常に脆弱な肝臓表面の止血に、高密度コラーゲンシートを適用しているところ。

圧迫による止血

José Rodríguez, Amaya de Torre, Carolina Serrano, Luis García, Jorge Llinás, Manuel Jiménez, Pedro Suay

術中出血のコントロールで外科医がまず最初に行うのは、用手やガーゼによる組織圧迫である。

> 出血部位の直接圧迫が、最も速くシンプルに出血をコントロールできる。

皮下組織など低圧血管からの出血に、直接圧迫は止血効果が高い。また術野のなかでも、届きにくい深い場所や繊細な臓器が含まれる場所で医原性の損傷を回避したいときには直接圧迫を使用する。

圧迫は出血を防ぎ、凝固過程を促す（図1、2）。用手による圧迫止血が無効と判断し、別の止血方法を選択する前に、圧迫を5〜10分間続け、血小板接着や血栓形成が起きやすいようにする。

「臨床医のための止血の生理学」の項を参照　9ページ

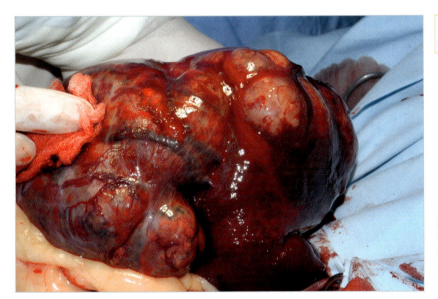

図1　この症例では部分的肝葉切除を行っている。肝臓を操作中にグリソン鞘が裂開したので、出血をガーゼによる直接圧迫でコントロールしているところ。

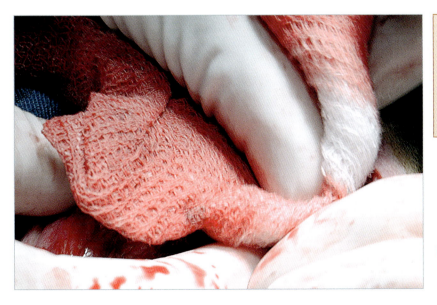

> 直接圧迫により裂開した血管の止血を行うためには、圧迫は少なくとも5分間維持する。5分間が"一生"のように思えるので、ストップウォッチを使用することを勧める。

図2　小さな表層血管（静脈、動脈両方とも）からの出血は、ガーゼによる直接圧迫止血が効果的である。

組織にかかる力は出血を抑えるのに効果的である一方で、血小板や凝固因子が出血部位に届きにくくならない程度の強さにする。

> 経験の浅い、緊張した外科医の典型的なミスは、出血部位に強く圧力をかけすぎることである。加える力は出血を止めるのに十分で、なおかつ血栓形成を促進する必要がある。力のコントロールには経験が必要である。

用手圧迫の手技は、高圧血管で出血が起きたときに非常に効果的である。この場合、出血は大量で、失血を防ぐためにも素早く止血しなければならない。続いて術野を確保して、出血部位を適切にみつけてから、確実に止血を行う（図3、4）。

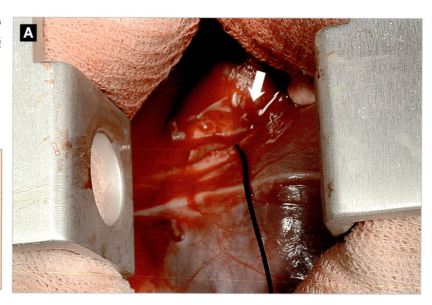
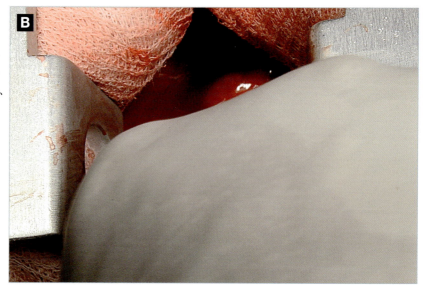

図3　A：動脈管開存症の剥離時に血管壁が裂けてかなりの出血がみられた（矢印）。
B：最初に裂けた血管の用手圧迫で出血をコントロールしなければならない。

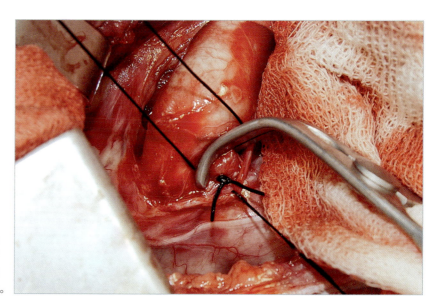

図4　本症例では用手圧迫による初期止血後に、一時的な止血をブルドッグ型の血管クランプを用いて行った。続いて結紮糸による確実な止血を行った。

局所止血製剤

Ana Whyte, José Rodríguez

概要

局所止血製剤は、術中の出血が用手圧迫、血管結紮、電気的凝固でコントロールできない時にとても効果的である。

止血製剤には、ゼラチン、コラーゲン、酸化セルロース、トロンビン、フィブリン、合成外科接着剤など幅広い化合物が使用されている。これらの効果は外科医の経験や好みに大きく左右される。

以下の項では著者がよく使う局所止血製剤について述べる。

- コラーゲン製剤は血小板の接着を誘発、促進するように働く。粉、のり製剤、スポンジにして適用される（図1）。
- 酸化セルロースは直接接触することで凝固を活性化する。酸化セルロースは塊状になっているので、創傷の大きさに合うように切って使用できるし、扱いやすく、器具に接着しないので、出血部位に容易に装着できる（図2）。

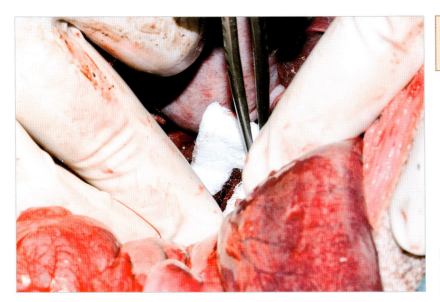

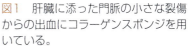

局所止血製剤は術中出血のコントロールに有効である。

図1　肝臓に添った門脈の小さな裂傷からの出血にコラーゲンスポンジを用いている。

- 凍らせた生理食塩水は血管収縮と血小板接着により出血を減少させる。

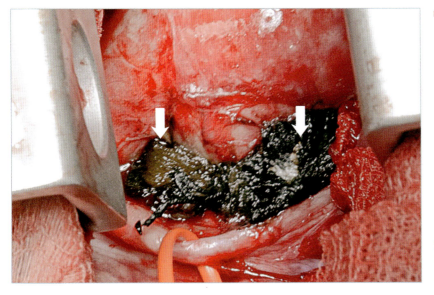

図2　剥離時にわずかに裂開した動脈管の両側にセルロース塊を2つ用いているところ。

局所止血製剤

Ana Whyte

　局所の止血製剤は、非侵襲的に、出血部位へ直接適用する。本製剤は周術期の出血が用手圧迫、血管結紮、電気的凝固やレーザーなどでコントロールできないときに非常に有効である。

　さまざまな化合物が止血製剤に使用されており、受動的止血、能動的止血、組織密封剤に分類される（表1）。受動的止血あるいは機械的止血製剤は、血小板が接着し始めて血栓形成を促す構造をもつ。能動的止血製剤は生物学的に凝固過程に作用する。組織密封剤は、物理的に出血血管を閉鎖するように働く。これらの止血製剤の多くは、いくつかの反応経路により作用する。

> 受動的止血製剤は、簡単に使用でき、特別な保存や準備を必要とせず、比較的安価なことから、術中に使用されることが多い。

　受動的止血製剤はかなりの出血があったときに非常に有用である。これは多くの液体を吸収することができ、止血に必要なしっかりした"栓"を形成するためである（図3、4）。しかし拡張しすぎると、とくに骨や硬い組織の近くで使用した場合に、周囲の繊細な組織を圧迫、損傷する危険性もある。このため、止血に必要な最低限の量を使用し、余剰分はすべて除去したほうがよい。

> 受動的止血製剤は、水分の多い組織ではしっかり接着しない。また動脈だけからの出血にはあまり有用でない。しかし、止血製剤の吸収性や物理的構造により血小板の接着を促してくれるので、重度な出血が起きた場合には有用である。

　局所止血製剤は、生体内で異物反応を起こし、感染や膿瘍形成を誘発する危険性がある。
外科医はできるだけ最小限の量を使用するようにして、余剰分は除去し、閉創前に十分洗浄、吸引する必要がある。

　外科医による止血製剤の選択は手術の種類、出血の種類や量、止血製剤の利便性、適応組織の性質に左右される。

> 局所止血製剤は、結紮や血管縫合の代わりに用いることはできない。

表1

局所性止血製剤のタイプ		
受動的	能動的	組織密封剤
■ コラーゲン ■ セルロース ■ ゼラチン ■ ポリサッカライド ■ 無機物	■ トロンビン ■ 酸素水 ■ 硝酸銀	■ フィブリン ■ アルブミン ■ ボーンワックス ■ 合成接着剤
組み合わせ		

図3　肝切除後にコラーゲンシートを縫合部位に当て出血をコントロールしている。

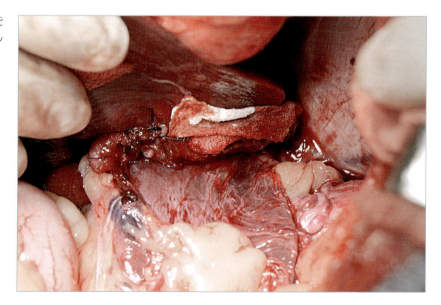

コラーゲン製剤

他の機械的止血製剤のように、コラーゲンは血栓を形成する安定した足場となり、血小板接着と脱顆粒を促進する、また同時に凝固因子の放出も促す。

止血性コラーゲンは皮膚コラーゲンと牛の腱から得られたもので、スポンジ、シート、粉製剤として利用可能である。

> コラーゲン止血製剤は、静脈性、動脈性出血に有効である。

出血部位には細いピンセットで用いる。可能であれば接触面を乾かした方がよい（図3）。組織にしっかり接着した血栓が形成されれば、コラーゲンが適切に適用されたことを示す。

コラーゲン製剤は吸収性に優れており、コラーゲンによる圧迫は豊富な出血をコントロールするのに有用で、血流を妨げる物理的な防護壁を形成する（図4）。

コラーゲン止血製剤は皮下組織に適用してはならない。なぜなら瘢痕形成を妨げ、術創がきれいに治らない。汚染や感染した組織にも使用してはならない。

> コラーゲン止血製剤は3週間以内に完全に吸収される。

酸化セルロース

酸化セルロースは、植物由来、可溶性であり、使いやすい繊維性止血製剤で、出血表面に接着しやすく、損傷した血管を一時的に塞いで密閉する。酸化セルロースはその重量の7～10倍の血液量を吸収することが可能で、ゼラチン状の塊を形成することで血小板接着や凝固系を促進する。また本製剤はpHが低く、局所の静菌作用ももっている。

酸化セルロースは3つの形状で利用可能である。
- 固形スポンジ（図5）
- 繊維性メッシュ（図6、7）
- 粉

本製剤は一面に出血した凹凸のある表面や、結紮や縫合部位や、その他の止血方法が無効であったり、適応できないような微小な静脈、動脈出血に適用する（図5～7）。

メッシュ製品は接着が弱く、分解されないので縫合が必要である。

> 酸化セルロースは乾燥状態で使用することが必要。

酸化セルロースは1～2週間で完全に吸収される。

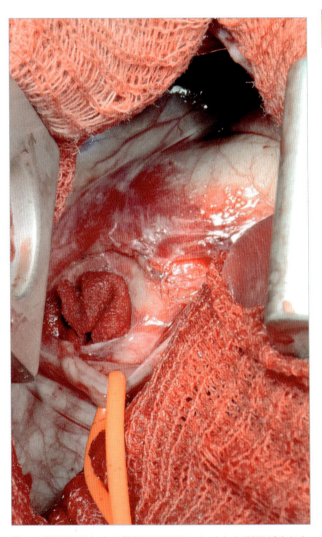

図4 動脈管開存症の頭側面剥離時にわずかな裂開が生じたため、コラーゲンの圧迫により出血をコントロールしたところ。その吸収性と拡張性を利用してその領域を圧迫止血することが可能であり、出血はしっかりと止まった。

臨床医のための止血術

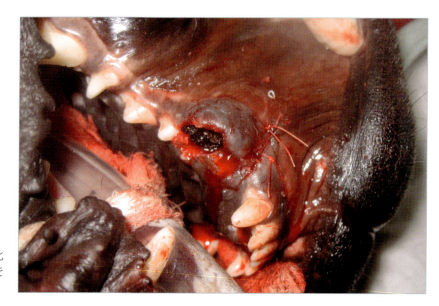

図5 犬歯の抜歯後に、欠損孔に酸化セルローススポンジを充填して出血をコントロールしている。

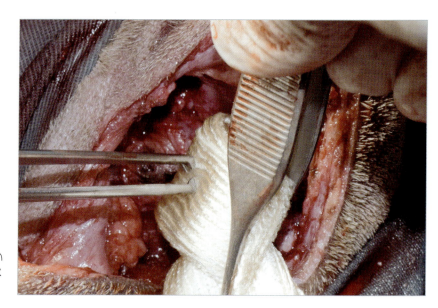

図6 鉗圧や結紮による止血が難しい眼球後方のスペースに、セルロースメッシュを適用している。

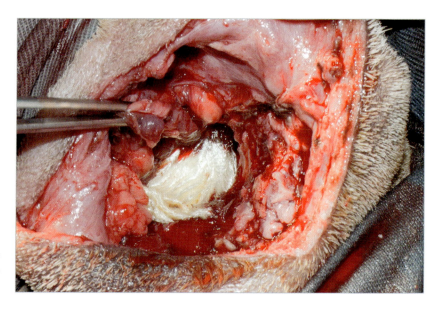

図7 眼窩の出血をコントロールするために、セルロースメッシュを適用している。

ゼラチン

ゼラチン製剤は豚の皮膚から生成されている。本製剤は血小板の粘着性を増強し、非常に変形しやすい。基本的に生物学的反応ではなく、機械的な止血反応による。

スポンジ、ペースト、粉の形状があり、一般外科、神経外科、耳鼻咽喉科など幅広い出血の状況で使用されている（図8、9）。止血までの時間は2〜5分間である。ゼラチンは他の止血製剤と異なり、大量の血液、液体を吸収するので、生理食塩水に浸して使用することもできる。

酸化セルロースと異なり、ゼラチンは中性なので、トロンビンや他の中性の生物学的製剤と一緒に使用して、止血反応を増強することもできる。

> ゼラチンスポンジは止血効の増強のために、アドレナリン溶液に浸しておくこともできる。

ゼラチンは2〜5日で溶解し、4〜6週間以内で吸収される。

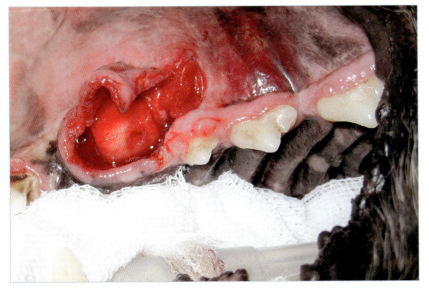

図8　犬歯抜歯後の歯槽骨の間隙

図9　出血をコントロールするためにゼラチンスポンジを創内に適用

多糖類

多糖類止血製剤は植物由来であり、主に毛細血管や静脈性出血に用いられる（図10）。

現在2種類の製剤が使用可能である。
- 海洋由来（海草、甲殻類の殻）のNアセチルグルコサミン、グリコサミノグリカン
- ジャガイモでんぷん由来の微小孔性多糖類の半球体

本製剤は親水性であり、血液が吸収されて固形状に濃縮される。これにより、出血を防ぐように隔壁を形成し、同時に血管収縮と血液凝固を促す。

これらはスポンジ、粉などの形で使用することができる。出血している部位に適用し、数分間圧迫する（図10）。適用前の止血や術野をきれいにする必要はない。

無機物の止血製剤

最近、無機物の止血製剤が外科領域で使用され始めた。これはゼオライトのような鉱物質から作られている。ゼオライトは液体成分を大量に吸収する能力をもった微小孔性の合成ケイ酸アルミニウム製剤である。術創に用いると水分を吸収し、局所の凝固因子、血小板、赤血球などの止血を促進する物質の濃度を上昇させる。

本製剤は当初、体腔外の出血のコントロールに使われていたが、現在では体腔内の外科手術時にも使用されるようになってきている。しかし、使用したケースで、異物への生体拒絶反応が高率で出現している。

トロンビン

トロンビンは、止血、炎症反応、細胞間連結作用で特徴づけられる動物由来酵素である。トロンビンは血液凝固の内因系、外因系経路の活性化によりプロトロンビンから形成される。

トロンビンはフィブリン血栓の元となるもので、フィブリノーゲンをフィブリンに変換するトリガーとなる。本製剤は5秒で動脈性出血を、3秒で静脈性出血を止める急速な止血効果がある。抗凝固剤の存在下でも有効である。

トロンビンは、乾燥粉末、液状（生理食塩水で溶解）、スプレータイプがある。液状タイプはゼラチンスポンジと併用することで、止血効果を増強させることができる。牛トロンビン溶液は溶解後3時間以内で使用しなければならない。改良型トロンビンではこの使用期限が24時間まで延長されている。

> ゼオライトは低圧系の出血に非常に有効であるが、高圧系の出血にはあまり有効ではない。

 トロンビンは開放血管に使用すると、広範囲の血管内凝固を引き起こす可能性があるので、使用してはならない。

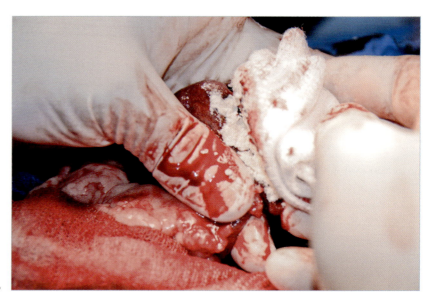

図10 損傷した脾臓の止血のために、多糖類粉末の止血製剤を適用している。

手術中の止血手技 / 正確な止血

化学物質

■ 次没食子酸ビスマス

次没食子酸ビスマスは凝固XII因子の活性化に加えて、収斂性や抗菌性効果も認められている。しかし本製剤10gを10mlの生理食塩水に溶解してガーゼに浸して3分間出血部位に適用したが、出血量が減らなかったという報告もある。

図11　爪の血管からの出血は、初めのうちはかなり多い。

■ 硝酸銀

硝酸銀は表面の出血を焼灼するのに用いられる、また本製剤は抗菌効果もある。
先端に製剤が染み込んだ棒の形状で市販されている。出血が止まるまで創面に硝酸銀を軽く当てるようにする。止血できると黒色の痂皮（硝酸銀と血液の混合物）が形成される。図11〜13は適用方法を示している。本製剤の焼灼反応により正常組織が損傷する危険性があるため、使用は限られる。

図12　硝酸銀の適用により、出血は数分でしっかりと止まっている。

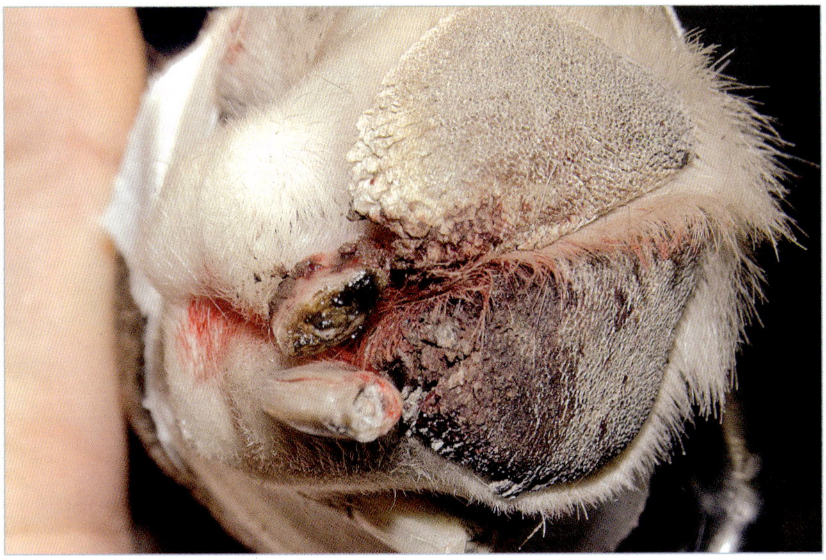

硝酸銀は焼灼作用があるため、注意して適切に使用すること。

図13　止血後

■酸素水

酸素水とは過酸化水素を3％に希釈したものである。本製剤は、組織のカタラーゼとの接触で生じた酸素バブルにより、止血、消毒、洗浄の効果がある。

> 酸素水はボリュームで定量化され、医療用は10ボリュームである。
> これは、正常な環境下では過酸化水素溶液が10倍の酸素を作り出すという意味である。

本製剤は、汚染創とくに嫌気性菌などに感染した創傷の洗浄、消毒に用いられており、出血部位にかける、または綿棒で軽く圧迫することで直接適用して止血する。使用時には外科医の判断で割合を調節し生理食塩水で希釈して使用する（図14）。

> ＊ 酸素水は、酸素が血流に乗り塞栓症を引き起こす可能性があるので、閉鎖空間内に圧をかけて使用してはならない。

フィブリン密封剤

本製剤は人のフィブリノーゲンと牛のトロンビンから作られており、使用時に両者が結合して効果を示す。これが塩化カルシウムと接触すると、血流や他の液体の流れを防ぐような柔らかい隔壁を形成する。

> 外科医は、各自でフィブリン密封剤を作ることができる。材料（血液バンクから寒冷沈降物、牛トロンビンと塩化カルシウム）を別々に購入して必要に応じて調剤する。

フィブリン密封剤は局所出血のコントロールや広範囲の出血、縫合部分、消化管や泌尿器における血管縫合の保護に用いられている。本製剤は手術後13週間以内で再吸収される。

アルブミンとグルタールアルデヒド

本製品は10％のグルタールアルデヒド溶液と45％の牛血清アルブミン溶液が別々の容器に入っている。使用時に、グルタールアルデヒドが創傷内の蛋白質と牛アルブミンを結合させ、栓を形成し、それに続いて血栓が形成される。この過程は、症例の凝固機構とは完全に独立したものである。

素早く組織や合成物（メッシュ、縫合糸など）に接着し、2分で最大強度に到達する。

> 局所における止血密封剤として、縫合や吻合線に沿った部分の止血や非常に細くもろい組織にも有用である。

ボーンワックス

ボーンワックスは、88％の蜜蝋と12％の軟膏基材、または70％の蜜蝋と30％のワセリンで作られている。

本製剤は機械的止血効果を有しており、骨の出血箇所を塞ぐことで、出血源の詰め物効果により止血を達成する（図15、16）。使いやすく、瞬時に止血することができる。

覚えておくべき欠点は、骨新生を妨げたり、感染の可能性が増加したり、異物として何年も残ることである。

ボーンワックスは錠剤で利用可能であり、適量を手で温めてへらを使う、あるいはスティックタイプ（口紅のような形）のものを使って、出血部位に対してワックスが使いやすいような形にして骨に使用する。

合成接着剤

シアノアクリレート接着剤は、手術における止血密封剤として、肝臓などの腹部外科で使用されている（図17）。合成組織接着剤は乾いた術野でのみ使用可能である。

本製剤はすべての表面に強く接着するので、手袋や手術器具と接触しないようにする必要がある。

> ＊ もし組織接着剤で他の組織同士が接着した場合には、剥離を試みてもよいが、裂けて損傷する可能性が高い。

図14　抜歯後に希釈した酸素水で、出血をコントロールしている。

手術中の止血手技 / 正確な止血

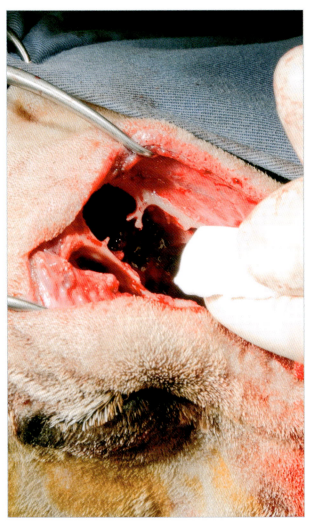

図15　鼻甲介切除を行うための前頭骨切除時に出血が発生

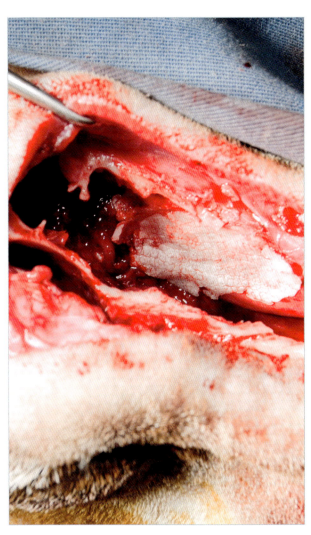

図16　ボーンワックスを使って出血コントロール

> シアノアクリレートを適用した後は、ポリマーになって安定するまで少なくとも2分は待つ必要がある。

　ポリマーになるときに、Nブチルシアノアクリレートは発熱反応を引き起こすことがあり、組織への軽度な熱傷が生じたり異物に対する炎症により肉芽腫形成、あるいは腹腔内で使用したときに大網や他の腹部臓器と癒着する危険性がある。

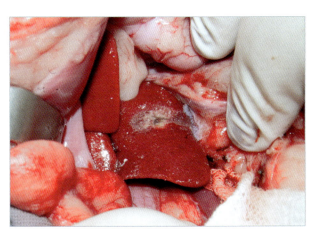

図17　肝臓の創面の閉鎖と止血にシアノアクリレート接着剤を適用したところ

臨床医のための止血術

外科的止血法

José Rodríguez, Amaya de Torre, Carolina Serrano,
Cristina Bonastre, Ángel Ortillés

外科的止血法は、出血を防ぐために外科医が行う手技で、止血鉗子、血管鉗子、結紮あるいは血管縫合用の縫合糸などの特殊な器具や材料を用いる。

鉗子で止める部位を見やすくするためには、曲型の止血鉗子を使うとよいが、そもそも曲型の止血鉗子は、止血のためだけに使用される。その他の目的で使用すると、変形し、正確さと有効性が失われることがある。

外科的止血法とは、術中の出血に対して外科医が行なうあらゆる手技を網羅したもの。

止血鉗子

止血鉗子には、2つの相補的な機構がある。すなわち、血管を閉鎖して血液の喪失を防ぐことと、血管壁に損傷を与えて凝固を促進することである。

血管径と血圧により、達成されうる止血は完全もしくは一時的である。血管径が小さければ止血は数分以内に達成され、止血鉗子を安全に外すことができる。血管が太く、血流が血栓形成を凌駕している場合は、結紮あるいは血管の凝固によって止血しなければならない。

さまざまな止血鉗子がある。著者らは、ハルステッド・モスキート鉗子やロチェスター・ペアン鉗子を好んで用いている（図1）。

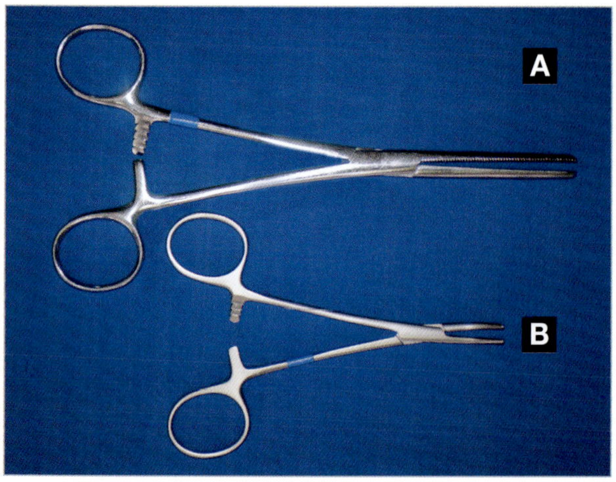

止血鉗子を正しく使うために推奨されること

■ 可能な限り小さい止血鉗子を使用する。
■ 外科医の手によって出血点の視野が悪くならないように、直型の止血鉗子ではなく曲型の止血鉗子を用いる。
■ 正確な操作を行うために利き手で鉗子を保持する（図2）。
■ 傷ついた血管あるいは最小限の周囲組織のみを鉗子で挟む。
■ 表層の血管を止血するためには、
　■ 血管がはっきり確認できれば、器具の先端で直接挟む。（図3）。
　■ 出血点が血管以外であれば、鉗子の凸面で最小限の周囲組織を挟む（図4）。
■ 重要な深部の血管や血管茎を止血するためには、
　■ 鉗子の凸面を内側に向けながら、血管に対して垂直に鉗子を掛ける。そうすることで、円滑に縫合でき、その後の結紮も容易になる（図5）。
　■ 鉗子の先端よりも基部を使用する。
　■ 周囲の組織を一緒に挟んでいないことを確認する。

圧が低い血管の鉗子による止血は、数分待てば完了する。小血管を確実に止血するためには、鉗子をねじる手技も用いられる。これは、血管を鉗子で挟み、切れるまで鉗子を数回ねじる手技である。この手技の利点は、生体内に縫合糸を残さないことであり、直径0.5mm以下の血管に対して有効である。

図1　止血鉗子
Ａ：ロチェスター・ペアン鉗子
Ｂ：ハルステッド・モスキート鉗子

手術中の止血手技／正確な止血

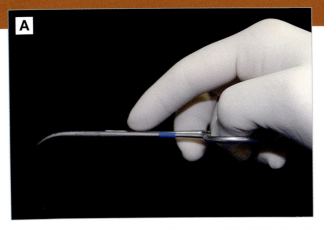

図2A　血管を正確に視認し可能な限り的確に挟むため、鉗子の曲がりに準じて利き手で鉗子を持つ。

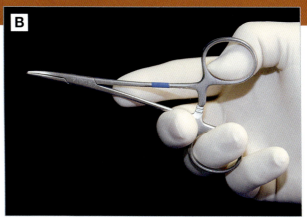

図2B　鉗子は、指を鉗子の輪に完全に通さないようにし、親指と薬指で開閉する。鉗子を安定させて的確に用いるため、人差し指と中指を鉗子の末端に添えておく。

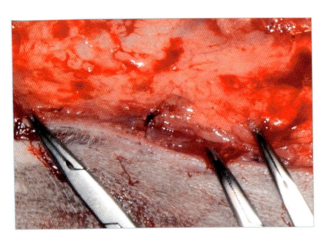

図3　表層の血管の閉鎖は、止血鉗子の先端を使う。

図4　出血点が不明瞭な場合は、鉗子の基部で血管周囲の組織を含めて挟む。最小限の組織を挟み、可能な限り損傷を小さくする。

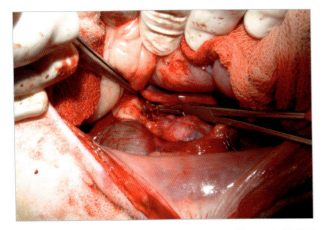

図5　深部の血管茎を閉鎖する場合は、止血鉗子の先端が術者側に向くようにする。こうすることで、患者側へ向けられた鉗子の凸面に沿って縫合糸を滑らせ、確実に結紮しやすくなる。

結紮

　術中の出血を防ぐ予防的な手技として行う結紮法とその用途については、すでに述べたとおりである。この章では、止血鉗子の周囲に結紮を作成する方法について述べる。

　血管をどのように挟むかにかかわらず、必要な結紮を円滑に行えるように鉗子を保持する。

> 縫合糸が滑りやすくなるように、止血鉗子の凸面の先端が内側に向く状態で保持する。

「結紮」の項を参照　　86ページ

手技

止血鉗子の周囲での結紮は、血管茎の型に応じて以下の手順のように行う。

血管茎が狭い場合

- 結紮しやすいように鉗子を正しく保持する。
- 止血鉗子の周囲に縫合糸をまわす。
- 最初の結び目を作る。
- 鉗子に沿って結紮の輪を滑らせて血管周囲にかける。
- 最初の結び目を結紮し、結紮を数回繰り返し完全に結紮する。
- 結び目がほどけない程度の長さで結紮糸の端を切断する。
- 鉗子を外し、出血がなく確実に結紮されていることを確認する。

図6〜9は、止血鉗子の周囲に結紮する様子である。

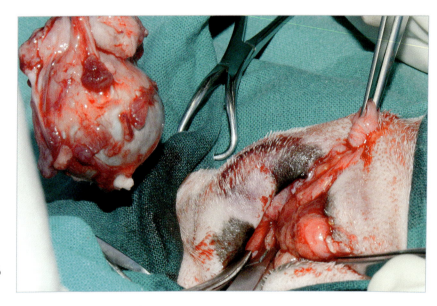

図6 止血鉗子の凸面が患者に接する向きで鉗子を保持する。

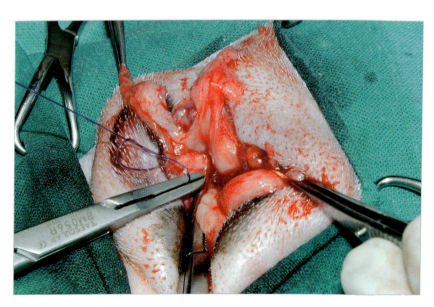

図7 鉗子の下の血管茎周囲に縫合糸を通す。最初の結び目を作り、鉗子の基部に沿って結び目を滑らせ、鉗子の先端よりさらに奥へ誘導して血管周囲に正確に掛ける。

手術中の止血手技/正確な止血

| ＊ | 鉗子を用いた結紮は、不完全で抜けてしまい、再び出血する可能性があるため行ってはならない。 |

血管茎を高い圧力で縛るためには、貫通結紮法やミラー結紮法などの強固な結紮が必要であることを覚えておく。

図8 数回結んで結紮を確実にする。

図9 止血鉗子をゆっくりと丁寧に外し、止血を確認する。鉗子を緩めていく際に出血した場合は、鉗子を閉じて再度結紮するか、あるいは別の止血法を検討する。

血管茎が広い場合

血管茎が広い場合は、その膨張力のため強固な結紮が困難となる。
- 縫合糸を血管茎の周囲にまわし、最初の結紮を作る。この例では、二重あるいは三重に糸を絡ませることによって糸にかかる摩擦を大きくし、糸が滑って抜けてしまわないようにしている（図10）。
- 術者が最初の結紮を締めていくのと並行して、助手が外れない程度に止血鉗子をわずかに緩めれば、組織を締めることができる（図11）。
- 助手は再び止血鉗子を締めてその後の結紮を完了させやすくし、また結紮が確実でなかった場合に生じる出血を制御できるようにしておく。

> 組織を皺状に小さくまとめるためには、最初の結紮を締めると同時に止血鉗子にかかる圧を逃がしていかなければならない。結紮が完了するまでは、止血鉗子を完全に外してはならない。

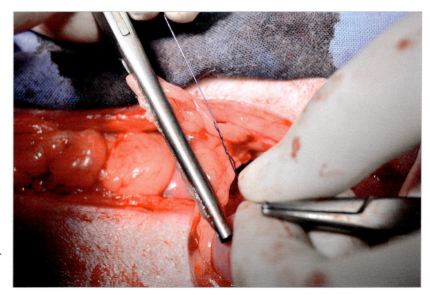

図10　縫合糸が滑って抜けないように、止血鉗子から一定の距離をとって縫合糸を血管茎周囲に掛ける。

> 広い血管茎の結紮には、ミラー結紮法を用いるとよい。

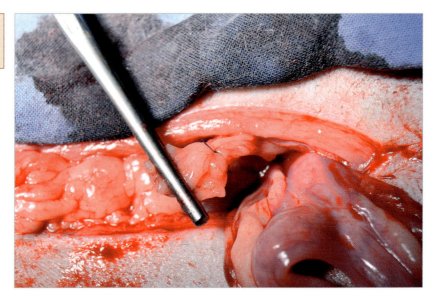

図11　最初の結紮を締める際に止血鉗子をわずかに緩めることによって、緊張がかからない状態で結紮することができる。

血管茎が隠れている場合

出血している血管が目視できずクランプできない場合は、出血点周囲の組織を含め一括して縫うことで出血を抑えることができる（図12）。

縫合法

一般的には、縫合により組織の両端を合わせて止血を促すが、縫合した組織からのさらなる出血を止めるための確実な縫合法がある。

レバーディンの連続縫合法やフォードのインターロッキング縫合法は、単純連続縫合に比べて創傷の両端をより強固に締めるため、さらに確実な止血が可能である（図13）。

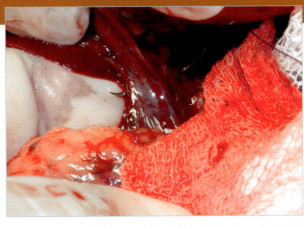

図12 単純な組織縫合。この縫合法は、目視できない血管茎、あるいは図の症例のように止血鉗子で止血が困難な血管茎の止血に有効である。

フォードのインターロッキング縫合法

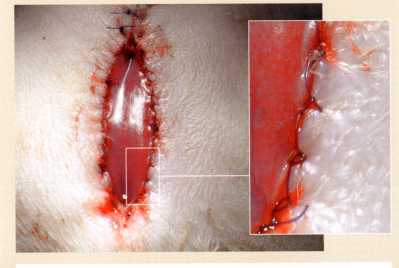

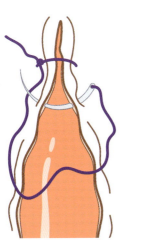 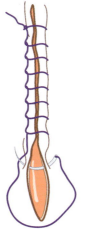

> フォードのインターロッキング縫合法は、創傷の両端を強固に固定し、より確実に止血できる。

図13 フォードのインターロッキング縫合法は、単純連続縫合の変法で、組織に針を通した後に縫合針を1つ前のループに通す。こうすることで創傷の両端が密着し、より確実な止血が得られるが、この縫合法は、図のように陰嚢部の尿道瘻形成術において、尿道粘膜を皮膚に縫合する際の手技として用いられる。

術中出血量の評価

José Rodríguez, Carolina Serrano, Amaya de Torre, Cristina Bonastre, Ángel Ortillés

適切な術前計画と正確な手技にもかかわらず、急激な出血や、術中の総量として重度の出血が生じることがある。

出血を止めた後に、外科医は次の質問に答えを出さねばならない。術中の出血量はどのくらいか？

どのような手術であっても、術中あるいは術後すぐに適切な対処をするために出血量を計算しておくべきである。これはとくに複雑で長時間の手術では、出血量を補うべきか否かを決めるために重要なことである。

> 患者の凝固系が変化することによる術中出血のリスクについても、術前に評価しておくべきである。

術中の出血量を評価するために、多くの異なる方法が考案されている。具体的には、主観的評価、容積法、重量法、希釈法、線量測定法、比色法などがあげられる。これらの多くは時間がかかるうえ高価であることから、ここでは獣医療で最も実用的な方法を述べる。

> 術中出血量の評価は、どのような外科手術においても極めて重要である。

主観的評価

術野を観察することによって術中の出血量を視覚的に評価することは不正確であり、過小あるいは過大評価をしてしまう（図1）。したがって、わずかな出血に対する方法としてのみ用いられる。

より正確な評価法は、術野から取り出して特別な容器に保存した血液が浸みたガーゼや圧迫ガーゼの枚数を数えることである。

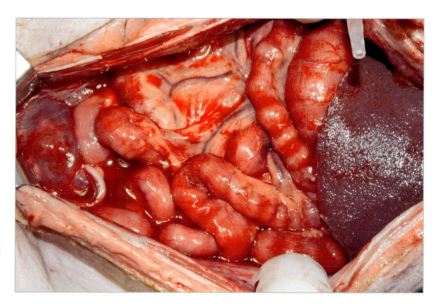

図1　患者は重度の血腹のため繰り返し手術を受けている。単に術野を観察するだけでこの患者の出血量を評価することはできない。

この症例では、30×30cmの外科用圧迫ガーゼは60mlの液体を吸収し、血液に浸した10×10cmのコットンガーゼは約8ml、また合成ガーゼであれば13〜15mlを吸収し、小さなスワブ（通称"ピーナッツ"）は最大で血液1mlを吸収すると計算する（図2）（表1）。

ただし、この方法では、外科用ドレープや器具などその他の材料に付着した血液については考慮されていない。

ガーゼや圧迫ガーゼは、止血には極めて有効であるが、擦過することで漿膜（腹膜や胸膜）を傷害し炎症を引き起こすため、術野の洗浄や術野からの血液や液体を除去する目的で過度に使用すべきでない。大量の血液や液体を除去する際は、外科用吸引器を使用する（図3）。

表1
飽和度に基づいた外科用圧迫ガーゼとガーゼが吸収する液体の量（ml）			
材料	25%飽和	50%飽和	100%飽和
30×30cm 圧迫ガーゼ	12.5	23.0	60
10×10cm コットンガーゼ	2.0	3.5	8
10×10cm 合成ガーゼ	3.5	6.0	13
小型の"ピーナッツ"スワブ	—	—	1

「圧迫による止血」の項を参照 111ページ

術野の洗浄に使用した生理食塩水の量も計算に入れるべきで、吸引した液体の量から差し引く。

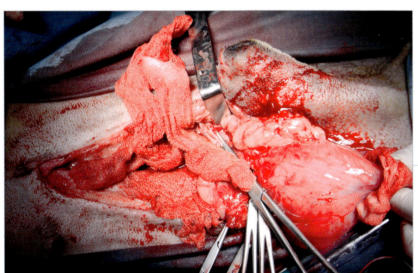

図2 術野の洗浄に使用したガーゼや圧迫ガーゼは、その大きさや材質によって一定量の血液を吸収する。これらを捨てずに正確に数えれば、患者から出てきた液体（血液と生理食塩水）の量を測定することができる。

腹腔や胸腔から大量の液体や血液を除去するためには、外科用吸引器を用いる。

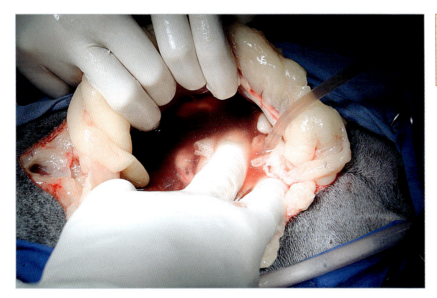

図3 肝葉部分切除術を行う前に、肝臓腫瘍の患者から腹水を除去しているところ

重量法

術中の出血量をより正確に評価するためには、重量法が最も単純であり、獣医療においても最も推奨される。

> 術中の出血量を評価するうえで重量法はかなり正確で、獣医外科においても実用的である。

この方法を使う際には、外科用ドレープ、ガーゼ、圧迫ガーゼの術前と術後の重さ、組織を洗浄するために使用した生理食塩水と術中に吸引した液体の量を計算する。

> この方法では、血液1gが1mlに相当し、蒸散による喪失量は考慮しなくてよいと仮定している。

重量法を用いて出血量を測定する手順は以下のとおりである。
- 術中に使用する予定の外科用ドレープ、すべてのガーゼと圧迫ガーゼの重さを測っておく（図4）。
- 術中に組織の洗浄や保湿のために使用する生理食塩水の量を決めておく。
- 吸収した血液量にかかわらず、術中に使用したガーゼや圧迫ガーゼを特定の容器に保存しておく（図5）。

図4　手術を始める前に、使用する分の外科用ドレープ、ガーゼ、圧迫ガーゼの重量を測定しておく。

図5　術中、助手は、術者が取り除いたガーゼと圧迫ガーゼを術野から特定の容器に移しておく。これらの重量を正確に測定し、洗浄に使用した生理食塩水の量を差し引いて術中の出血量を計算する。

手術中の止血手技 / 術中出血量の評価

- ガーゼと圧迫ガーゼは、蒸散による誤差の範囲を最小限にするため、術野から取り出してすぐに重さを測定する。
- 手術が終了した時点で外科用ドレープの重量を再度測定し、吸引した液体の量を測る（図6）。
- 術中の出血量は、術前と術後の材料（圧迫ガーゼ、ガーゼ、生理食塩水）の重量差となる。

> 術野に外科用ガーゼや圧迫ガーゼを残すと重度の合併症が生じる。そのようなことが起きないように、あらゆる手段を講じておかなければならない。

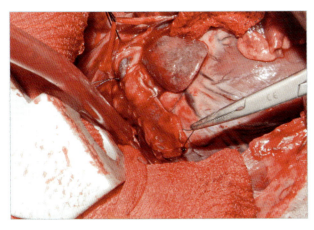

図6　大量の血液や液体の除去には外科用吸引器の使用が勧められる。血管バイパス手術が必要な肺動脈弁狭窄症のように、血管が豊富な臓器の手術を行う際には、術野の視野を確保するうえで有用である。

図7　術中の出血量を推定するためには、吸引した血液から洗浄に使用した生理食塩水の量を差し引くことで計算する。

その他の方法

Grossの公式の変法のように、いくつかの要因の変数に基づいて出血量を計算する数学的な方法が考案されている。最近では、術中にリアルタイムで出血量が記録できるiPadやスマートフォンのアプリケーションが開発されている。

術中の出血量を計算するためのGrossの変法

$$ABL = BV\,[Hct\,(i) - Hct\,(f)]\,/Hct\,(m)$$

- ABL：実際の出血量
- BV：血液量＝体重（kg）×80ml/kg（犬）、50〜60 ml/kg（猫）
- Hct（i）：術前に測定した最初のヘマトクリット値
- Hct（f）：最後に測定したヘマトクリット値
- Hct（m）：最初と最後のヘマトクリット値の平均値

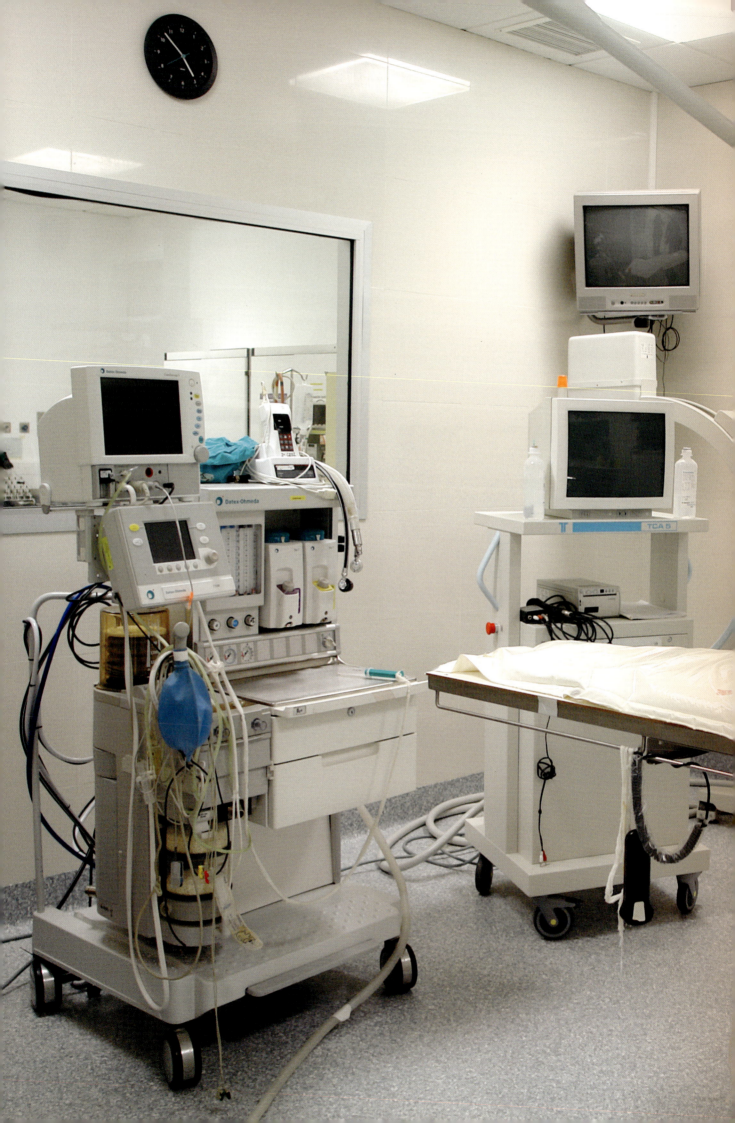

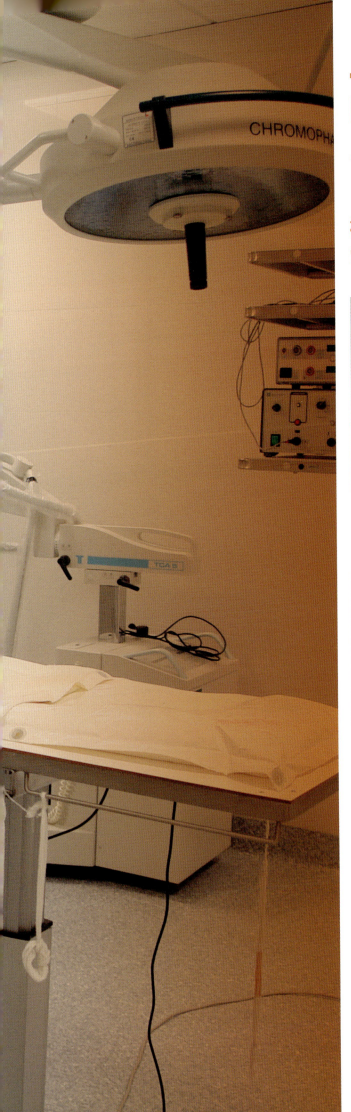

高エネルギー手術機器

概要
電気外科手術

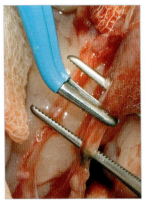

レーザー手術

獣医外科におけるレーザー
その他の装置
バイポーラ電気凝固
個人の安全

概要

José Rodríguez, Jorge Llinás, Luis García, Manuel Jiménez, Amaya de Torre, Carolina Serrano

現在、電気外科手術装置、超音波吸引装置、超音波振動メス、血管シーリング装置、および各種レーザー機器など、手術時に切開や止血を行うためのさまざまな高エネルギー機器がある。ある特定の処置に対し、ある1つの機器が他の機器よりも優れているということはない。状況、組織の種類、術者の好みや熟練度、使用経験により、機器それぞれに一定の長所がある。しかし、各機器には望ましくない有害作用もあるため、患者に使用する前に機器の操作法に習熟し、特定の訓練を行う必要がある。

> "何よりも害を成すなかれ"というヒポクラテスによる前提を思い出すことが重要である。術者は自分の行為によって患者に与えうる利益と障害について考慮する必要がある。

エネルギーによる止血機構は、エネルギー源とそれを適用した組織間の相互作用により生じた細胞内の熱産生に基づいている。使用したエネルギーの型、エネルギーの能力や作用時間により、細胞の崩壊、脱水、蛋白の変性が起き、放散した熱により周囲組織は多かれ少なかれ障害を受ける。

獣医外科ではこれらの機器のなかでも、とくに電気外科手術とレーザー外科手術が重要になってきている。

> エネルギー発生装置を使用する際は、かかわるスタッフ全員が、行おうとしている手術と使用の際の安全規則に関して熟知していなくてはならない。

切開と止血を同時に行うことができ、手術中の出血をコントロールできる機器のなかでは、**電気外科手術装置**が最もよく利用されている。電気外科手術装置は、高周波電流（0.3〜1.6MHz）が組織を流れる際の組織の抵抗により産生される熱を利用している。電気外科手術装置は、モノポーラまたはバイポーラ装置を使用する（図1、2）。

「電気外科手術」の項を参照　→ 136ページ

レーザーは増幅させた光の一種であり、その光は時間や場所で変化する位相を伴った一定の波長をもつ光子ビームである。波長が異なるさまざまな種類のレーザーがある。細胞内の水分（炭酸ガスレーザー）やメラニン（ダイオードレーザー）によりエネルギーが吸収される量はこの波長に依存しており、それにより組織での吸収量が変化する（図3）。

「レーザー手術」の項を参照　→ 156ページ

ラジオ波手術では3.8MHz以上の高周波により、水分と塩分の含有量が高い組織内の分子を攪拌させる。形成された電磁場により、電流が組織内を流れる。この電流が流れる際に受ける抵抗により産生された熱により、蛋白の凝固や止血が行われる。

近年、さらに洗練された装置が開発されている。この装置には多くの利点があり、獣医学領域でも徐々に利用されるようになってきている。

さらに性能が向上した制御装置を備えたバイポーラ装置もある。この装置は組織のインピーダンスを測定し、可能な限り低い温度で血管をシールするために必要とされるエネルギーを適用する。この装置は、太い血管茎や直径7mmまでの血管をシールするための圧力とエネルギーを使用する（図4）。

アルゴン照射器はモノポーラ型電流発生装置で強力な放電を起こすが、これは組織をほとんど貫通せず、広範囲の中等度の出血に対する止血作用が非常に大きい。この装置は、電気の伝導率が空気より高いアルゴンガスを使用している。

超音波外科手術装置は、電気エネルギーを1秒間に55,000回振動する力学的エネルギーに変換し、切開、剥離、および直径が5mmまでの血管の凝固を行う。この装置では患者の体内に電流が流れないため熱がほとんど産生されず、組織の熱傷を最小限にとどめることができるという利点がある。

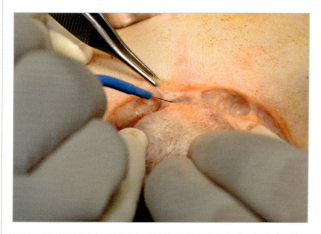

図1　この写真は、腹腔内腫瘍摘出時にモノポーラ電気メスを用いて皮下組織を切開しているところ。

高エネルギー手術機器 / 概要

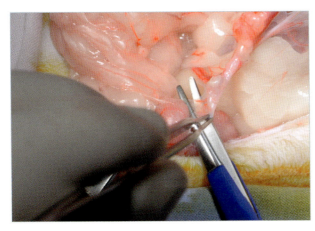

図2 バイポーラ鉗子を使用すると、刃の間にある組織内を流れる血液を、切断前に凝固できる。これにより出血を最小限にとどめることができ、手術時間を短縮できる。

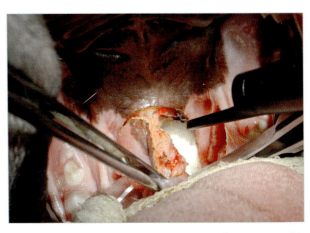

図3 炭酸ガスレーザーを使用して、イングリッシュ・ブルドッグの軟口蓋を切除している。

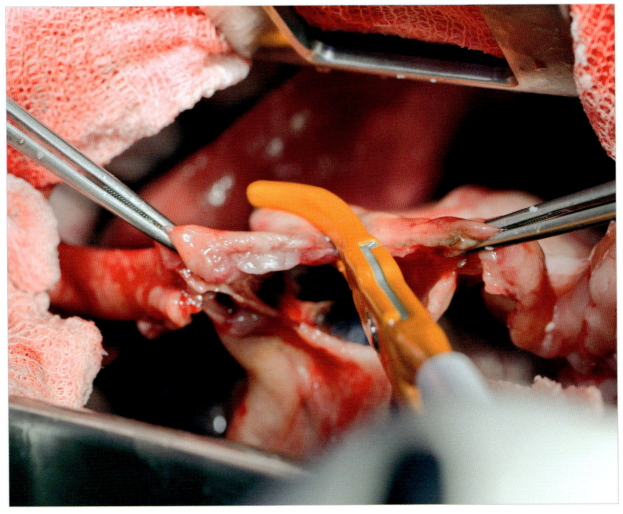

図4 胸腔内腫瘤の癒着に対し、血管シーリング装置を使用している。

135

臨床医のための止血術

電気外科手術

José Rodríguez, Jorge Llinás, Luis García, Carolina Serrano, Amaya de Torre, Alicia Laborda, Cristina Bonastre, Ángel Ortillés

電気外科手術では手術で組織の切開や凝固を行うため、患者に対し高周波電流を使用する。技術がどのように臨床応用されているかを理解し、潜在的な合併症の発生を最小限にとどめるため、電気の基本原理を術者が熟知することはとても重要である。

電気外科手術には以下のような多くの利点がある。
- 手術時間を短縮できる
- 出血をコントロールできる
- 良好な無菌操作ができる
- 組織の操作が容易になる
- メス刃で切開した場合と治癒期間が変わらない

電気焼灼術と電気外科手術という用語は混同されることが多いが、これら2つはそれぞれ異なる方法で止血を行っている。電気焼灼術では電気でワイヤーの先端を熱することで凝固させ、血管の出血部位を塞ぐが（図1）、電気外科手術では、電気が組織を通過する際に組織から受ける抵抗により熱が産生される。

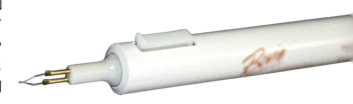

図1 組織を凝固させるために焼灼ペンの先端の金属が赤くなるまで熱する。この場合、電流が患者の体内を通過することはない。

すことさえある。

電気外科手術装置は、350,000～500,000Hz（350～500kHz）の高周波の交流電流を使用している。なかには3～4MHzに達する機種もあり、それにより正常な生理的プロセスに影響を及ぼしたり、誘導電流の影響を引き起こすことなく、組織に熱効果を与える。

> 焼灼ペンは電気メスではない。

> 患者の組織に装置を使用すると、筋肉の収縮が見られることがある。これは組織が電流を整流するためで、それにより電流は一方向に流れ、逆方向には流れなくなる。これにより装置の周波は350kHz以下に下がる。装置や手技の問題ではなく、またこれは局所的な変化である。

さまざまな状況下で電気外科手術装置を安全に使用できるかは、組織内でどのように電気が伝導するかと、その過程で電気伝導がどのように変化するかに関する術者の知識次第である。

以下に記すのは、術者が電気外科手術装置を使用する前に理解しておくべき電気の基礎的な概念に関する簡単な要約である。

電気に関する重要な概念

電気とは二極間の電子の流れのことである。電流には直流と交流の2つの型がある。

直流電流では、例えば極性が変わらない懐中電灯の電流のように、電子は陽極（+）から陰極（-）へ、一方向に流れる。

一方、交流電流では、極性が迅速に変化している。例えば室内の電気回路では、極性が1秒間に60回変化している（60Hz）。

生体内を電気が通過すると、組織から受ける抵抗により温度が上昇するため、熱傷を起こす可能性もある。直流では電解質の影響により腐食熱傷が生じることがあり、また低周波の交流では誘導電流の影響により（神経筋刺激）、筋肉の収縮、疼痛、ショック、また心停止を起こ

交流電流の特性

交流電流は回路内を流れ、下記の特性で定義される。
- **電圧**：電流が回路内を流れるために必要な電気の力のことで、単位はボルト（V）である。
- **電流の強さ**：回路内を流れる電子の数のことで、単位はアンペア（A）である。
- **電力**：電圧と電流（電流量）によるもので、単位はワット（W）である。
- **抵抗（インピーダンス）**：これは電子が回路内を流れる際の流れにくさのことで、これにより熱が産生される（ジュール効果）。単位はオーム（Ω）である。

電流が組織を通過する際のこれら各々の値はさまざまで、下記に記すような異なる効果が見られる。

> 電気の流れに対する組織の抵抗により、組織内で産生される熱は、電圧を上げたり長時間電流を流すことで増加する。抵抗が増加した場合、同量の熱を産生させるには、より高い電圧が必要になる。

高エネルギー手術機器／電気外科手術

電流密度：重要な概念

電流密度または電位の密度は、正しい電気外科手術手技を確保するために、理解してコントロールしなくてはならない基本概念である。

電流密度は、アクティブ電極の組織との接触面積に対する組織に達する電位の総量で定義される（図2）。

これは、ある一定の電位で電流密度と産生される熱を増加させるには、患者に接触させる電極を小さくする必要があることを意味している（図3）。

このような理由により、アクティブ電極が患者と接触する面積が小さいほど、組織を熱するために必要な電位は低くてすむ。このため、切開をする際は細い電極を使うようにする（図4）。

しかし、対極板表面で電気を分散させて電流密度を下げることにより対極板との接触部で組織が過熱しないようにするため、対極板は大きいものを使用する。

組織の小さな茎を電流が通過する際も、電流密度は増加する。組織から小さな茎を牽引すると、接続部位は細くなる。出血点を焼灼するために組織に電流を流すと、茎の細い根部を電気が通過する。この際、電流密度が増加し、予期せぬ障害を引き起こすことがある

> 尖った電極は電流を集約させることで電流密度を増加させるため、少ない電流で温度を急激に上げる。

> 大きい対極板を使うと温度は上がらず、小さい電流密度で細胞を脱水させるため、蒸散ではなく凝固が起きる。

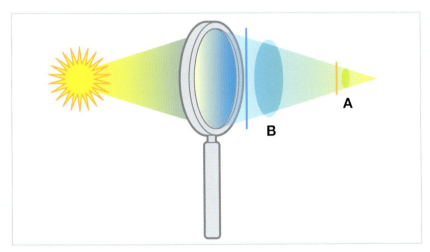

図2　虫眼鏡は太陽光を集約する。表面積を変えると、電気の集約度が変化する。

A：表面積が狭いと電流密度が増加し、熱の産生量も増加する。
B：接触面積が広いと電流密度が低下し、熱の産生量も低下する。

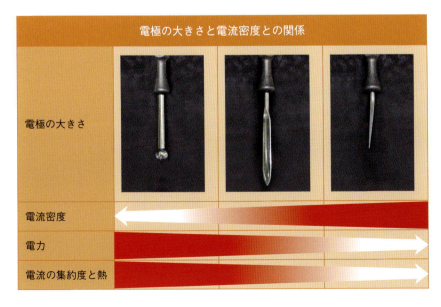

図3　電流密度は、患者と接している電極の大きさと関連している。細いアクティブ電極を使用すると、より少ない電気しか必要とせず、また患者の体内を通過するエネルギーもより小さい。

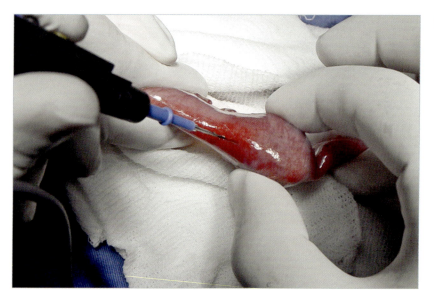

図4 この患者では、先端が非常に細いモノポーラ電気メスを使って、腸切開を行っている。これは、装置で使用する電力を少なくすることができ、また切開部周囲の熱傷を最小限にとどめることができるということを意味する。

電気外科手術装置により産生される電流の特性

電気外科手術装置には切開と凝固の2種類の動作モードがあり、電力も選択できる（図5）。

「電気外科手術装置と電極」の項を参照 → 143ページ

装置で選択した電力は、機器により産生された電流の強さと電圧により決定されることを覚えておくことは重要である。これは、これらのパラメータをそれぞれ上げたり下げたりすることで、同等の電力を出すことができるということを意味する。

切開モード、あるいは**凝固モード**の選択は、装置によりある特定の型の電流が産生されるということだけを意味している。行おうとしている操作が組織の切開か、あるいは血管の凝固かということのみで、使用するモードを決めてはならない。切開モードでは、電子の流量（アンペア数）が増加するため、細胞内の水分が早く蒸散する。凝固モードでは電力（電圧）が上昇し、エネルギーが組織深部まで達するため、蛋白質が変性する（図6）。

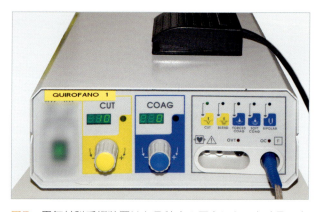

図5 電気外科手術装置はある特定の電力にセットすることができ、切開あるいは凝固モードを選択することができる。

さらに、切開モードで産生される波は、断続期間（無変調）のない連続波である。しかし、凝固モードでは波は断続的で変調し、そのうちの組織内に電流が流れ迅速に組織を熱する活動期は全体の10%も継続せず、その後隣接する組織に熱が伝導する長い不活動期になる。

切開、あるいは凝固モードを選択することである特定の周波数の電気が選択されるが、それらは患者に対する効果が異なっている。これは切開モードを切開のときに使用し、凝固モードは凝固させたいときだけに使用するとは必ずしも意味していない。例えばバイポーラによる凝固は切開モードを使用している。

切開モードでは、電圧が低くなり組織への浸透が少なくなるため、切開部周囲の熱傷が低減する。

切開と凝固との比較

電圧（電力）		アンペア数（電流の強さ）
高い	凝固	低い
低い	切開	高い

図6 切開モードと凝固モードの作用の比較（電流の強さと電圧の比較）

電気が通過する際の組織の反応の仕方

電気が患者の体内を通過する際、変えることのできない各組織特有の抵抗にあう。例えば、脂肪組織の抵抗は2000Ωあるが、筋組織の抵抗は400Ωしかない。組織の電気抵抗は、組織の水分含有量に反比例している（図7）。このような理由から、組織が乾燥し始めると、それに伴い抵抗も増加していく。

患者が高齢であるほど、電流が通過しなくてはならない組織のインピーダンスが大きくなるため、必要とされる電力出力が増加する。

組織の温度の上がり方は下記の事項に直接比例する。
- 組織の抵抗
- エネルギー密度
- 発電機からの電力出力
- 組織に電流が流れた時間（図8）

> 水分含有量の多い組織の方が、電流が流れやすい。

> 脂肪、骨、または凝固した組織のように、水分含有量が少ない組織では電流に対する抵抗が増加するため、水分含有量が多い組織と同様の結果をもたらすには、電力を上げる必要がある。

切開モードまたは凝固モードを選択することで産生された電流の型や、アクティブ電極を組織にどのように適用したかにより、作用の仕方が変わってくる。

> 脂肪組織を切開する場合には、切開モードではなく凝固モードを使った方が容易に行うことができる。このように、同じ電力であっても電子の力がより上昇し、容易に切開できるようになる。

> **組織に与える熱効果の違いを作る要因**
> 1. 波長の型：切開または凝固
> 2. 電力出力
> 3. 電極の形
> 4. 電極の状態と清浄度
> 5. 電極を動かす速さや、組織に適用している長さ
> 6. 組織の特性と抵抗

蒸散

切開モードでは、高電流量で低電圧の連続波が産生される。これは水分子を高速で振動させるため、著しい熱が産生される（100℃以上）。

アクティブ電極は、組織と接触させてはならない。放電させるための間隙が必要とされる。これにより、細胞の爆発的蒸散が起き、"冷たい"メス刃同様の切開が可能となる（図9）。

接触していると放電が起こらず、組織が乾ききるか炭化するため、切開するためにはさらなる電力が必要になる。この場合、切開プロセスが液体ではないため、より多くの熱傷が起きる。

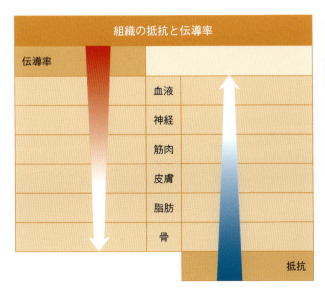

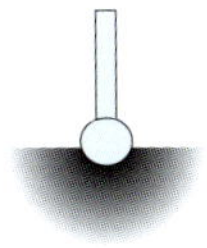

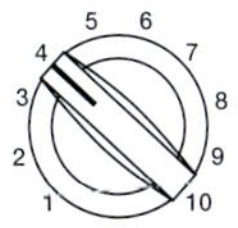

図7　組織の抵抗と伝導率

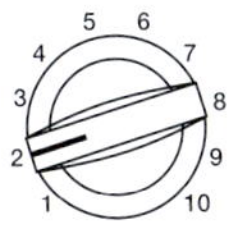

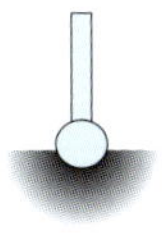

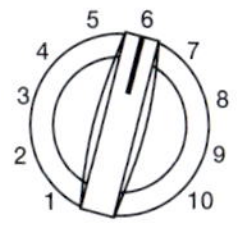

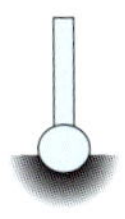

図8　この表は電力（W）と組織への適用時間（s）を示している。接触時間を長くすることにより、発電機の電力出力ダイヤルを下げても、組織に伝導するエネルギーが顕著に増加することがわかる。

> 蒸散を行うためには電極周囲に蒸気層を形成させる必要があるが、これは直に接触している場合は形成されないため、電極は組織と完全に接触させずに少し離して処置を行う。

切開を最適に行うために、組織はぴんと張っておく。これにより切開縁が分離し、組織と電極の間に放電を起こさせるための間隙ができる。側方への熱拡散も最小になり、電流を次の切開部に集中させることができる（図9）。

切開縁を分離しなかった場合やアクティブ電極を組織と接触させていた場合は放電が起こらないため蒸散は起きず、組織が乾燥する。

切開部が滑らかできれいになるように、装置の電力出力を調整する必要がある。これは患者の大きさ、組織の種類や水和度に依存しているため、大きい動物、抵抗の大きい組織や水和度が低い組織では電力出力を高くする。

> モノポーラ電気外科手術は水和した組織には有効であるが、"水分過剰"の組織には有効ではない。電流が組織ではなく液体中を流れてしまうため、過剰に洗浄した部位や出血している部位では有効ではない。

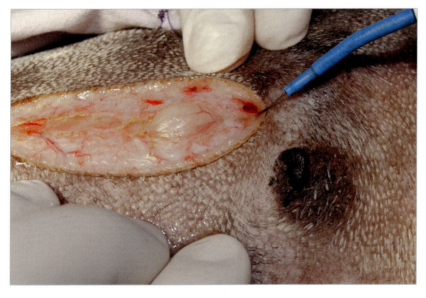

切開部は、縁がきれいで組織障害も最小限にとどめなくてはならない。切開部表面は暗褐色や黒色ではなく、濃淡のある黄色でなくてはならない（図10）。

純粋な切開モードは、組織の切開に対し有効である。しかし、熱放散は最小限にとどまるため、止血効果は低い。

図9　乳腺切除術中のこの患者でも行っているが、組織を正確に切開するためには、皮膚を垂直に十分牽引する必要がある。

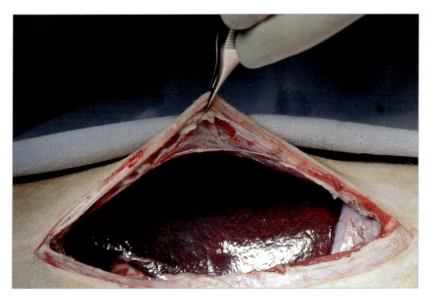

> 切開部がきれいではあるものの出血が認められるとしたら、これは使用している電極が細すぎるのと、電流密度が高すぎるためである。この場合、電極を動かす速さを遅くするか、電極をメス刃型に変更する。

図10　この患者に対しては、先端が非常に細い（針型）モノポーラ電気メスを使って開腹術を行っている。切開縁の障害がほとんどないことが確認できる。

切開時に出血がみられた場合、アクティブ電極を幅広い型（スパチュラ型またはブレード型）に変更すること、切開縁に沿って流れる電流の量を増やすため電極を動かす速さを遅くすること、または混合モードやブレンドモードに設定したり、凝固モードを選択することで対応する。

> 凝固モードで切開した場合、切開の精度は落ちるものの止血効果は向上する。

下に示すような電気抵抗が大きい組織を切開する場合も、凝固モードが推奨される。

放電凝固

放電凝固、またはスプレー凝固は、アクティブ電極を組織から一定の距離を保つことで行う。凝固モードでは電圧を上げることで、電極と組織との間のわずかな空気層に高エネルギーの放電を起こさせ、電流の浸透を最小限にとどめ、表層の止血を行う。

電極を組織に接触させない限り、損傷は最表層にとどまる。

この手技を使う際は、表面積を広くするために電極先端が球状のものを選択する（図11）が、スパチュラ型を使用してもよい。

放電凝固は微小血管からの出血を止血する際や、出血部位を容易に特定できない表層からの出血をコントロールしたいときに推奨される。

外科医によっては、腫瘍切除後の再発率を下げるためや、感染源を取り除いた後の細菌の拡散防止のために、放電凝固を使用して表層の組織を破壊する。

> 放電凝固は、切開ではなく凝固を行うための放電を起こさせるために、高電圧を必要とする。

組織の炭化を防ぐこつは、電極を動かし続けることである。組織の表層が脱水するのに必要とする時間だけ電極を疑わしい部位の上を滑らせことで、傷を均一でしなやかなにすることができる。創傷が黒色にならないように凝固を行うのが理想である。

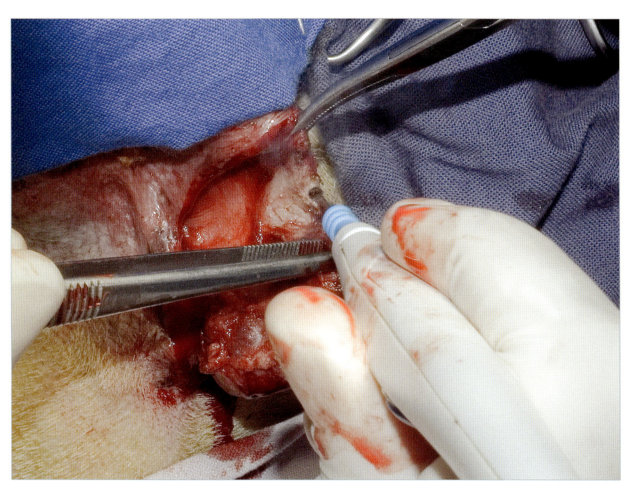

図11　表層の凝固を行うために、先端がボール型のアクティブ電極を用い、電極を組織から少し離した状態を保ち、装置のモードを凝固に設定する。

脱水法

電極を組織に接触させた部位では、組織の脱水が起こる。このような状況では放電は起こらず、組織の抵抗により産生された熱により細胞内の水分が蒸発し、蛋白質が凝固する（図12、13）。

表層の障害を少なくし、より深層まで熱効果を伝えるため、この場合は切開モードを使用する。凝固モードを使うと組織縁の熱傷が増大し、組織内への熱拡散が減少する。

> 凝固モードではより高い電圧を使うため、接触部位の組織損傷が大きくなることに注意する。抵抗が増大すると電気が流れにくくなり、深層での凝固が起こりづらくなる。

組織の脱水に影響する因子として電流密度、適用時間の長さ、用いた手術手技の種類がある。主要因は電極と組織との接触時間ではあるが、組織表面の壊死を最小限にするため、なるべく接触時間は短くする。

切開時に組織とアクティブ電極との接触があると、蒸散ではなく脱水が起きる。組織内への熱拡散のため、切開部からの出血は少なくなるが、熱傷は増大する（図13）。

器具で把持した組織を凝固させるために、アクティブ電極をその器具に接触させる場合、不必要な二次的障害を避けるため、それが患者の体の他の部位に接触していないかを確認することは重要である（図12）。

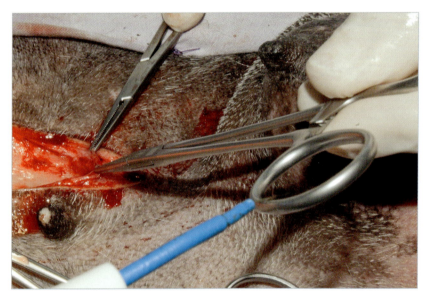

この手技を適用する際、電弧放電が産生されることにより術者の手袋に穴が開くことがある。このリスクを避けるため、まずアクティブ電極を鉗子と接触させ、その後装置を作動させる。

図12　脱水法では放電は起きず、また切開モードが推奨される。電流を流す器具（この例ではモスキート鉗子）は、先端のみが患者と接するように持ち上げておく。

> 電気外科手術装置では、脱水法が血管からの出血を止める最も有用で安全な方法である。この際、切開モードを使用する。

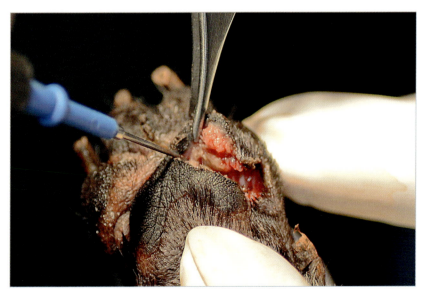

図13　この症例のように、脱水法を使って組織を切開すると術野の止血が良好にできる。この患者は肉球の部分切除術を受けている。

電気外科手術における安全性

電気外科手術における安全対策は、高周波エネルギーを使用する処置前、処置中、および処置後の電気やその他のリスクによる潜在的な障害を最小限にとどめることに重点が置かれている。

> 電気外科手術における最も深刻な障害は、爆発、火災、および熱傷である。

「個人の安全」の項を参照 170ページ

> リスクは電気外科手術固有のものであるが、それらはすべてコントロールできる。これらのリスクを避けるか最小限にとどめるために操作規則をすべて確認し、すべての手術スタッフが電気外科手術の原理、使用する手技、装置の取り扱い、洗浄法および滅菌法について十分に理解するようにする。

電気外科手術装置の作用により起こりうる障害と電気外科手術装置の欠点

- アルコールが含有した消毒剤やガス麻酔剤などの可燃性物質に産生された火花が接触すると、発火あるいは爆発を起こすことさえある。
- 対極板を適切な位置に設置していないことにより電流密度が増加すると、皮膚に重度な熱傷を起こすことがある。手技が適切に行われない場合も同様に皮膚に重度な熱傷を起こすことがある。
- 産生された煙は眼や呼吸器系を刺激したり、病気を伝染あるいは発症させることさえある。煙を濾過するためにマスクや、特殊な吸引器を使用することが推奨される。切除縁の温熱障害のため、採材したサンプルの解剖、病理学的検査ができないこともある。
- 装置を誤って作動させることにより、アクティブ電極による含気骨の穿孔、実質臓器や大血管からの大出血を起こすことがある。これらのリスクは低いものの、バイポーラを使用したときに起こりうる。
- 装置の取り扱いを適切に行わないと、スタッフが火傷することがある。
- ペースメーカーに作用することがある。電流がペースメーカーの動きを妨げることがあるため、問題となる。このような患者に対して電気外科手術が禁忌となるわけではないが、適切な予防策を講じる必要がある。バイポーラを使用した方がよいが、モノポーラを使う場合はペースメーカーから最低15cmは離し、可能な限り低い電力を用いる必要がある。

電気外科手術装置と電極

電気外科手術装置の回路は以下のもので構成されている。

- 電力会社から供給される低周波電流から電気外科で使用する高周波交流電流を作り出す電気外科手術装置
- 患者と接触させた部位から電流を流すアクティブ電極
- 電流が通過する患者、あるいは組織
- 装置に電流を戻す対極板

電気外科手術装置の型

電気外科手術装置には2種類の型がある。
- 従来型装置
- 絶縁型装置

会社によってどちらの型の装置を作るか、また、切開の程度や凝固効果の深度などの波形の変調度をどの程度にするかは異なっている。このような理由から、ある特定の装置で得た経験をそのまま他の種類の装置に適用することはできない。

> 装置の画面に表示される数値は、実際に適用されている電力を示しているわけではない。数値が示す電力の大きさは、どの装置でも同じだと思い込んではならない。

> 異なる電気外科手術装置間で経験や設定を共有することはできない。

従来型装置

どのような型の装置でも、電流は患者を通過し、アースした装置に戻らなくてはならない。

従来型装置を使用する際は、電子が装置に接続している電極を介してではなく、手術台、心電図電極、点滴の台などを介してアースに流れる可能性があるため、患者に使用しているこのような他の装置や機器との接続や接触点にとくに注意しなくてはならない。対極板が正しく設置されていなかった場合、患者と接触していなかった場合、適切に絶縁されていなかった場合、電流は電気外科手術装置の回路ではなく他の回路を通ることになり、電流密度が増加した部位に熱傷を引き起こす（図14）。

> 電子はアースまでの抵抗が最も少ない回路を通る。このため、患者は乾いている必要があり、手術台やその他の金属製品から絶縁されていなくてはならない。

図14 従来型電気外科手術装置を使用した際、対極板の設置位置が間違っていたために患者の背中にできた熱傷。熱傷は、処置後数日経過してから明らかになった。

絶縁型装置

絶縁型電気外科手術装置は、電流が他の回路を通らないようにし、対極板を介して電子を装置に戻す能力が高い。

対極板が正しく設置されていなかったり故障していて、電気外科手術回路が不完全であった場合、患者の熱傷を避けるため、装置は電力を下げたり、電磁気的インパルスの放出を停止することさえある。

電極の型

すでに述べたが、電子はアースに戻ることができる閉鎖回路内を流れる必要がある。手術で電気外科手術装置を使用する場合、患者や組織はこの回路の一部を構成し、電流は装置に戻るために、アクティブ電極から患者や組織を通って対極板まで流れなくてはならない。

電極の相対位置が異なる、バイポーラとモノポーラによる電気外科手術について述べる。

モノポーラ電気外科手術

モノポーラ電気外科手術では、電流は小さなアクティブ電極から、パッシブ電極である患者に取り付けた表面積が大きい電極板へと流れる。

> 電流密度が増加する部位では、温度が上昇し熱傷がより大きくなるが、これはアクティブ電極が接触する部位では必要であり、対極板が接触する部位では避けなくてはならない。

アクティブ電極

アクティブ電極は、患者に電流を流す役割を担っている。

スタッフや患者の不慮の怪我を避けるため、再生器具の絶縁性や電線の状態を定期的に点検する。誤って装置を作動させてしまったときのために、電気外科手術器具を使用していないときは、器具を術野や人から遠ざけておく（図15）。

アクティブ電極は鉛筆のように持って取り扱い、柄にあるボタンや装置に接続されたフットペダルにより電流をコントロールする（図16）。

アクティブ電極先端

どのような大きさや形のアクティブ電極を使用するか、またそれを組織に対してどのように用いるかは、切開モードと凝固モードの選択と同じ位、あるいはそれ以上に切開や止血に影響する（表1）。

> どのようなアクティブ電極先端を使用するかにより、必要とされる電力やエネルギーの大小が変わる（137ページ図3）。

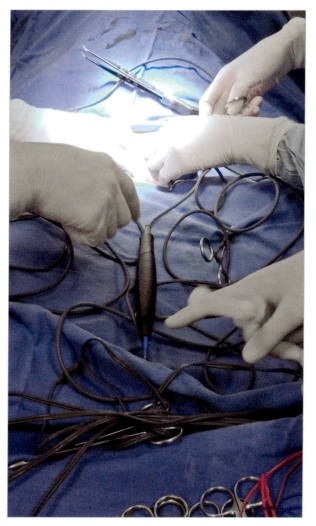

図15 誤って作動させてしまった場合の怪我を避けるため、モノポーラ電極を使用していないときは、術野や手術スタッフから離して置いておく。この写真では、術者がどのようにモノポーラ型アクティブ電極の場所を把握しているかを示している。

高エネルギー手術機器 / 電気外科手術

表1
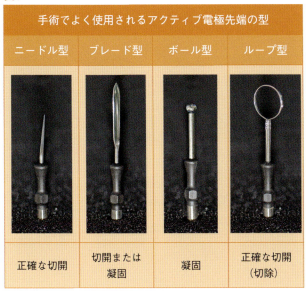

手術でよく使用されるアクティブ電極先端の型

ニードル型	ブレード型	ボール型	ループ型
正確な切開	切開または凝固	凝固	正確な切開（切除）

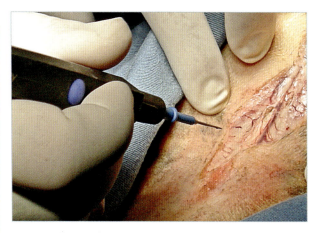

図16 アクティブ電極は鉛筆のように把持する。切開モードを使用する際は、黄色のボタンを押す。凝固モードに変更する際は、青色のボタンを押す。この症例では、装置を切開モードにしてニードル型電極を使用し、開腹手術の皮膚切開を行っている。

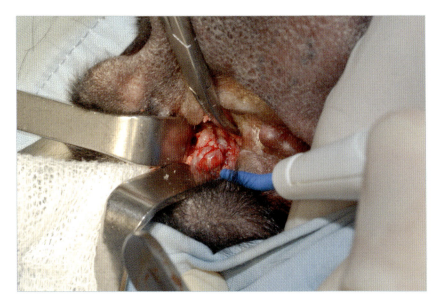

> 電流密度を上げることで、必要とされる電力を減らし、組織への熱傷を最小限にとどめることができる。

微細型（ニードル型）やループ型電極は電流密度を上げるため、きれいに切開できるが、分散するエネルギーが小さいため、凝固の作用は弱い（図17）。

図17 ポリープ切除用鉤と切開モードを低電力で使用して、外耳道に発生した有茎状腫瘍の切除を行っている。

ブレード型電極は、幅が狭い側を使用すると切開がうまくでき、幅が広い側を使用すると適切に凝固ができる。照射面積が広くなるため、装置からの電力を上げる必要がある（図18）。

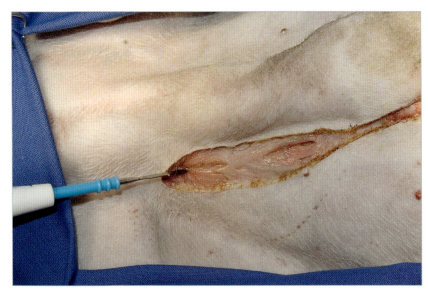

図18 ブレード型電極は、幅が狭い側を切開に使用することで、幅の広い側からはより多くのエネルギーが分散し、切除縁に沿っての凝固をより適切に行うことができる。

ボール型電極は、放電凝固や脱水法による組織の止血を行う際に使用する（図19）。

> 電流が広く拡散するため、ブレード型電極はニードル型電極と比較し、より多くの電力を必要とする。

使用中、アクティブ電極周囲に炭化した組織の層が形成されてくることにより、抵抗が増大する。この抵抗により、装置の効果が低下する。電極は切開や凝固を効率よく行うことができなくなり、電力を上げる必要が出てくる。このような理由から、この"コーティング"を除去するため、定期的に電極先端を清掃する必要がある。これは、メス刃の鈍側や研磨用のやすりを用いて行う（図20、21、22）。

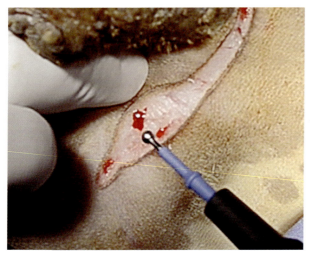

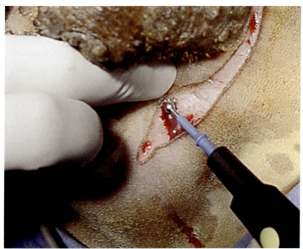

図20 メス刃の鈍側縁は、アクティブ電極に形成された汚れの層を除去するための清掃用に使用することができる。

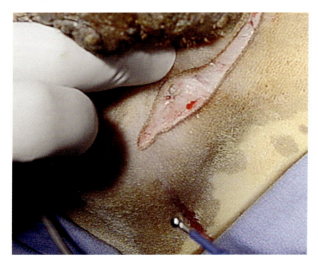

図19 ボール型電極は電気をより多く分散させるため、凝固モードで使用すると、放電凝固による表面の止血を効果的に行うことができる。この写真は、放電凝固による表層血管の止血の流れを示している。この手技では、電極を組織と接触させないようにする。

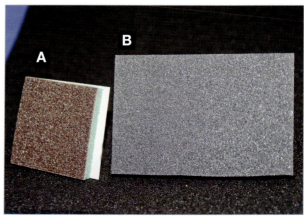

図21 A：モノポーラやバイポーラ電極を清掃するための、市販のスポンジパッド。B：裏側に、術者の袖や手術用パッドに取り付けるための粘着剤が付いている。その他には日曜大工店で手に入る中程度の粗さの研磨パッドがあり、これは使用前にオートクレーブで滅菌できる。

高エネルギー手術機器／電気外科手術

図22　術中、研磨用のやすりを使ってアクティブ電極を磨いている。

> 電流に対する抵抗を増加させないために、アクティブ電極は常にきれいにしておく必要がある。

> 術創に組織の汚れが落下しないように、清掃は術野から離れた場所で行う。

内視鏡下電気外科手術時にモノポーラを使用する際の留意事項

　内視鏡下電気外科手術時にモノポーラを使用する場合、絶縁の不備、直接の接触または容量性接触により問題が生じることがある。

　アクティブ電極が他の金属製器具に接触したとき、または絶縁コーティングが損傷したときに直接の接触が起きる。電流が流れる経路が変わるため、予期せぬ熱傷が生じる。これを避けるため、電気器具は常に見える場所に置いておき、処置を行っている組織にのみ接触させて、止血クリップのような他の金属製器具や物と接触させないようにする。

> 内視鏡下外科手術においては、腸管が直接の接触で最も損傷を受けやすい。

　容量性接触は、金属製カニューレを通して挿入したモノポーラ電極を作動させた際に作られる電場と定義される。対極板へ戻るための分散が腹壁を通じて起きるのであれば、この現象は危険ではない。しかし、金属製カニューレがカニューレのプラスチック部分で腹壁と接触している場合、電流が腹壁を通じて分散せず、その代わりに腸管のような隣接する他の構造物に流れてしまう。

　この危険性を避ける最もよい方法は、プラスチック部分と金属部分があるカニューレを使わないようにすることである。

> 容量性接触の可能性を最小限にとどめるため、可能な限り低い電力で使用する。

　器具が正しく絶縁されていないとエネルギーが漏出し、組織の熱傷の原因となる。このため、処置前、処置中および処置後に、器具の絶縁状態を必ず確認する。

> 電気器具の絶縁不良は、主に滅菌中に起きる。

対極板

　対極板の役割は、患者の体内を流れている電流を安全に電気外科手術装置に戻すことである。このため、対極板は大きくて伝導率が高いものでなくてはならず、電流密度と熱産生を確実に最小限にとどめるために患者の体に正確に設置しなくてはならない。

　対極板の正しい機能を促進するために患者と接する部位は剃毛し、心電図の電極や超音波検査で用いるゲルなどの電気伝達を促進する物質を使用する（図23、24）。

図23　接触部位での電流密度を最小限にとどめ、電子が装置に戻るのを促進するため、対極板は表面積が広く、患者と密着していなくてはならない。接触部位には被毛がないようにし、また対極板と接触する面積が可能な限り広くなるようにする。電流の流れを促進するため、患者と対極板の間に導電性ゲルを塗布する。

> アクティブ電極と対極板との違いは、大きさと伝導率だけである。対極板の主な用途は、接触部位の電流密度と組織の熱を最小限にとどめるため、可能な限り多くの電流を分散させることである。

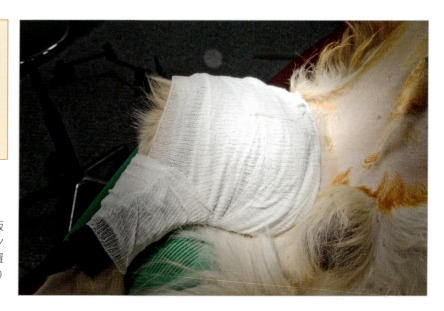

図24　大腿部の内側に設置した対極板の位置。この例では対極板がシリコン製であるため、この位置に容易に設置でき、患者との接触面積を可能な限り広くすることができる。

> 患者の体から流れる電流密度を最小限にとどめるため、対極板は大きくし、体と密着させなくてはならない。

対極板設置部位の熱傷を避けるため、右の推奨事項を遵守する。

対極板設置部位の熱傷を避けるための推奨事項

- 確実に患者体内を流れる電流の距離を最短にするために、対極板は術野の近くに設置する。対極板を離れた場所に設置すると、処置の際により大きな電力と電圧が必要になる。
- 対極板の設置場所は、電気の伝導率が低い脂肪組織を避け、筋肉組織周囲にする。
- 骨端と接触するような場所は電流密度が増加するため、そのような場所への対極板の設置は避ける。
- 対極板と患者の体が可能な限り密着するように設置する（図25）。
- 電流の分散が最大となるように、対極板を正しく設置する（図26）。

図25　電流密度を最小にするため、対極板と患者との接触面積を可能な限り広くする。

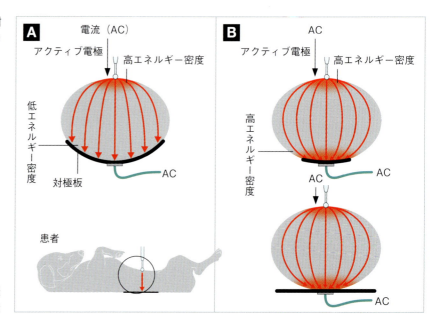

A：正しい設置法
B：誤った設置法

高エネルギー手術機器 / 電気外科手術

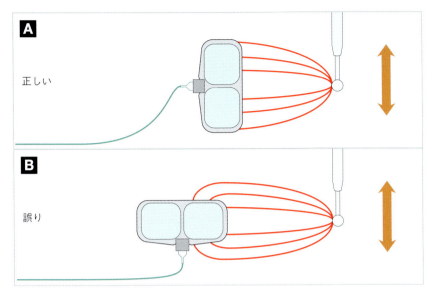

図26 電流が装置へ戻るための表面積を増やすことで、接触部位での熱傷を低減することができるため、対極板の設置位置は重要である。

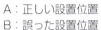

A：正しい設置位置
B：誤った設置位置

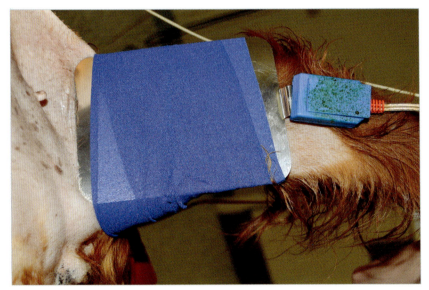

対極板が正しい位置に設置されていなかった場合、あるいは最大の接触面積で患者の体と十分に密着していなかった場合、ある種の熱傷が生じることがある（図27、28）。

図27 この症例では、対極板を大腿部の内側に設置する際に、誤って金属製のものを使っている。対極板の設置位置が正しくないため、患者に密着していない。

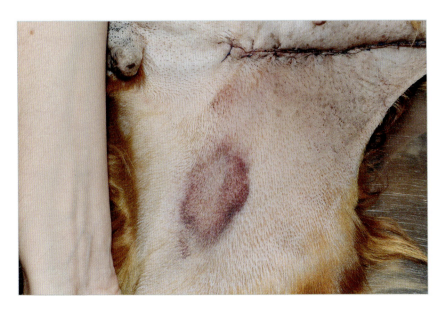

図28 エネルギーの分散が不十分であったため、対極板との接触部位に、写真に示すような熱傷が生じた。

> 動物は手術台と絶縁されている必要があり、表面が乾燥し、吸収性で防水性である場所に寝かせなくてはならない。

人とは異なり動物の症例では、対極板と接触する部位の完全な剃毛は難しく、時には不可能である。これが電流の流れを妨げ、装置の機能を低下させる原因となる気泡が形成される。さらに、もし対極板が症例の背中側に設置されていた場合、椎体の棘突起でエネルギー密度が増加することにより、重度な熱傷が生じる。対極板設置部位での電流の流れを促進し電流密度と温度を下げるため、生理食塩水（または食塩を溶かした水）を浸した手術用パッドまたは脱脂綿と導電性ゲル（図29）を対極板と患者の間に使用する。

図29 背臥位時に対極板を動物の背中側に設置した場合、生理食塩水で湿らせたガーゼまたは脱脂綿を用いると、患者の体との密着性が向上する。

凝固させたい組織は、器具先端の間に把持しておかなくてはならない（図30）。器具の両端が直接接触してしまうと、電流は組織内を通過せず、器具の両端間を流れてしまう。そのため、望んだ効果が発揮されず、装置が故障していると誤って思ってしまうこともある。

> 導電性ゲルと生理食塩水を浸したガーゼは、対極板への電流の流れを促進し、産生された熱の患者からの放散を促進する。

バイポーラ電気外科手術

バイポーラ電気外科手術では、先端を閉じて接触させた電極間を電流が流れる。この場合、器具自体で回路が閉鎖されるため、モノポーラ電気外科手術とは異なり、対極板は必要ない（図30）。

> バイポーラ装置を正しく作動させるために、器具先端間に組織や生理食塩水を挟み、先端同士が直接接触しないようにして電流を流す。

> モノポーラ電極と比べてバイポーラ装置は、より安全かつより精密で、組織の熱傷も少ない。

バイポーラ電気外科手術では、両方の電極がバイポーラを使用した組織と接触している。電流が装置に戻る際に患者の体内を通過する必要がないため、モノポーラ装置と同様の効果を発揮させる際により少ないエネルギーしか必要とせず、そのため熱傷も少なくなる。

他の組織の障害を避けるため、電流を流す前に必ず器具先端を目視する（図31）。

この器具で起こりうる合併症の1つとして、電流を流しているときに形成される電磁場により器具先端周囲にキノコ状凝固ができることがあげられる。損傷は非常に小さいため、バイポーラによる凝固を尿管のような繊細な構造物の近くで行うときにのみ考慮する。

> 不慮の損傷を避けるため、モノポーラまたはバイポーラの電極が凝固させる組織とだけ接触しているか必ず確認する。

モノポーラ装置と比較したバイポーラ電気外科手術の利点
- バイポーラピンセット先端で把持した組織のみに作用する。
- 熱傷を最小限にとどめることができる。
- 煙がほとんど産生されない。
- 生理食塩水で湿らせた術野でも有効である。

バイポーラ器具による止血は、切開モードおよび凝固モードのどちらでも行うことができる。しかし、組織がよりゆっくりと深部まで熱せられるため、多くの場合は切開モードを使用する。凝固モードを使用した場合、最大電圧がより大きくなるため組織表層の脱水が起き、深部の凝固が妨げられる。

高エネルギー手術機器 / 電気外科手術

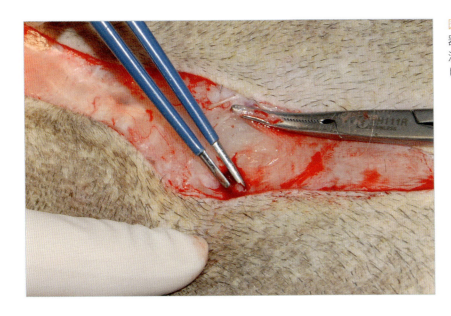

図30 バイポーラ電気外科手術では、器具の一方の先端からもう一方へと電流が流れる。ピンセットの先端で把持している組織にのみ作用する。

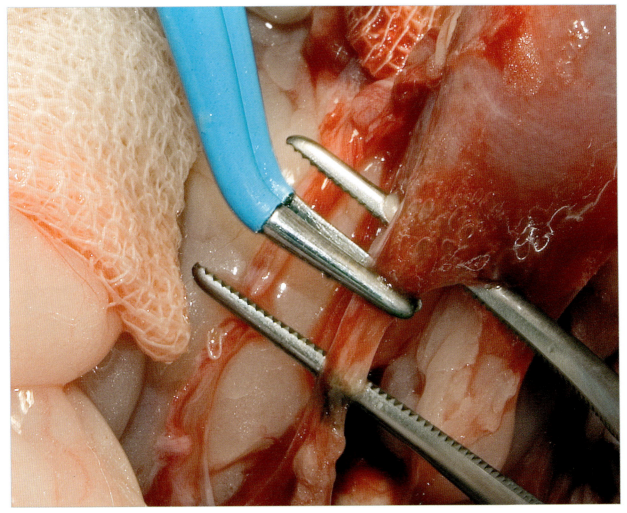

図31 バイポーラ電気外科手術では、アクセスが難しい繊細な術野において、非常に正確に血管の凝固を行うことができる。隣接する組織の障害を避けるため、装置を作動させる前に器具先端を確実に視認する。

臨床医のための止血術

バイポーラ器具

バイポーラ器具は、特殊な接続器とケーブルを使用して装置の出力端子と接続する。装置にバイポーラ用出力端子が1つしかない場合、術野までは共通ケーブルを使用し、必要に応じてそこに各器具のケーブルを接続することを推奨する。これが無菌状態を保ちつつ、器具の接続を変更する最も簡便な方法である（図32）。

蓄積した炭化物質による抵抗を避けるため、モノポーラ電極と同様にバイポーラピンセットや鋏の先端は常にきれいにしておく（図33）。

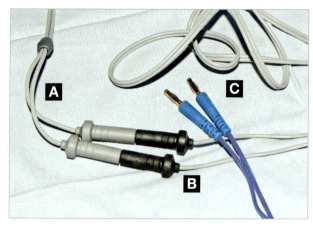

図32　単一の出力端子しかない装置（A）に接続して、複数のバイポーラ手術器具（BとC）を使用するためのシステム
A：装置に接続されている滅菌ケーブル
B：バイポーラ鋏のケーブルが接続されている
C：バイポーラピンセットのケーブル

ピンセット

バイポーラピンセットは選択した組織の把持、操作、および凝固に使用する。凝固させる組織の種類や深さに応じて選べるように、さまざまな大きさや形のピンセットがある（図34）。

通常バイポーラピンセットは外科用の鋼材でできており、使用していると効果を減弱させる炭化層が先端に形成される（図33）。この層により抵抗が増加して装置からの電力が増加すると、血管が炭化してピンセットに癒着するため、器具を放したときに血管が裂けてしまう。

図33　使用していると組織屑の殻が形成され、バイポーラ機器の効力が低下する。器具の絶縁コーティングを損傷しないように注意して先端を清掃する。

図34　さまざまな型のバイポーラ凝固器具。最も長い器具は、術部が深い時に使用する。器具先端表層の絶縁コーティングにより、熱の放散と周囲組織の"キノコ状凝固"が減少する。繊細な構造物を正確に凝固させる場合、器具先端にしか凝固作用を及ばさない"鉛筆型"バイポーラ（写真最下部）も使用可能である。

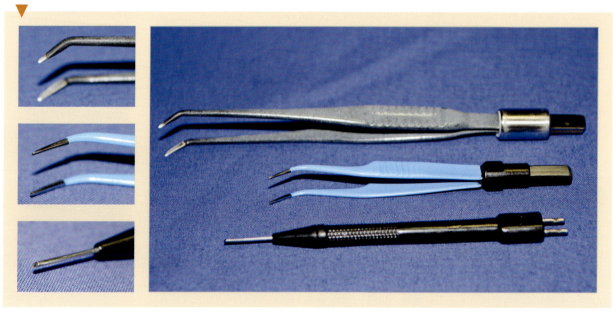

高エネルギー手術機器／電気外科手術

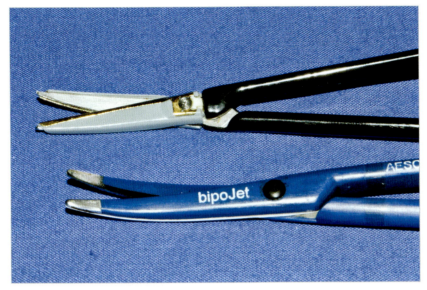

鋏

バイポーラ鋏（図35）は、バイポーラ外科手術の機能と凝固、剥離、組織の切開の機能を組み合わせた器具であり、そのため処置時間を短縮できる。図36〜39に手術でバイポーラ鋏を使用した場合の利点について示している。

図35 バイポーラ鋏は組織の剥離や切開と同時に、凝固も行うことができる。これにより術野の出血を最小限にとどめることができ、手術が行いやすくなる。

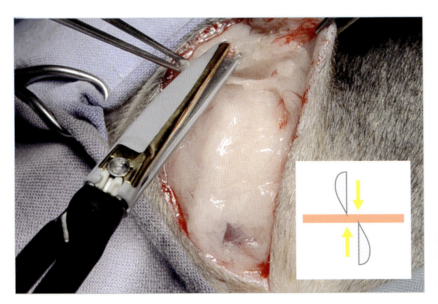

図36 鋏を閉じ電流を流すことで、正確な切開と止血が同時にできる。この手法は、血流が少ない組織でとくに有効である。

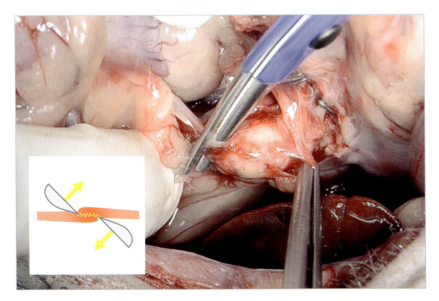

図37 組織を切開する前に凝固させておくことも可能で、これにより血管の多い組織での止血が向上する。

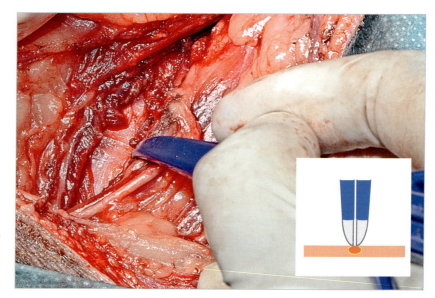

図38 バイポーラ鋏は、ある部位の局所出血を止めるために、凝固目的で使用する鉗子の代わりに用いることもできる。

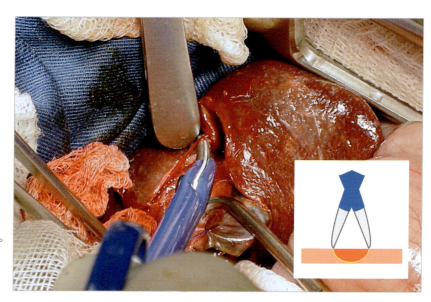

図39 鋏を使用して剥離を行っているときに、また鋏の先端の開閉状態にかかわらず、いつでも凝固を行うことができる。これは鋏を表層の止血に使用することができることを意味している。写真は、胆嚢を剥離しているところを示したものである。この機能により、肝臓との付着部の止血が容易になる。

血管シーリング鉗子

　血管シーリング用のバイポーラ鉗子は先端が絶縁されており、2つの電極間でのみ凝固される（図40、41）。鉗子によっては、把持力を向上させ電極同士が直接接触しないように、先端にセラミック製の留め具が取り付けられている（図41）。

> これらの鉗子は直径が数 mm の血管を恒久的に閉鎖できる。

バイポーラ血管シーリングの手順

1. バイポーラ鉗子で組織をしっかりと掴み、先端は閉じたままにする。組織をしっかりと把持する。
2. 鉗子先端間に電流を流すため、高周波装置を作動させる。血管をシーリングした後、装置を止める。
3. 処置が完了したら、シールされた部位で通常の鋏を使用して組織を安全に切断できる。

高エネルギー手術機器／電気外科手術

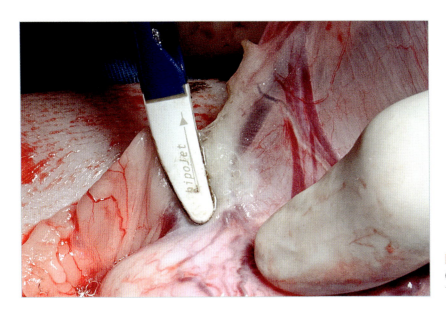

図40　この写真は、卵巣子宮摘出術時の卵巣血管の凝固とシーリングを示している。

図41　周囲への熱とエネルギーの放散を防ぐため、血管シーリング鉗子の先端は通常、絶縁されている。鉗子を閉じた際に電流が直接電極間を流れてしまうことを避け、また組織の把持力を上げるため、鉗子によっては絶縁された溝がある。

　血管をシーリングしている間、装置は継続的に先端で把持した組織のインピーダンスを計測し、最も良い結果になるよう、処置中、電力の出力を自動的に調整している。

> シーリングした血管十分に閉鎖されるため、結紮やクリップの必要はない。

レーザー手術

Jorge Llinás, Fausto Brandão, Luis García, José Rodríguez

"レーザー（Laser）"とは、Light Amplification by Stimulated Emission of Radiation（輻射の誘導放出による光増幅）の頭文字をとった用語であり、この概念を最初に提唱したのはアルバート・アインシュタインである。

20世紀後半にレーザーは急速に広まり、広く使用されるようになった。これにより医学、獣医学における内科、外科は大きく発展した。

> レーザーメスは、単色性で収束性が高く、調節可能な光線を作り出し、動物の身体の一点に高いエネルギーを集中させることができる。

獣医療におけるレーザー治療への関心は急激に高まり、動物の疾患への新しい治療オプションとして用いられるようになった。レーザーの利点は多いが、同時に、症例や獣医師、スタッフの健康や安全性へのリスクもある。レーザー光が何であるかについてや生体との反応について正しい知識をもつことは、レーザー治療の効果を最適化することに加えリスクを回避することにも役立つ。

> レーザーは優れた外科機器だが効果を高めリスクを減らすには十分な訓練と安全対策が不可欠である。

原理

概要

光とは、波長が400～750nmの電磁放射線であり、人間に見える波長の範囲である。その範囲外で750nm以上の波長が赤外線（IR：infrared）、400nm以下のものが紫外線（UV：ultraviolet）である（図1）。

物理学では、光は以下の2つの性質をもつエネルギーの一形態と定義される。
- 電磁波
- 粒子線（光子）

> 現代物理学では、光子はガンマ線、X線、紫外線、可視光、赤外線、短波、ラジオ波からなる電磁波のすべてを構成する量子である。

光子という概念は、アルバート・アインシュタインが、光の波動説では説明できない実験結果を説明するために提唱した。アインシュタインは、電磁波が波の性質（干渉と分光）を有するだけでなく、その伝搬は粒子の性質を併せもつことを示した。現在、光子は、物質がエネルギーを吸収もしくは放射する際に交換されるエネルギーの集積体もしくは電磁波の"束"であるとされる。

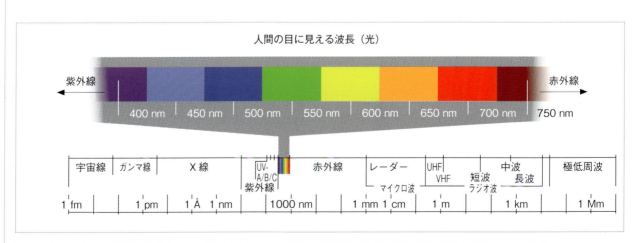

図1 すべての電磁放射線を含んだスペクトラム。可視放射線は赤外線より短く紫外線より長い波長帯である。

高エネルギー手術機器 / レーザー手術

エネルギーと物質の相互作用

レーザーの仕組みを理解するためには、原子内で輻射が起こる仕組みを理解することが第一である。

> 電子は、ある特定のエネルギー準位で核の周囲を回っている。しかしこのエネルギー準位は光子を放出もしくは吸収することで変わりうる。その光子のエネルギーは変化したエネルギー準位の差に等しい。

自然放出

物理学の基本原則の1つとして、システムは可能な限り低いエネルギー準位を"好む"とされ、これを安定状態という。

物質にエネルギーを与えると原子内の電子が励起され、より高いエネルギー準位に遷移する（図2A）。これらの電子はしばらく興奮しているが、同じ量のエネルギーを光子という形で放出して安定状態に戻る（図2B）。

光子の放出は不規則であり、原子ごとに異なる。そして異なる原子から放出される光子には関連性がない。この過程を自然放出という。

> 自然放出は外的要因とは独立した現象である。放出される光子の方向には規則性がなく、異なる原子から放出される光子の位相にも関連性はない。

誘導放出

自然放出では、エネルギーは光子という形で放出される。さらにこの光子は、他の電子が同量のエネルギー準位差を有した場合には、その電子のエネルギー準位を低下させ、同一の光子を放出させる（この場合には2つ目の光子になる）。この過程を誘導放出という（図3）。

安定状態では、高いエネルギー準位にある電子数は、低い準位にある電子数よりも常に小さい。しかし、誘導放出により光を増幅させるためには、高いエネルギー準位にある電子数を増やさねばならない。これを"反転分布"という。

物質によっては、電子が励起されると、準安定状態に遷移し、安定状態に戻るのに時間がかかるようになる。この性質は励起状態の電子を集めるのに利用される。

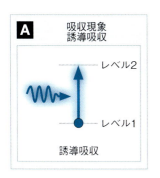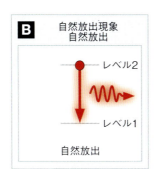

図2　外部エネルギーにより励起された電子は、吸収したエネルギーを光子として放出する。A：吸収現象：電子はエネルギーを補足し、より高いエネルギー準位に遷移する。B：自然放出：元のエネルギー準位に戻る際、電子は同じ量のエネルギーを光子として放出する。

> レーザーのコヒーレンス（干渉性）は、一般的なレンズやファイバーを用いて集中収束させることを可能にし、光を特定の組織の一部分に特異的に吸収させることができる。

レーザー光の特徴

レーザーによって放出される光は、他の光源から出る光とは異なる性質をもっている。

- 単色性：レーザー光は単一の波長をもつ。したがってその波長特異的な色しかもたない。この概念は、スペクトラル純度と呼ばれる。
- 収束性：レーザー光は互いに並行なので、その光路にレンズを置くことで、正確に収束、集中させ、単位面積当たり非常に大きなエネルギーを集中させることができる。
- 干渉性：レーザー光は非常に整然としており方向性がある。すべての光子は同じ波長、同じ方向性をもち、同じ強度、力価をもっている。

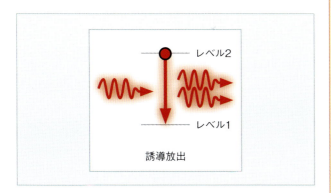

図3　誘導放出：あるエネルギー準位（レベル2）の電子は、電磁波を与えるとより低いエネルギー準位（レベル1）へ遷移する。この時、同一光子が2つ放出される。1つは自然放出であり、もう1つが誘導放出である。

臨床医のための止血術

獣医外科におけるレーザー

Jorge Llinás, Fausto Brandão, Luis García, José Rodríguez

獣医療において、レーザーによる治療はますます一般的になり、動物病院の重要な手術器具の1つとなっている。

この傾向は多くの要因によるが、設備のコスト低下、市場での選択肢の拡大、適応や使用方法の情報や訓練の機会の増加があげられる。

外科医は、どんな手術であっても、できる限り短い時間で、出血を抑え、回復を早める方法を探索している。レーザーは適切に調節して用いれば有力な手段となる。しかし、不適切な使用は重大な合併症を招くことを常に意識しなければならない。

> 「これまでと違う結果を期待するのなら、同じことをしているだけではいけない」アルバート・アインシュタン

ここでは、獣医療において最も一般的な炭酸ガスレーザー、ダイオードレーザーの物理原理と取り扱いについて述べる。

まず明確にしておきたいのは、**レーザーは技術ではなく、器具である**ということである。したがって、一般外科の訓練と、レーザー機器の使用方法の両者を理解することが重要である。

レーザー機器の扱いには、機器ごとに学習曲線が異なる。例えば、炭酸ガスレーザーの扱いに必要な技術、レーザー特性や組織への効果などの知識はダイオードレーザーのそれとは全く異なる。

レーザーシステムの基本構成要素

レーザーシステムは共通の構造や機能を有する。
- レーザー発振物質媒体：励起されるとレーザーを放出する。この媒体には、固形（ダイオードなど）や気体（炭酸ガスなど）、液体（有機発色剤：色素レーザー）がある。
- 光学共鳴管：円筒型の共鳴管内で放出された光は共軸の鏡で反射する。片方の鏡は99.8％の反射率がある。そして対側の鏡はレーザーの波長ごとに1〜20％の透過率を有し、光は共鳴管から放射される。
- 外部エネルギー（電流）：ポンプ処理により物質中の電子を励起させる。
- 照射装置：外部の光学系を用いて組織に光を収束させる。
- ハンドピース：照射装置の末端であり、レーザーを患者に適応する際に術者が扱う。

時間出力モード

レーザーには、光が放出される時間によって、連続モード、パルスモードの2つのオペレーションモードがある。

コントロール装置は、2つの異なるオペレーションモードを制御するマイクロプロセッサから成る。連続パルス、スーパーパルス、反復パルス、シングルパルスなどが、パルス持続時間0.1msec〜0.1secの範囲で選択できる。

モードは生じるエネルギーの質を表しており、モードを変えることで対象組織での効果を上げながら、周囲への副作用を抑えることができる（図4）。

連続波モード（CW：continuous wave）

レーザーを連続波モードで使用すると、光子は途切れることなく放出される。その結果、組織には持続的に影響を及ぼし、より強く発熱する。

連続波モードは、とくに、血流豊富な組織で止血効果を高めるために用いられる。

パルス、スーパーパルス、ウルトラパルスモード（PW：pulse wave）

パルスモードでは、レーザー光が間欠的に放出され、パルスの頂点では非常に高いエネルギーが100分の1秒程度の短時間持続する。

スーパーパルスモードではパルスモードよりも頂点の強さ、パルスの間隔が異なる。その程度はコントロールパネルで調節できる。

これらのモードは、繊細な組織に使用される。パルスの間に、毛細管現象により組織が冷却され、産生された熱による傷害が軽減される。

ウルトラパルスモードでは、パルスは数msec放射され、最低限の組織熱傷で瞬間的に、組織の水分が蒸発してコラーゲンが収縮する。このモードは主に刺青除去や顔面の若返りなどの美容形成で用いられる。

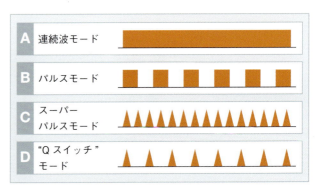

図4　レーザー光放出モード

高エネルギー手術機器 / レーザー手術

> レーザーは、スーパーパルスモードで使用すると、周囲組織の損傷が最少限になる。

レーザーの選択

臨床応用の観点から、レーザーは2種類のタイプがある。

- 組織中の水に吸収される光を放出し、組織へ直ちに効果を与えるタイプ。このタイプのレーザーは組織貫通性が極めて低く（＜1mm）、熱傷は最少となる。そのためWYSIWYG（what you see is what you get）レーザーという。正確な切開に用いられるが、止血効果は低い。このタイプで獣医療で最も一般的なレーザーは炭酸ガスレーザーである。
- より強い止血効果を得るためには、組織中の色素（メラニン、ヘモグロビンなど）に吸収されることが望ましく、ダイオードレーザーが用いられる。このタイプを用いた場合、すぐにはわからないが、熱の拡散が強く、より深い組織（＞1mm）に熱傷が起こる。このことからWYDSCHY（what you don't see can hurt you）レーザーという。

> すべての外科に適応可能な理想的なレーザーはない。炭酸ガスレーザーは、正確に切開でき、熱傷を最低限にできるが、血管豊富な組織や色素沈着した組織の切開にはダイオードレーザーを選択すべきである。

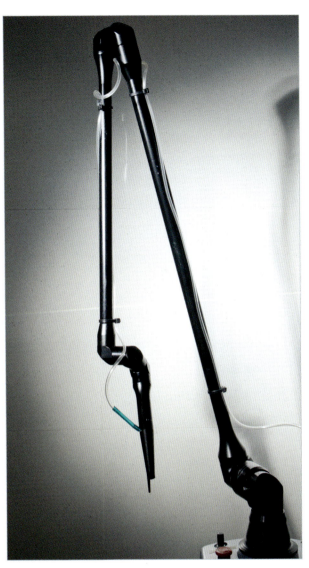

図5　多関節アームは、すべての関節に完璧に共軸である鏡がついており、伝導効率が高い。これら厳密な鏡の軸がずれないように、装置およびアームは慎重に運ばねばならない。

炭酸ガスレーザー

物質媒体は炭酸ガスである。ガラス管内の炭酸ガスは電力により励起される。獣医療向けの機器の電力は20～30Wであり、空冷もしくは水冷装置を有している。

> 獣医療向けに販売されている炭酸ガスレーザー機器の大部分は、波長10,600nmであり、軟部組織の手術には第一選択となる。

炭酸ガスレーザーを選ぶ際に重要なポイントは、レーザーの伝達システムである。関節を有する硬いアームか、半屈曲性光ファイバーのアームである。著者は、両方の使用経験があるが、どちらかが優れているわけではなく、どちらかに好みが偏るわけではない。それぞれに利点欠点があり外科医によって扱いやすさが変わってくるので、選択する際には、それぞれの機器についてよく調べることが大切である。

多関節アーム

多関節アームは、自在軸受けのついた中空管で構成される。アームの中には完璧に共軸である鏡がついており、レーザーをハンドピースまで反射伝搬する。一般的には、平均1.6mほどの長さで、360°回転し、5～7関節を有する（図5）。

レーザー光はハンドピースから放射され（図5）、10～100nmの距離で直径0.2～0.3mmに収束する。ハンドピースは円錐形で、レーザー光のエネルギーが最大になる距離を示すスペーサーがついている（図6A）。

> 効果を最大限にするには、ハンドピース（スペーサー）の先端が対象の組織表面に触れるように使用する。

ハンドピースには小さな金属製のチューブが内蔵されており、そのチューブに接続されたプラスチックチューブからは、空気もしくは炭酸ガスが流れている。これは、レーザー光を収束させるレンズを冷却し、使用する際に生じる組織残渣や蒸散煙による汚染を防止している（図6B）。

炭酸ガスレーザーは目に見えないため、ハンドピースを使用する際に炭酸ガスレーザーを対象の組織に誘導し焦点をあわせるために、ヘリウムネオン（HeNe）レーザーが装着されている。

その堅牢な外観から、一見、多関節アームはとくに体内に使用する場合では使いにくそうに見えるが、経験をつめば不便さはすぐに解決する。ハンドピースとレンズのクリーニング以外に特殊なメンテナンスが不要なことが、このレーザーシステムの最も大きな利点である。

セミフレキシブルアーム

長さ1.5mのセミフレキシブルの光ファイバー（図7）は、ハンドピースをさまざまな角度で、小さく深い術野で使用する場合に使いやすい。最も大きな欠点は、頻繁に使用した場合にファイバーの交換が必要になることである。

> 光ファイバーは、使用するたびに劣化して伝導率が低下するため、アームの交換が必要となる。

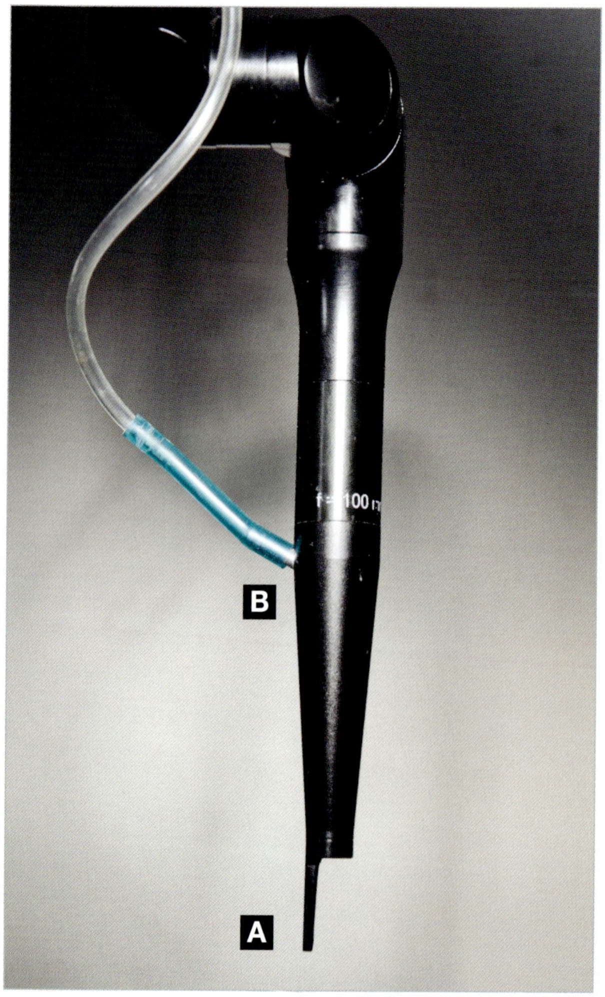

図6　ハンドピースの役割は高エネルギーの光線を収束させることであり、スペーサー（A）の先端でエネルギーは最大となる。その距離は、内部にある両凸レンズによって異なる。レンズを冷却し、可能な限り低温に保つため、空気もしくは二酸化炭素をハンドピース側面のチューブ（B）から流している。

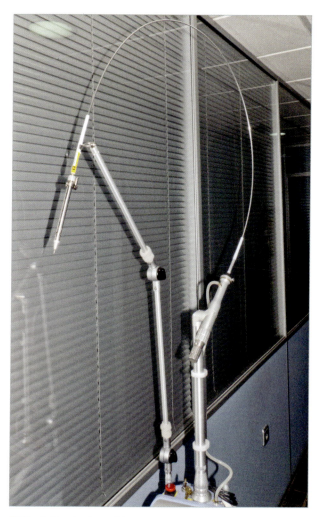

図7　セミフレキシブルアームにより、ハンドピースの操作範囲が広がり、狭く深い術野に、容易に安定して正確にレーザーを当てることができる。

高エネルギー手術機器 / レーザー手術

セミフレキシブルアームには、複数のハンドピースが用意されており、適応する術野に合わせて扱いやすくレーザーを当てやすいものを接続できる（図8）。

図8　ハンドピースの形状はさまざまであり、術野ごとに扱いやすいものを選択できる。
A：口腔や喉頭外科に用いる、背部に防御板のついたストレートタイプ
B：主に口腔外科に用いる、角度のあるタイプ
C：標準的なストレートタイプ
D：筆状の吹き出し孔のあるストレートタイプ
E：ハンドピースに接続する吸煙管

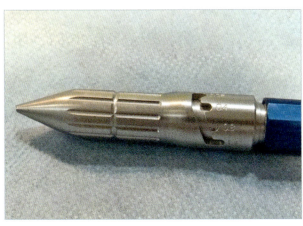

図9　先端チップがなく、レーザービームのサイズを迅速かつ容易に変えられるハンドピース。術者が0.25mm、0.4mm、0.8mm、1.4mmから選択できる。

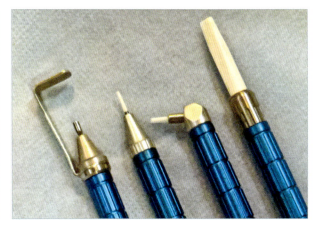

図10　レーザーを組織に当てるさまざまな形状の先端チップ。セラミックチップは、レーザーをより正確に組織に当てることができる。

ハンドピースには、放出孔のサイズを術者が選択して光線直径を変えられるもの（0.25mm、0.4mm、0.8mm、1.4mm）（図9）や、形状の異なる先端チップもある（図10）。

焦点ポイントにより、光線は直径0.25mm、0.4mm、0.8mm、1.4mmに収束され、複数の焦点距離も選択できる（より精度のある5mmや、より良い止血が得られる10mmなど）。セラミックチップは金属チップよりも精度が高い（図10）が、数回使用すると、周囲に炭素粉塵が付着するため交換する必要がある。

これらのハンドピースは原則として組織に接触させて使用するため、炭酸ガスレーザーのガイドとなるHeNeレーザーは不要である。

セラミックチップに付着した炭素粉塵を除去するには、10倍希釈した漂白剤や生物学的洗剤に浸漬するとよい。

炭酸ガスレーザー装置のメンテナンス

手術用レーザーは高電圧手術機器であり、内部のメンテナンスは専門スタッフに限るべきである。ただし、機器の性能と効果を向上させるための一連の検査と基本的メンテナンスがある。
- 冷却装置は水冷もしくは空冷であり、蒸留水のレベルや空冷ファンが機能するか確認する。
- 機器の清拭に、アルコールのような可燃性の液体は使用しない。
- ハンドピースとレンズは3カ月ごとに、石鹸水で優しく清拭する。

軟部組織外科への炭酸ガスレーザーの適応

皮膚は水分含有量が多く、血管が豊富であるためレーザー吸収には理想的な組織であり、周囲組織の熱損傷も極めて小さい。レーザーによる皮膚切開創は通常の皮膚縫合もしくは真皮縫合が可能である。著者らは縫合糸を術後14日間残し、シリコンゲルかワセリンを術創に1日1回塗布することを推奨している。

腫瘍外科では、レーザーはとくに有用であり、クリーンな断端が得られない場合に腫瘍細胞の播種を大幅に減少させることができ、通常の外科手術よりも予後が良い。外科的切除後に創部の組織を蒸散させることができ、レーザーを非接触で用いることで、組織に接触することによる腫瘍細胞の播種の可能性をなくすことができる。

レーザーは、切開の精緻さと熱損傷のなさから、眼瞼外科でよく用いられる。また顎顔面外科、歯科、胸部外科、尿路外科、耳道外科、肛門周囲瘻、短頭種気道症候群、外傷治療、蒸散処置、皮膚腫瘍切除、乳腺腫瘍切除、大腸外科でも用いられる。

切開生検に用いる際には、組織縁に熱損傷を起こすことを考慮する必要があり、これは解剖病理学的な評価を妨げる可能性がある。

ダイオードレーザー

ダイオードレーザーには、635nmの赤色光から980nmの赤外光までさまざまな波長がある。獣医外科で最もよく用いる波長は810〜980nmである。この波長はヘモグロビン、オキシヘモグロビン、メラニンなどの有機色素に吸収されやすく、水には吸収されにくい。

ヘモグロビンなど濃い色素への親和性が高いため、強力な止血効果がある。また、殺菌作用ももち、非接触、低出力で用いれば、創傷治癒を刺激促進する。

炭酸ガスレーザーと異なり、ダイオードレーザーによるエネルギーは、組織を貫通、凝固する作用を有し、辺縁の熱損傷はより重大である。

ダイオードレーザーでは共鳴管は不要であり、レーザー光は先端チップの表面もしくは半導体から直接産生照射される。さらに光源やレーザーを活性化させる装置や鏡は不要であるため、ダイオードレーザー機器は炭酸ガスレーザー機器よりも壊れにくい。さらにサイズが小さくコンパクトで運びやすい。

ダイオードレーザーから放射されるレーザー光はレンズで収束させ、通常はグラスファイバーでハンドピースに送られる（図11）。

> さまざまな出力の機器が売られているが、獣医療では、最大出力15〜30Wの機器が一般的である。

ダイオードレーザーは、さまざまな光ファイバーを用いて、軟性および硬性内視鏡、耳鏡、気管支鏡、尿道膀胱鏡などで使用されている。

直接接触モードでは、無出血切開により損傷組織の除去に用いられる。非接触モードではより強力な蒸散と血管豊富な組織の組織減量が可能であるが、より高い出力が必要となる。

> ダイオードレーザーは、生検やポリープ切除のような硬性および軟性内視鏡外科、上部および中部気道（喉頭や声帯）での慢性炎症組織の蒸散、腟・子宮・前立腺腫瘍の切除などで有用性が高い。

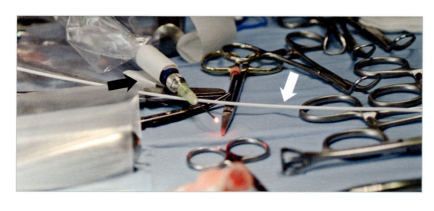

図11 ダイオードレーザーは光ファイバー（白矢印）で送られ、ハンドピース（黒矢印）から直接組織に照射する。

レーザーと組織の相互作用

レーザーが組織と反応するとき、さまざまな光学現象が起こりうる。

- 組織表面からの反射：レーザーを当てると、その一部は、組織の表面で反射する。
- 組織中の通過：レーザーは組織中を減衰することなく通過する。
- 組織によるエネルギー吸収
- 組織中での散乱および外部への放射：光の一部は何の効果もなさずに組織外へ貫通したり、組織中で消散する。

これらの現象は組織の性質や用いたレーザーの波長によって、単独もしくは複数同時に起こる。

軟部組織の場合、吸収反応や炭酸ガスレーザーの消散が主な反応であるが、骨やエナメルなど硬部組織では反射が多くなる。

水、ヘモグロビン、メラニン、ある種の蛋白はそれぞれ異なる波長を吸収して組織を熱する。組織温度が45℃を超えると、血管損傷により虚血性の細胞傷害を生じる。温度が50〜100℃になると、蛋白が変性し、組織壊死が生じる。組織が100℃に達すると光学的な蒸散が起こる：細胞内の水分が沸騰し、細胞は蒸散により消滅する。100℃を超えると組織は炭化する。治癒遅延を防止するために炭化は避けるべきでる（表1）。

レーザーの組織への影響は、エネルギー密度（表面積に加わるエネルギー量）による。多くの機器には焦点機能があり、レーザーはハンドピースの先端から数mmの距離で最大密度に達する。これにより外科医は、組織にハンドピースを近づけたり遠ざけたりするだけで、それぞれ異なった特性のレーザーを使用できる。これが他の外科器具にないレーザーの利点であり、焦点距離、出力、レーザー放射角度にもよるが、0.5〜0.8mmの脈管を焼烙することができる。

レーザーは、軟部組織の切開や切除、小血管の止血に用いることができる。またリンパ管もシーリングできるので、術後炎症を減らす。

末梢神経末端のシーリングは、術後疼痛を緩和する。

細菌や真菌、ウイルスも蒸散されるため、組織を殺菌することができ、これは外傷のデブライドメントや肛門周囲瘻の治療にとくに有用である。

以下にあげる6項目は、レーザーと組織の反応に影響を与える因子であり、手術ごとに使用するレーザーを最適化するために考慮し調節しなければならない（図12〜14）。

- 適応するエネルギー量
- 照射野の面積
- 照射部位までの距離
- レーザー光線の入射角
- 連続照射時間
- 組織の種類

表1

組織に対する熱の影響	
温度	影響
45℃	虚血および細胞死
50℃	酵素活性の消失
60℃	蛋白質の変性
70℃	コラーゲンの変性
80℃	組織壊死
100℃	水分の蒸発とそれに伴う脱水
100〜200℃	炭化
200〜300℃	発火

> 距離、エネルギー量、照射面積、照射時間を調節することで、組織への効果を変化させることができる。

距離を減らし、レーザー密度を高く、照射面積を小さくする（より小さな面積、短距離でエネルギー密度を高める）と、より正確な切開が得られる。焦点をぼかすと、より表面的となりエネルギーは散乱するため、軟部組織の再生を促す効果が得られる。

組織の光学的な性質は、吸収、反射、透過、散乱など、組織とレーザーの反応を決定する因子であるから、常に考慮すべきである。

これらの変数をすべて考慮すれば、レーザーを精密に制御でき、組織に対して最適な効果が得られる。

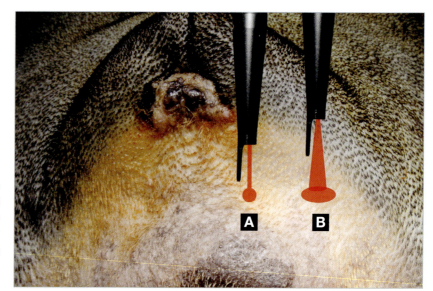

図12 ハンドピースと組織の距離で、レーザー光の焦点、照射面積とエネルギー密度が決まる。レーザー光の出力が同じであれば、収束させたレーザー（A）の方が切開貫通力が強い。ハンドピースを離していくと、レーザー光の焦点がぼけ、より広範囲で貫通しにくい効果が得られる（B）。

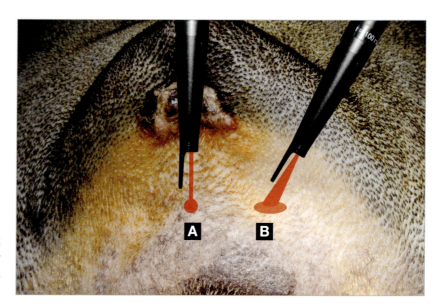

図13 A：レーザーの効果は、組織に垂直に当てた時に最大となる。B：レーザー光を斜めに当てると、与えるエネルギーは弱く不均一になる。

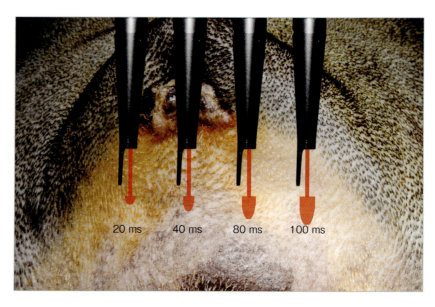

図14 エネルギーの吸収量と組織傷害の深度には、照射時間も関与する。経験をつむと、レーザー出力とハンドピースを操作する速度を組み合わせることで、効果を最大にし、合併症を減らすことができる。

高エネルギー手術機器／レーザー手術

手術に最適なレーザー使用のためのヒント

適切なレーザー使用のため、以下の概念を心得ておくべきである。
- エネルギー密度
- ハンドピースの操作速度
- 増幅法

エネルギー密度は、組織にレーザー光を適応する際には、必ず注意すべきことである（「電気外科手術」の項に記載した）。

エネルギー密度は、組織の単位面積あたりに吸収されたエネルギー量である（W/cm^2）。これはレーザー出力と波長、組織面積と照射時間により決定される。

レーザーを使い始めるとき、獣医師は低出力で組織から離しすぎて使用することが多い（すなわち、エネルギー密度が低い）ため、切開が浅くなりがちである。

したがって、切開のために何度も同じ場所にレーザーを当てる必要があり、周囲組織への熱損傷を悪化させることになる。

> 組織に対する熱損傷を減らすためには、"のこぎり"様の操作は避けなければならない。

経験をつんだ獣医師は、対象の組織ごとに最良な結果を得られるように、レーザー出力（連続、パルス、スーパーパルス）、エネルギー密度、操作スピードを組み合わせて使用している。

例えば、短頭種における軟口蓋の切除で炭酸ガスレーザーを用いる際には、10Wの連続波モード（止血力を高めるため）で、焦点を小さくする（レーザー直径0.8mm）（図15）。

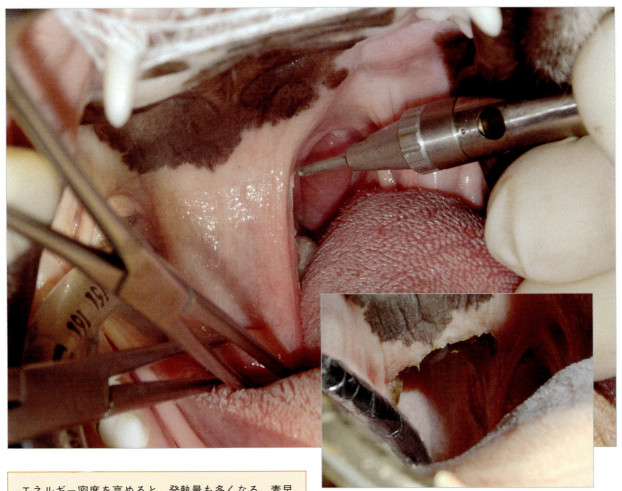

> エネルギー密度を高めると、発熱量も多くなる。素早い操作により周囲組織の熱損傷を軽減させ、よりよい結果を得ることができる。

図15 炭酸ガスレーザーを小さな焦点で組織に垂直に照射する。これにより切開効果を最適化し、周囲組織の熱損傷を最小限にすることができる。

その他の装置

José Rodríguez, Alicia Laborda, Carolina Serrano

　人医療で用いられているその他の電気外科手術装置も、徐々に獣医療で一般的に使用されるようになってきている。

　ラジオ波手術は高周波（約3.5MHz）が組織を通過することによる。高周波は電気伝導刺激により水分や塩分の多い組織で分子的励起を起こす。組織において発生する電流に対する抵抗が熱を産生する。この装置は電気メスのような火花を起こすことはない。活性電極の周囲の接触した部分においてのみ熱が発生し電極は冷たいままであるため、"クールチップ"と呼ばれる。

　ラジオ波手術は主に、外科的に1cmの安全マージンを確保できない腫瘍や転移巣の切除に用いられる。電極の形状により球形や円筒状の損傷を発生させる（図1）。

　他によく使用されている装置としてバイポーラ型血管シーリングシステムがあるが、これは圧と最適化された低電圧の高周波エネルギーとの組み合せにより効果を発揮する。この装置は組織を融合させるので、直径7mmまでの血管の永久的閉鎖が可能である（図2）。

> バイポーラ型シーラーは血管壁のコラーゲンとエラスチンを変性させ、それらの融合により血管内に血栓を作ることなく閉鎖することができる。

　他の電気装置として20,000Hz以上の周波数の超音波を用いたものがある。装置の先端が組織を振動させることにより水分が豊富な部分は破壊吸引されコラーゲンは保存される。しかし熱エネルギーの産生は非常に少なく、止血効果は非常に小さい。

　マイクロ波を利用した組織凝固装置も開発されている。現状では組織を切断する作用がないことと、壊死が起きた部位における感染の危険性が高いことが問題点である。

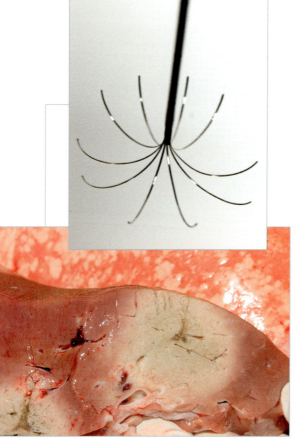

図1　図に示した電極によってもたらされた肝臓の変化。5cm径の球形の変化が起きている。図は実験例のもの

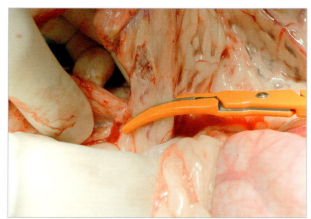

図2　バイポーラ型電熱凝固により、いかなるタイプや量の組織でも（血管は直径7mmまで）クランプした組織のシールが可能である。図は卵巣子宮全摘出術における卵巣動静脈のシーリングを示す。

高エネルギー外科手術機器／その他の装置

バイポーラ電熱凝固

David Osuna Calvo

　現在、組織融合装置が獣医療の外科手術で使用されている。これは電熱凝固による血管シーリングに基づいた方法である。

　この装置の制御システムがクランプ先端の間の組織抵抗（インピーダンス）を計測し、器具で保持した組織の種類や量にかかわらず適正なエネルギー量を供給し、エラスチンやコラーゲンを変性させ組織を融合させる。

　これらのシステムは圧力と温度で効果を発揮する。

> バイポーラ型電熱凝固は血栓塞栓症を起こすことなく直径7mmまでの血管を閉鎖することができる。

　シールされ融合した組織は抵抗性が高く、収縮期血圧の3倍まで耐えうる。

　使い勝手がよく、安全に脈管をシールできることから、このようなシステムはよりさまざまな手術手技に使用されるようになるだろう（図1）。

　主な利点は、以下のとおりである。
- 器具の周囲への熱分散が最小限（0.5〜2.0cm）である
- 組織の壊死を起こさない
- 放出されるエネルギー量が自動的に制御される
- 安全かつ迅速である
- 深い術野においても容易に使用できる

　このシステムは高価であり大部分の装備品が再使用できないので、他の電気外科手術器具に比べて獣医療ではあまり広く用いられていない。しかし、これらのシステムは獣医療の外科手術の現場に進出しはじめており、近い将来一般的なものとなるだろう。

　直視下手術や腹腔鏡あるいは胸腔鏡手術のいずれにおいてもこれらは非常に有用なシステムであり、極めて良好な手術成績をもたらす。手術時間を50％にまで短縮可能であり、非常に多くの縫合材料を減らすことができる。これらにより、腹腔内に対するアプローチがより少なくてすみ、切開をより小さくすることも可能である。

 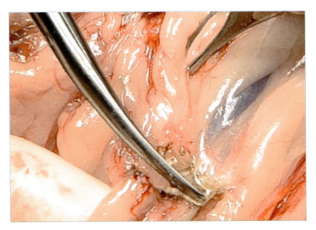

図1　バイポーラ型電熱凝固装置によってエラスチンとコラーゲンが変性し永久的で安全な融合が達成できる。

これらのシステムはさまざまな手術手技に用いられているが、獣医療において今のところ最も多く用いられているのが、卵巣子宮全摘出術、脾臓全摘出術、腎臓摘出術、肝臓外科手術、腫瘍切除術である。
　泌尿生殖器外科に関しては、卵巣摘出術や卵巣子宮全摘出術では直径7mmを超える血管は含まれないので、超大型品種（80kg）を含むすべての品種で十分安全に行うことができる（図2、3）。

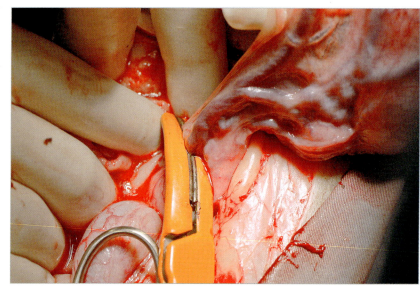

図2　子宮蓄膿症の犬の子宮の血管を熱融合によってシーリングしているところ

> 直視下手術においては、器具の先端が皮膚に直接触れて熱傷を起こさないように注意を払う必要がある。この合併症を避けるために、湿らせたガーゼによって皮膚を隔離、保護する必要がある。

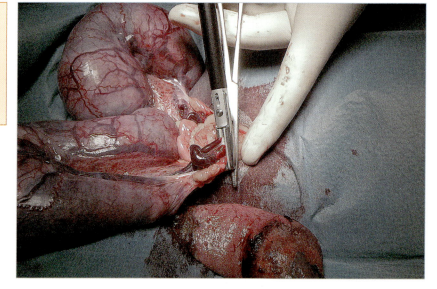

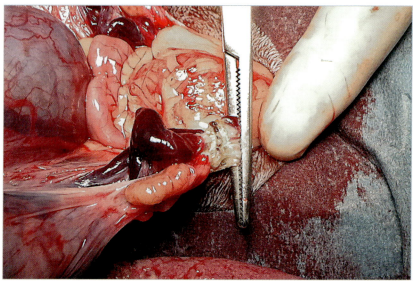

図3　電熱凝固装置によって脈管をシールした写真。組織は"融解"し出血はみられない。

高エネルギー外科手術機器／その他の装置

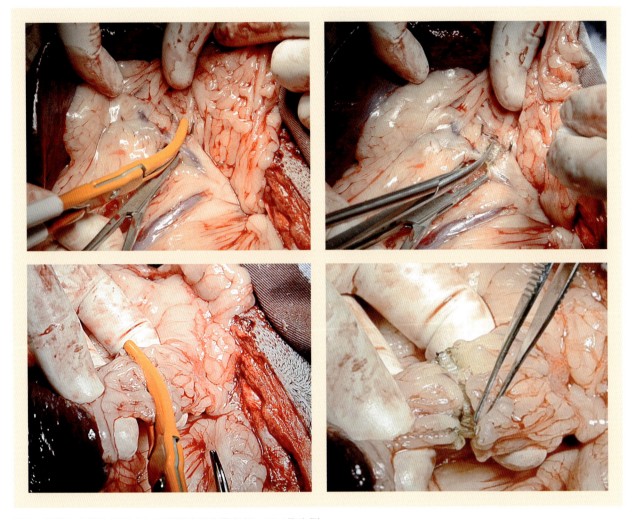

図4　脈管と大網を熱融合して脾臓全摘出術を行っている症例

　前立腺嚢胞や膿瘍の切除、前立腺部分切除術、前立腺全切除術では尿道を傷害しないように常に注意を払う必要があるが、これらの装置はこのような手術において出血を減らすのにとても有用となりうる。また陰茎切除術や腫瘍切除術においても、出血や手術時間を短縮するために使用することができる。
　消化器外科においては、胃切除や腸切除、結直腸の腫瘍の切除などにもこれらの装置は非常に実用的である。腸管切除においては、組織が融合されると腸間膜を縫合するのが難しくなるため、血管の閉鎖にはとくに注意を払う必要がある。したがって先端の細い器具を用いることが推奨される。
　これらのシステムは脾臓全摘出術でも有効であり、脾臓の血管や大網をシールすることができる（図4）。
　肝臓の外科手術では、部分切除や肝葉切除に用いることができる。しかし、時に出血がみられることがあるため、その場合に備えて自動縫合器を準備しておくとよい。頻度は少ないものの、これらの機器を使用した際の肝膿瘍が報告されている。

　副腎摘出術でも出血と手術時間を減らすことができ、小さな器具を用いると熱の放散がなく腺周囲の小さな血管を安全にシールすることができる。
　熱がやや放散してしまうが、軟口蓋の切除にもこの装置は使用できる。炭酸ガスやキャビテーションシステムの方が、この手術には推奨される。
　また開胸術では、肺葉切除術時の血管のシーリングに有用である。
　結論として、これらの機器は高価ではあるが、出血が少なくて、手術時間が短く、取り扱いが簡便で、縫合が不要で、安全性に優れている利点がある。

臨床医のための止血術

個人の安全

Luis García, Jorge Llinás, José Rodríguez,
Carolina Serrano, Amaya de Torre

　高エネルギーの手術器具（電気メス、レーザーなど）を使用すると、患者や術者、麻酔医やその他の手術現場のスタッフに対するリスクにつながることがある。その原因として以下のものがあげられる。
- 技術的な失敗
- 偶発的な表層あるいは深部の熱傷
- 麻酔に用いられる可燃性の液体や気体への引火
- 煙の吸引
- 器具の誤り

> 術者とすべての手術現場のスタッフは使用する機器の操作について熟知し、それらの装置を使用する際の安全規制を順守しなくてはならない。

煙

　レーザーやその他の高エネルギー装置などの電気外科手術器具を使用する際に発生する煙（図1）は、術野を遮り、手術室にいるスタッフの刺激となり、障害を与える。体の変調は曝露時間と比例して生じる。
　高エネルギー手術装置を使用している手術室における特徴的な臭いは、蛋白と脂肪が燃焼することによって生じたものである。

> 手術によって発生する煙は組織の熱破壊によって空気中に放散された粒子の集まりである。

　手術によって発生する煙の95%は水蒸気であり、5%は化学物質と生きたあるいは炭化した生物学的な不要副産物である。

> 手術によって発生する煙による手術スタッフに対する主な健康リスクは、急性あるいは慢性の呼吸器系への刺激と目に対する炎症や刺激である。

　手術によって発生する煙中には80にものぼる化学物質が同定されており、頭痛、眼や鼻、喉に対する刺激や痛みの原因になると考えられている。
- トルエン：鼻や目に対する刺激、肝障害や腎障害、貧血の原因となる。
- アクロレイン：目や鼻、喉をはじめとする呼吸器系を刺激する。
- ホルムアルデヒド：粘膜への刺激を起こす。長期の曝露は腎臓に障害を与える。
- 青酸：吐き気、眩暈、頭痛の原因となる。高濃度の場合は、呼吸器系や神経系に変調をきたすことがある。

> レーザーや電気外科手術装置により1gの組織から発生する煙は、3〜6本の煙草を15分で吸った場合の煙と同等と考えられている。

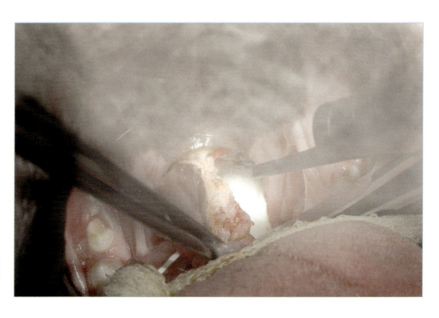

図1　高エネルギー装置を使用することで発生する煙は、操作する視野を覆い隠すだけでなく、外科スタッフの不快感や変調の原因となる。

高エネルギー外科手術機器／個人の安全

レーザーや電気メスによって発生する煙の中に、生きた細胞（中皮細胞や血液）やウイルス粒子が放出され、運搬されることも示されている。人医療の外科手術では、腫瘍やヒトパピローマウイルスなどのウイルスに感染した組織を取り除く際に、このような事実をしっかりと意識し感染のリスクを避ける必要がある。獣医療ではそのリスクは最小限である。

陽圧換気を含め、換気システムでは発生した煙の除去には不十分である。そのため、手術により発生した煙による二次的な影響を避けるには、術者はこれらの粒子を取り除く専用のマスクを装着する必要がある。集煙機も使用し、手術室は1時間に10〜20回の頻度で換気を行う。

高性能フィルターマスク

通常の手術用マスクは、0.5μm以上の粒子を90％以上取り除き、装着者の鼻や口から出る微生物や粒子から患者を守ることはできる。しかし、これらは顔をしっかりと覆うものではなく、またフィルターのマスク機能も非常に低く、手術により発生する煙を十分に防御できない。

高性能フィルターマスク（auto filtration mask）は使用者を空気中の汚染物質の吸入から守ることを目的にしている（これらのマスクは外部から入るものに対するフィルター機能をもつ）。0.3〜0.1μmの粒子を95％取り除くことができ、顔の90％以上に密着する（表1、図2）。

表1

フィルター機能によるマスクの分類 （Standard EN 149/2001）		
分類	内部漏出	総合効果
FFP1	22%	78%
FFP2	8%	92%
FFP3	2%	98%

FFP：filtering face piece

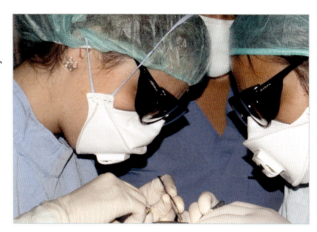

図2　手術器具により煙が発生する場合には、術野で作業する術者や器械助手はFFP3の高性能フィルターマスクを装着すべきである。

> 術野で作業する手術スタッフはFFP3タイプの高性能フィルターマスクを装着すべきである。

集煙

煙に対する曝露を最小限にするために、集煙機と手術用集煙フィルター装置を使用することが推奨される（図3）。

集煙機は、吸引ポンプ、いくつかのフィルター（大きな粒子を取り除くプレフィルター、より小さな粒子を捉えるULPA（ultra low penetration air）フィルター、有毒ガスや臭いを吸着する活性炭）、吸引管とその先端から構成されている。

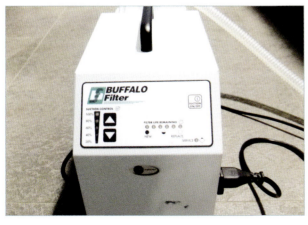

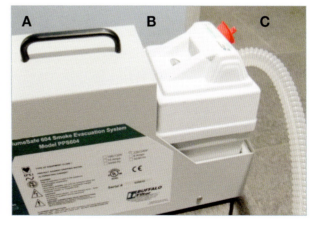

図3　A：集煙機。ポータブル集煙機、B：ULPAフィルター、C：術野の吸引システム

吸引ノズルは煙の発生する場所から2～5cm離れたところに置く。このシステムには自動吸引あるいはペダル操作のものがあり、いずれも電気メスの活性電極やレーザーのハンドピースと併用できる。

集煙装置は、以下の内容を満たす必要がある
- 操作が簡便
- 静音性
- 優れた吸引力とフィルター機能
- 自動吸引やペダル操作機能
- 小型で持ち運び可能
- フィルターインジケータが装着可能

メーカーの示す使用法や推奨方法に従い、フィルターは指示されたとおりに定期的に交換する。

> 集煙機を使うことで、術野の視界を良好にし、いやな臭いを取り除き、不快感や健康に対するリスクを軽減できる。

集煙装置は術中の水分や物質を除去することのみに使用し、使用中に組織を引き込んだり損傷したりしないように注意を払う必要がある。これを防ぐために、吸引管の先端に滅菌ガーゼを当てて使用することが推奨される（図4）。

> もし集煙装置が組織を吸引してしまったら、それを引き戻してはいけない。先端に引き込まれた組織を取り除く前に機械を止めなければならない。

通常の手術用吸引装置にフィルターを付けて使用することは、吸引力が低いために推奨されない（ポータブル集煙装置の吸引力が0.023m³/s に対して0.0018m³/s である）。

レーザー手術におけるリスクと注意点

レーザー装置はその出力と危険性により分類される（表2）。

> 手術用レーザーへの人体の曝露や接触は、皮膚や眼に損傷を与える可能性がある。

表2

出力と危険度によるレーザーの分類	
分類	出力や危険性の特徴
クラス1	適切な使用では無害な光線（CD-ROM装置）
クラス2	可視レーザー（400～700nm）。直接かつ長期の曝露は危険である。
クラス3R	最大出力（5mW）で眼を直接狙った場合には危険性がある（レーザーポインター）
クラス3B	5～500mWの出力での光線の直視は危険であるが散乱光は通常安全である。
クラス4	眼や皮膚への直接曝露は常に危険であり、0.5W以上の出力は散乱光も危険である。これらは照射対象物から有害物質を放出させたり出火する恐れがある。

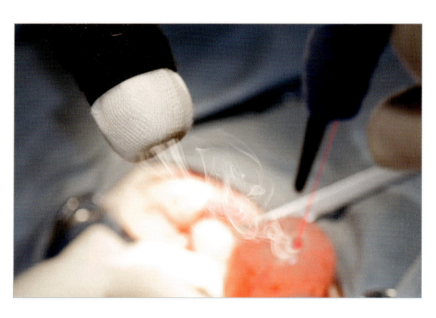

図4 組織を意図せず吸引してしまわないよう吸引管の先端に手術用ガーゼをかぶせてある。

高エネルギー外科手術機器 / 個人の安全

レーザー装置を使用する手術室やその入口には適切な表示を行い、このエリアに入るスタッフに対する警告（図5）や、定められた安全性評価を行う必要がある。これらの警告表示はレーザー装置を使用していないときには掲示しない。レーザーを使用する部屋には、レーザーが反射しないように鏡、眼鏡、研磨された金属面など表面が反射するものを置いてはならない。

図5　レーザー装置を使用している手術室には警告表示を扉に掲示し、入室するエリアがレーザー照射に曝露されるリスクがあることをスタッフに警告する必要がある。

> **手術レーザーにおける間違った神話や誤解**
>
> - 手術に用いられるレーザーは激しい光線ではない
>   多くの軍事用レーザーが飛行機を撃墜し戦車を破壊するのは事実だが、手術用レーザーはそのような大出力ではない。
> - 手術用レーザーには発癌性はない
>   319nm以下の波長の電磁放射線は組織の原子をイオン化し発癌につながるリスクがある。しかしすべての手術用レーザーはより長い波長であり、腫瘍化するリスクはない。
> - 手術用レーザーは腫瘍細胞を播種しない
>   当初、レーザーを使用した腫瘍外科手術では組織が破裂することで腫瘍細胞が飛散すると考えられていたが、こうした腫瘍細胞は破壊され、血管やリンパ管もレーザーでシールされるため腫瘍細胞の拡散は避けられることが証明されている。

スターウォーズの物語によって、我々はレーザーが危険で破壊的な兵器であると信じるようになってしまった。この神話の視点からレーザーの使用に賛成できない人には、この機器のもつ危険性を正しく理解することは難しいだろう。

患者や手術スタッフに対する一般的および特殊な危険性

リスクの定義

手術用レーザーを安全に使用するうえでリスクの概念は非常に重要である。これは事故の発生確率とその結果の重大さによる。

> 事故による結果が最小限であっても発生率が高ければリスクは高い。同様に発生率はわずかであっても結果が重大である場合にはリスクは高い。

レーザー発火による燃焼

レーザーは手術用機材を燃やしたり、患者に深刻な熱傷を負わせることがある。
リスクの程度はさまざまであるが、以下のことに留意する必要がある。
- 気管内チューブの燃焼
- 直腸ガスへの引火
- 手術用綿、ガーゼ、パッドへの引火
- 手術準備用の薬液の燃焼

気管チューブの燃焼

　エラストマー（合成素材や天然ゴム）気管チューブを使用し、レーザーを用いて口腔内の手術を行う場合には、燃焼のリスクが高く、出火の可能性は低いものの発生した場合の結果は重大となりうる。表3はレーザーが照射された場合の気管チューブの反応を示す。

> ポリビニル（PVC）製のチューブは最も危険であり、水中であっても酸素が流れていれば高温の炎を発して燃焼する。

表3

	気管チューブのタイプと炭酸ガスレーザーを直接照射した場合の反応		
素材	タイプ	安全性	性質
シリコン			■ レーザーに対し最も抵抗性である。 ■ チューブは貫通せす発火しない。
ゴム	ラッシュチューブ		■ 貫通はしないが燃焼し、周囲組織にも熱傷を起こす。 ■ 燃焼後、粘性の残留物は生じない。
ポリビニル			■ 燃焼はしないが、貫通すると麻酔に使用しているガスに引火する。 ■ 燃焼後、黒くゴム状の残留物が残り、これらの除去は困難である。

高エネルギー外科手術機器 / 個人の安全

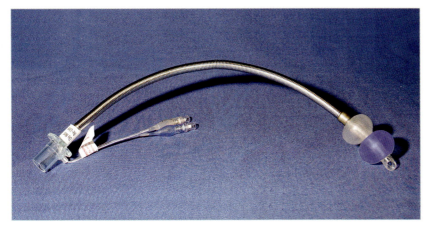

図6　これらの気管チューブは周囲組織への損傷を避けるために、散乱光を分散させることができるレーザー抵抗性のステンレス鋼でコーティングされている。これらのチューブには生理食塩水で満たす2つのバルーンが装着されており、上のバルーンに穴が開いても気管の密閉を保つことができる。

このような事故や合併症を避けるために、呼吸器系におけるレーザー手術専用の気管チューブを用いてもよい（図6）。

ポリビニルのチューブを使用する際には、術野に露出する部分全体を粘着性のアルミテープで覆うことを推奨する（図7）。その場合、前に巻いてある部分の少なくとも50％が重なるように巻いていく（図8）。入手できない場合は、気管チューブの露出する部分をキッチン用のアルミホイルで覆ってもよい。

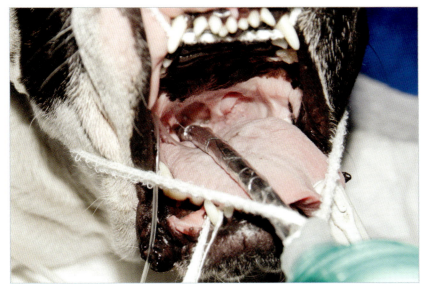

図7　気管チューブをアルミテープで保護し、レーザー光がチューブに直撃して貫通するのを防ぐ。しかし、レーザーがアルミニウムで反射して周囲組織を傷害する可能性があることを忘れてはならない。

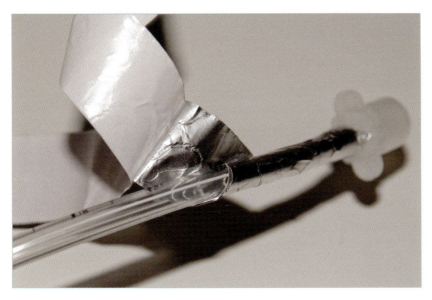

図8　粘着性のアルミニウムテープを用いたポリビニル気管チューブの保護。巻き付ける際に、以前に巻いた部分の約半分に重なるようにする。

気管チューブのタイプにかかわらず安全性を高めるために、チューブの露出した部分は生理食塩水に浸したガーゼで覆う。レーザーのエネルギーがチューブ自体を直撃したり反射される前にガーゼがそれを吸収し、チューブ自体や周囲組織への損傷を避けることができる（図9）。

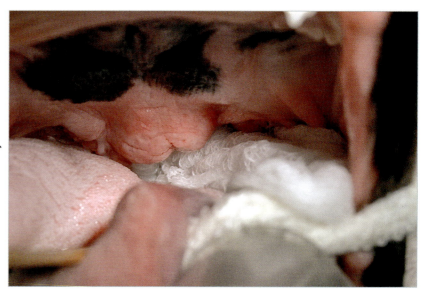

図9　気管内チューブの周りに生理食塩水に浸したガーゼを用いることで貫通や周囲組織への損傷を避けることができる

> ※ 気管内チューブを貫通する可能性は非常に低いが、それによる結果が重大であるため、リスクは高いことを認識しなくてはならない。このリスクをコントロールするためにできることはすべて行う。

手術中に気管チューブに引火したら何をすべきか？

1. 酸素の流入をすぐに止める。
2. 気道から気管チューブを抜去し床に捨てる。
3. 消火する。

損傷を最小限にするために迅速に行動する。チューブが気管内で数秒燃焼するだけで重度の熱傷が発生し、気管軟化、肺水腫、さらには患者が死に至ることもある。

直腸ガスへの引火

肛門や会陰部においてレーザーや電気メスを使用する場合、患者の直腸から漏出したガスが燃焼する危険性がある。肛門を閉鎖し、直腸にガーゼを詰めておくことでこのリスクを最小限にすることができる。

手術用綿、ガーゼ、パッドへの引火

手術用レーザーにより、術野にある手術用綿、ガーゼ、パッドに引火する可能性がある。これは皮膚にさまざまな程度の熱傷を引き起こしうる。

すべての手術用綿、ガーゼ、パッドを微温生理食塩水に浸しておくことでこのリスクを避けることができる。

手術準備用薬液の燃焼

術野の準備や消毒にアルコールの入った薬液を使用するのは避ける。

ポビドンヨード、クロルヘキシジン、ルゴールヨード液などはレーザーで発火はしないが蒸散する。高温で蒸散したものは高い化学活性をもち、皮膚の熱傷を起こす可能性がある。そのため、どの種類の消毒液であってもレーザーを使用する前に乾燥させておく必要がある。

体の他の部位への損傷

レーザーを使用した場合、手術の標的としていない体の他の部位が照射されてしまう可能性がある。これらは操作の失敗によって起こったり、レーザーが金属機器に反射したり照射標的内でそのエネルギーが完全に吸収し切れない場合はそこを貫通したりするため、予期せぬ部位へレーザーが作用してしまうことによって起こる。

> 術者が準備できていないときは、レーザー装置は常にスタンバイモードにしておく。

処置を行っている間は手術チームの全員が適切なコミュニケーションをとり、問題となっている組織に対して術者がレーザーを使用できるときにのみ、レーザーが稼働することを確認する。さらに術者はレーザーを使用する際に、術野において反射する金属製器具を使用しないようにし、レーザーを用いる部位の周囲組織は生理食塩水に浸したガーゼを用いて十分な幅と深さまで保護を行う（図10）。

高エネルギー外科手術機器／個人の安全

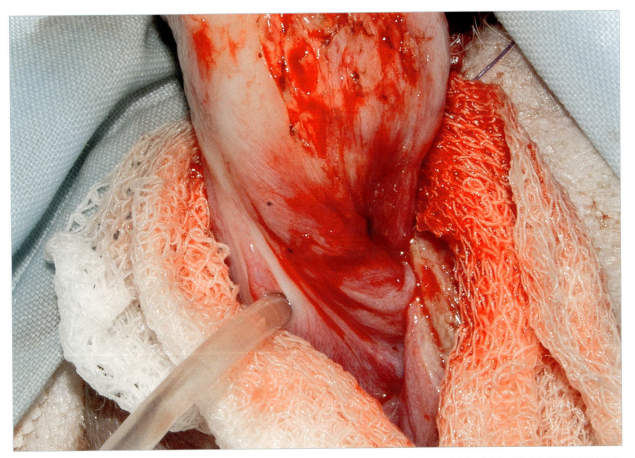

図10 炭酸ガスレーザーを用いることで、膣腫瘍を素早く最小限の合併症で切除することができる。不慮の傷害を避けるため生理食塩水に浸したガーゼで周囲組織を覆っておく。

眼に対する損傷

眼はレーザー光に対して最も感受性の高い臓器である。レーザーによる角膜、虹彩、レンズ、網膜の障害はその波長によって異なる。例えば、炭酸ガスレーザーは結膜や角膜を変性させるが、ダイオードレーザーは眼を貫通し網膜を障害する。

> 患者や手術場のスタッフの眼に対する障害は眼鏡や眼に対する防護具の使用により避けることができる。

眼の防護具

可視ならびに不可視のレーザー照射は角膜、レンズ、網膜を障害しうる（これらは波長による）。偶発的なレーザー光に対する曝露の危険性から、手術場にいるすべてのスタッフは眼に対する防護具を装着する必要がある（p171図2）。

これらの眼鏡は使用するレーザーの波長を十分に防ぐものでなければならない（表4）。

表4

手術用レーザーとその波長	
レーザー	波長（nm）
アルゴン	488
KTP	532
ダイオード	810〜830、980
ネオジウム・ヤグ	1,064
エルビウム・ヤグ	2,940
Er,Cr：Ysgg	2,078
炭酸ガス	10,600

> 手術用レーザーはそれぞれに異なる波長をもっているため、それぞれに合わせた専用の眼の防護具が必要となる。

手術用顕微鏡や拡大鏡などの光学機器を使用する場合は、これらの拡大レンズが十分な防護機能を果たすために目に対する防護具は不要である。

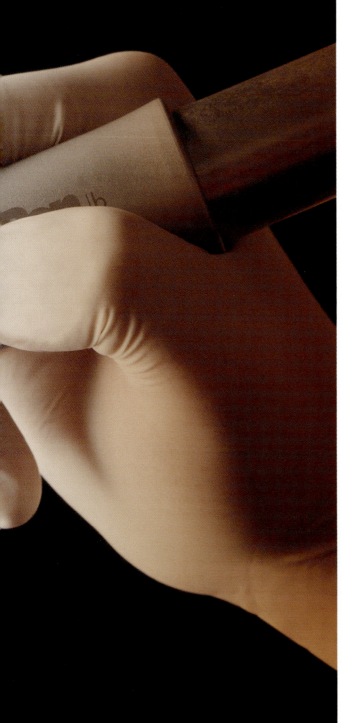

寒冷療法と凍結手術

局所冷却法、寒冷療法
凍結手術
凍結剤

凍結剤の使用方法

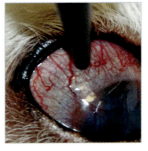 

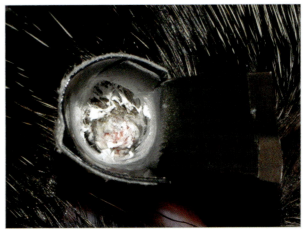

注意点と術後管理

臨床医のための止血術

局所冷却法、寒冷療法

José Rodríguez, Carolina Serrano, Amaya de Torre, Cristina Bonastre, Ángel Ortillés

　ヒポクラテスは出血、疼痛、炎症の治療に冷熱を用いたが、温熱のように手術のツールとして広がることはなかった。

　組織に対する冷熱の効果は、温度、時間、圧、冷却剤と組織との温度差によって異なる。

　寒冷療法とは冷熱を組織に加えることである。通常は軟部組織や骨関節の損傷部位における炎症と疼痛を軽減するために行う。

　氷や極低温の生理食塩水を局所に使用すると血管収縮を引き起こし、損傷部位の出血や炎症を軽減して疼痛を緩和する。しかし、長時間（10分以上）冷却すると反応性の血管拡張が生じる。

　このような理由から、局所の出血を減少させるため、とくに出血部位や出血の種類などにより効果的な止血が適用できない場合に、寒冷療法は外科手術にも適応可能である。

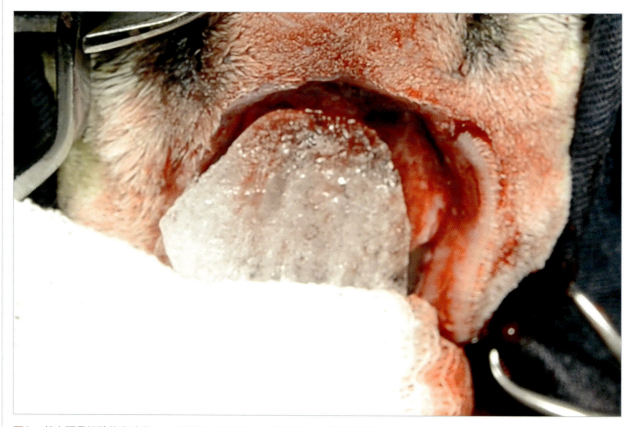

図1　前上顎骨切除術を実施した症例で、凍らせた生理食塩水を鼻腔領域に使用した例

　凍結した無菌生理食塩水は当該部位に直接使用したり（図1）、砕いたものをガーゼに包んで使用することができる。

　低体温を防ぐために、体内における寒冷療法は推奨されない。

全身性の低体温は凝固時間を延長させることを忘れてはならない。

凍結手術

José Rodríguez, Carolina Serrano, Amaya de Torre,
Cristina Bonastre, Ángel Ortillés

凍結手術とは組織を凍結することにより病変部位を限定的かつ選択的に壊死させる手術法である。

凍結手術は主に、小さな外傷や肛門周囲瘻のような体表損傷、眼瞼腫瘍のような限局性腫瘍の切除に用いられる（図1、2）。さらに、例えばフェレットの右副腎摘出術、肝臓の結節、小さな腎臓病変など、従来の手術方法では切除困難な腫瘍や体内の病変なども凍結手術の適応となる。

凍結手術の効果は右の表に示される因子によって決まる。

凍結手術の効果を決定する因子
■ 使用する液体、ガスの温度
■ 当該組織の種類（腺組織は感受性が高く、筋膜や大血管の壁は感受性が低い）
■ 細胞内外の水分含有量
■ 組織の血管分布
■ 凍結の速さ
■ 解凍の速さ
■ 凍結－解凍サイクルの反復

凍結手術は、凍結を速やかに、解凍を緩徐に行うことでより良好な結果が得られる。

図1　凍結手術で切除された眼瞼縁の腫瘍。凍結剤に亜酸化窒素を用いて凍結（15秒）－解凍サイクルを3回実施した。

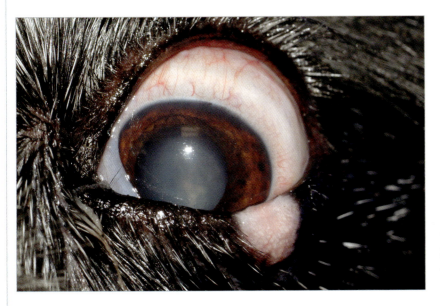

図2　凍結手術後16日目の経過。治療部位の脱色素が生じるため、飼い主へ説明する必要がある点に注意すべきだが、時間とともに色素は回復する。

凍結による細胞死や組織の融解壊死は、直接あるいは間接的な組織損傷を起こす。

凍結による細胞死は細胞内外に氷晶が形成されることによって生じ、大きな氷晶が形成された場合は細胞膜が破壊され、小さな氷晶が形成された場合は細胞膜が崩壊せずに脱水が生じる。

> 凍結手術への感受性は組織の水分含有量により決定される。このため、腫瘍細胞は凍結手術のよい適応になることが多い。

組織の凍結と解凍の速度は治療効果に影響する。最大の効果を得るためには、可能な限り速やかに凍結し、ゆっくり解凍する。

> 単回の手技を長時間実施するよりも凍結-解凍サイクルを繰り返した方が効果的である。

間接的な組織損傷は、血栓症や微小血管の内皮損傷による梗塞に起因する血流停止によって生じる。虚血が酸素欠乏と細胞死を引き起こす。

> 凍結手術の主な作用機序は血流停止と細胞死である。

凍結後、周囲の組織は炎症、肉芽形成、上皮化の過程を経て修復する。

> ＊ 肥満細胞腫は凍結手術が禁忌である。

凍結手術の利点と欠点

利点
迅速で、簡潔で、非侵襲的な手技である。
アプローチが難しく出血のコントロールが困難な組織を切除できる。
四肢遠位など、縫合・再建が困難な部位の病変を切除できる。
局所麻酔下で実施でき入院の必要がないため、老齢動物や全身状態が悪く全身麻酔や通常の手術が勧められない症例にはよい適応となる。
正常組織の損傷を最小限にしながら腫瘍組織を破壊できる。
術後感染が少ない。
悪性腫瘍では、免疫療法効果を示す可能性がある。凍結手術後に残存した腫瘍細胞が同種の腫瘍に対する免疫反応を賦活すると考えられている。

欠点
凍結手術後の合併症や後遺症を最小限に抑えるためには、術者の十分な経験が必要である。
術後2〜3週間は壊死や悪臭などを不快に感じる場合がある。
治療部位に美容的な変化が生じる：脱色素や脱毛（図2）。
肛門括約筋の損傷による便失禁など、治療部位に隣接した組織の損傷を生じる可能性がある。
腫瘍の栄養血管が損傷し、術後に出血が始まることがある（30〜60分後や数時間後）。
悪性度を評価するためには術前に生検する必要がある。

凍結剤

José Rodríguez, Carolina Serrano, Amaya de Torre, Cristina Bonastre, Ángel Ortillés

組織を凍結する凍結剤にはガスと液体がある。最もよく使用されるものを以下に記載する。

液体窒素

凍結剤として液体窒素を使用することがある。液体窒素は−196℃の液体ガスであり、噴霧器で組織に噴霧したり（図1）、専用の器具を用いて病変部に注入して用いる。

液体窒素は極めて低温であるため、症例やスタッフに事故が起きないよう取り扱いに細心の注意を払う必要がある。

液体窒素は専用の圧力容器で保管する必要がある。使用していないときにも徐々に蒸発し、容器が破裂する恐れがあるので、密封容器に保管してはならない。

図1　液体窒素を噴霧する専用の装置

> ＊　誤って皮膚にこぼすとその部分が凍結してしまうため、液体窒素の扱いには細心の注意を払う必要がある。
> 液体窒素を圧力容器から器具やトレーに移すときは、保護メガネや保護手袋を装着する。

亜酸化窒素

加圧ボトルで亜酸化窒素を使用する専用の装置がある。スイッチを押すとガスが管を通り、ガスが先端で急速に広がることにより（ジュール−トムソン効果）−89℃の凍結領域が作り出される（図2）。

ジメチルエーテルとプロパン

ジメチルエーテルとプロパンを混合したもの（DMEP）が−57℃まで冷却できる噴霧剤として登場した。通常は異なる大きさの綿棒（5mm か2mm）を用いることで、組織に細かく塗布することができる（図3）。

この凍結剤は専用の保存容器を必要とせず長持ちするが、液体窒素や亜酸化窒素と比べると凍結力が弱い。

図2　亜酸化窒素用の携帯装置。先端を交換することで噴霧されるガスの広がりを調節できるので、さまざまな範囲を凍結することができる。この図の装置では2〜4mm の病変を凍結できる。

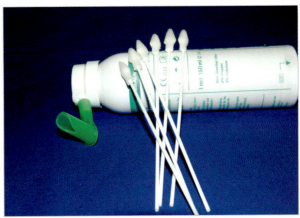

図3　DMEP は安価であるが、他の凍結剤と比べると効果が弱い。これは表面にある小さな病変に対して使用可能である。

凍結剤の使用方法

José Rodríguez, Carolina Serrano, Amaya de Torre, Cristina Bonastre, Ángel Ortillés

　効果を最大限にし、合併症を減らすために、治療部位をできるだけきれいに毛刈りし、初期の癒着改善のために少量のワセリンあるいはゲルを使用する。

　角化亢進している部位は、角質溶解剤を使用するか角質を削って準備する。突出している病変、有茎状の病変は最初にメスや鋏で切り取る。

動物の皮膚は厚いので、治療前に硬い部分を切り取ったり削り取ったりするとよい。

　治療法は病変の種類や場所によって異なる。治療時間は病変の広がりや深さによるが、この点については術者の経験が重要である。多くの場合は、最初の凍結後に組織を10〜30秒ほど解凍する必要があり、この凍結−解凍サイクルを繰り返す。

粉砕法

　凍結剤は、目的の病変部位に噴霧する（2〜15秒間）か少量を直接滴下して用いる。

図1　この症例では、凍結剤が治療部位に集中するように、エチレン酢酸ビニル（ゴムスポンジ）を円錐形に加工したものを用いた。こうすることで周囲の組織への損傷を防ぐことができる。

切除する組織を正しく凍結するための条件
1. 組織の温度を−20〜−30℃まで迅速に低下させる。
2. 自然に解凍させる。
3. 凍結-解凍サイクルを最低でも1回は繰り返す。

　理想的には治療中に温度を測定できるとよい。温度を記録する最もよい方法は熱電対を用いる方法で、病変周囲の適切な深さに針を刺入し温度センサーを取り付ける。もしそのような装置がなければ、治療部位の見た目と触感で判断する。

凍結部位辺縁（1〜3mm）に見られるハローから、凍結された深さを推測できる。

凍結手術に必要な道具
- 凍結剤を収容する携帯可能な装置もしくは瓶（p183 図1〜3）
- 合成ゴム（ネオプレン）製のコーンや耳鏡コーンのような（X線フィルム片やシリンジの下側を切ったものでもよい）凍結する組織の周囲を保護するもの（図1）
- やすり、スクレーパー、ピンセットなど

　凍結療法を目の周囲で実施する場合は、プラスチックのスプーンで角膜を保護するとよい。

寒冷療法と凍結手術 / 凍結手術

典型的な噴霧法では、噴出口を病変の中央に、組織から数 mm 離した場所にセットする。病変の表面と限定した辺縁（1〜5mm の間）が凍結されるまで引き金を引いて凍結剤を噴霧する（図2）。

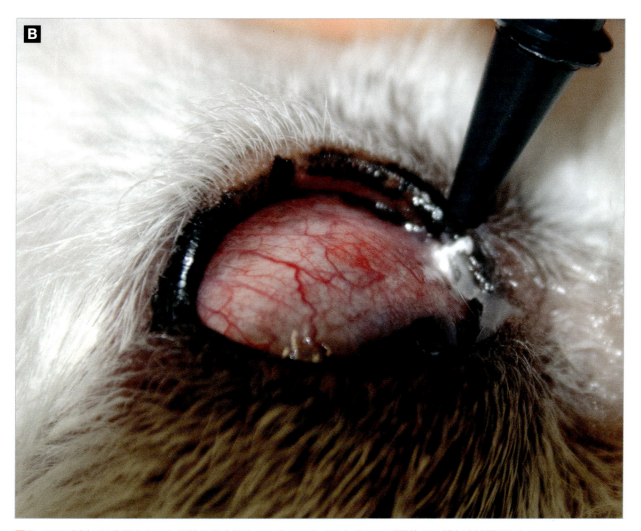

図2　この症例では牛眼となった慢性の緑内障をコントロールするために、毛様体の一部を凍結凝固した。

外科手技

凍結する範囲を限定するためのコーンや保護スクリーンを使用し、以下の手順に従って行うとよい（図3）。
- 病変部の大きさに対して適切な保護コーンを選択する。
- 保護コーンを組織表面に対して垂直に置く。
- 凍結剤を45°の角度で保護コーン内に注入する。
- 約30～40秒間、凍結剤が完全に蒸発するまで待つ（図4、5）。
- 凍結剤が完全に蒸発して組織からなくなったら保護コーンを外す。
- 約40秒間、組織が完全に解凍するまで待つ。
- 凍結－解凍サイクルを最低でも1回は繰り返す。

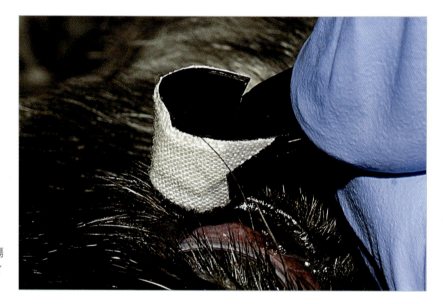

図3　凍結範囲を決め周囲組織の損傷を防ぐため、この症例ではX線フィルムでコーンを作成した。

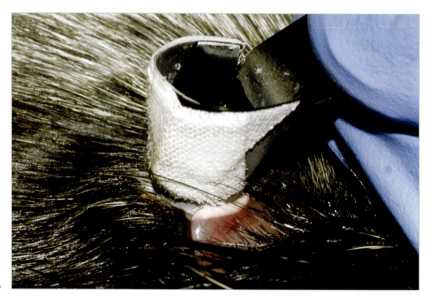

図4　凍結剤注入後、白っぽいハローが凍結部位の周囲に観察される。これが、凍結の広がりや深さの指標となる。

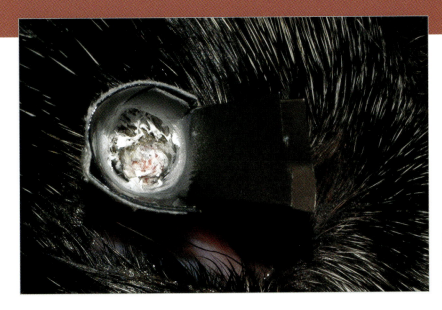

図5 凍結剤が蒸発し、凍結部位が確認できる。この時点では組織に付着しているのでコーンを外せない。解凍されるまでそのままにする。

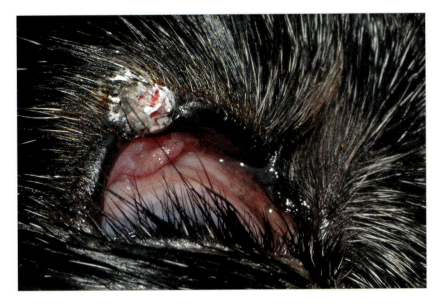

図6 治療後。病変部が適切に凍結されており、周辺の組織に損傷はない。

チューブ（接触端子）を用いた方法

接触端子を使って凍結剤を用いると、より正確でピンポイントに実施することができる。

接触端子は液体窒素のディスペンサーに接続して使用することも（p183図1）、別個に使用することもできる。後者の場合、使用前に接触端子を数分間液体窒素に浸す必要がある。

この方法は、眼瞼のようなより精密さが求められるデリケートな部位や、血管が非常に豊富な部位で用いられる。血管が豊富な部位では、圧をかけることで血流が減少し、治療がより効果的になる。

* 解凍時に端子が組織から離れるまで待つことが重要である。室温の生理食塩水をかけてもよい。組織が裂けることがあるので、引っ張ってはならない。

外科手技

- 治療部位はできるだけ乾燥させる。
- 病変部全体にワセリンを薄く塗布する。
- 端子を病変に対して垂直に接触させる。
- 引き金を引いて凍結を開始する。氷の塊が形成され、5秒間隔で約1mmずつ、最大で5mmの深さまで組織が凍結する。
- 凍結後は、端子が溶けてワセリンから離れるまで待つ。
- 凍結−解凍サイクルを少なくとも2回は繰り返す。

凍結−解凍サイクルは、1cm未満の病変で2、3回、1〜2cmの病変で3、4回は繰り返す必要がある。

綿棒を用いた方法

　凍結剤を綿あるいは合成の綿棒で使用する方法は非常に単純で、前述の方法のように特殊な装置が必要ない。

　この方法は、デリケートな組織や骨の直上のような、表面にある小さな病変に用いられる（図7）。

> 十分な量の液体が繊維の間に保持できるよう、綿棒の綿球があまり密なものはいけない。

> 長い柄に小さな綿球を付けた綿棒を使用する。綿棒の先端が病変と同じくらいか少し大きなものを使用する。

外科手技

- 凍結剤として液体窒素を使用する場合、少量をプラスチック容器に移して綿棒を2〜5分間浸す。
- 他の凍結ガスを使用する場合、綿棒が凍結ガスで飽和し滴るようになるまで数秒間噴霧する。組織に接触させる前に約15秒間待つ。
- 目的の深さに応じて軽度から中等度の圧で綿棒を治療する病変部位に10〜20秒間素早く押し付ける
- 病変部周囲の1〜3mmに白っぽいハローが確認できる。
- 綿棒を離して組織の解凍を待つ。解凍には40秒ほど要する。治療部位は完全に解凍するまで触ってはいけない。
- 凍結 – 解凍サイクルを最低でも2回は繰り返す。

　液体窒素は急速に蒸発するため、綿棒を液体窒素に浸してから病変に押し当てる行程を、10〜20秒間隔で凍結が得られるまで繰り返す必要がある。

　この方法は得られる凍結の深さが浅いため（1〜2mm）、表面にある小さな病変に用いる。

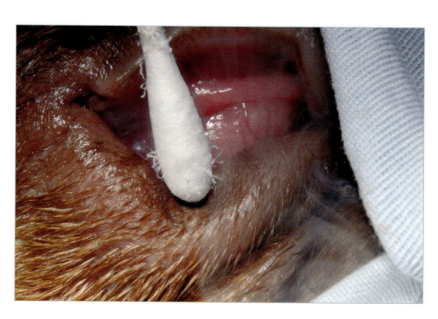

図7　凍結効率を上げるため、液体窒素に浸した綿棒は圧をかけながら病変部に押し当てている。凍結-解凍サイクルは複数回繰り返す必要がある。

注意点と術後管理

José Rodríguez, Carolina Serrano, Amaya de Torre,
Cristina Bonastre, Ángel Ortillés

　術後に起きる変化は、前もって説明しておかないと飼
い主が不快に感じることがある。

1. 炎症	細胞が破壊され血流停止と虚血が生じることで炎症と浮腫を引き起す。これは48時間以内に消失する傾向がある。
2. 水疱形成	術後48時間は漿液または血液性の水疱が形成されることがある。時には大きな水疱が形成される。もし自然に破裂しなければ取り除く。
3. 出血	とくに生検を実施したときなどは解凍後に出血することがある。この場合は被覆材で治療部位を覆い、毎日交換する。
4. 脱色素と脱毛	凍結はメラニン細胞と毛包を破壊するため、新しい組織は脱色素し脱毛する（p181図2）。通常は数週間〜数カ月で自然に色素が回復する。
5. 壊死	凍結手術の目的は壊死を生じさせることであるため、数日で良化するものの、飼い主が不快に感じることがある。
6. 異臭	口腔で凍結手術を実施した場合、術部が常に湿潤になり、感染を生じることもあるため異臭を生じる。この場合は術部を消毒液で毎日洗浄する。
7. 自傷	術部で炎症と掻痒が生じるため、動物が掻いたり噛んだりしないようエリザベスカラーを装着する。

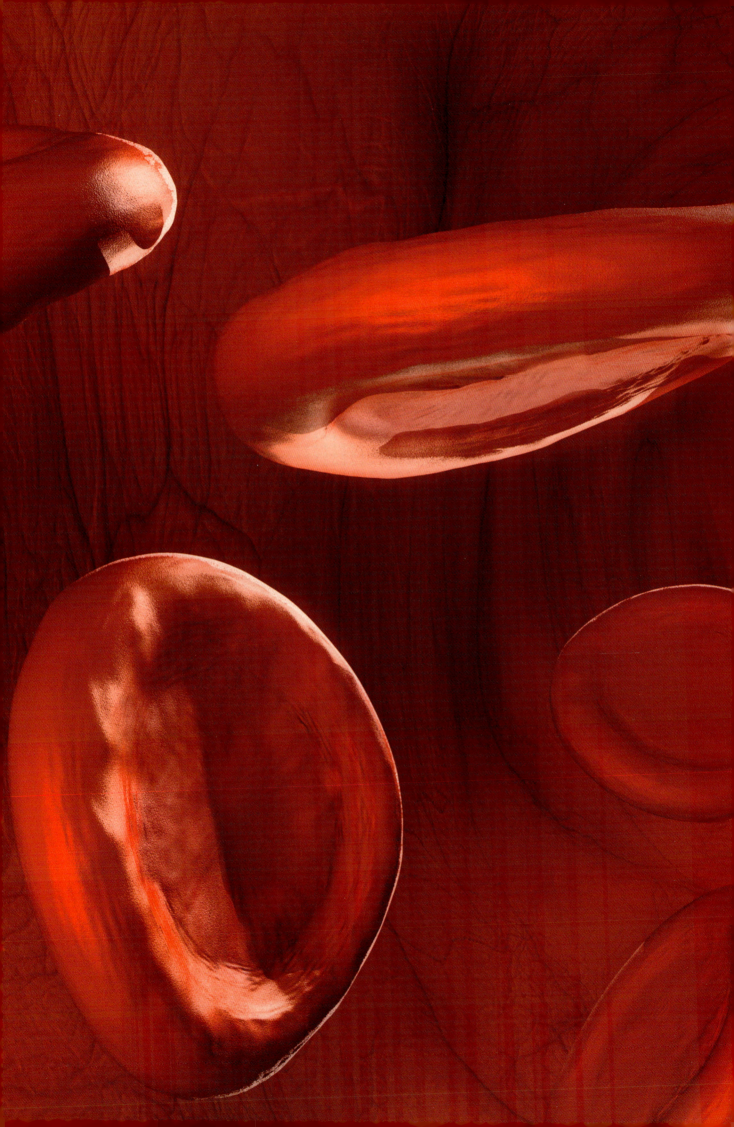

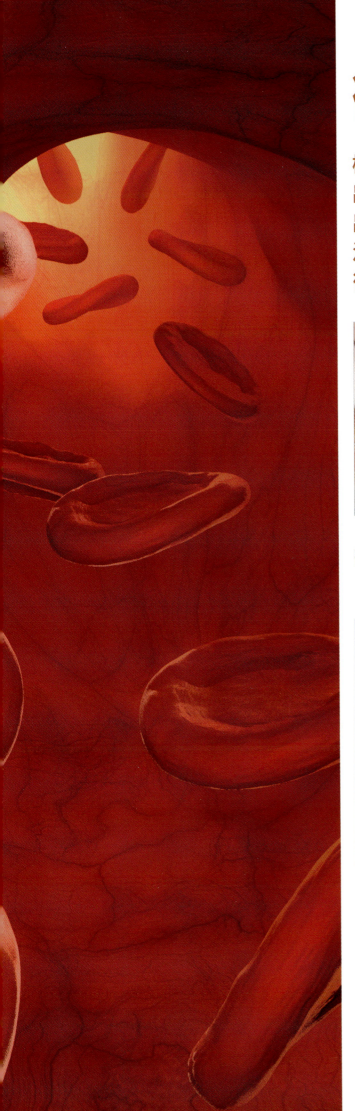

術後出血

概要
出血の原因
出血の重症度評価
治療
術後出血の進展

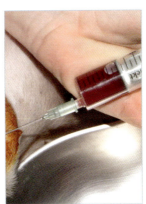

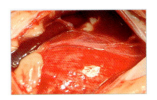

術後出血の診断と
　超音波モニタリング

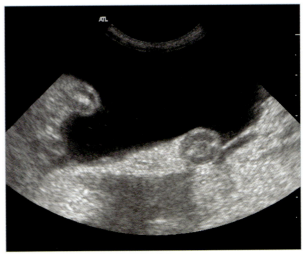

概要

José Rodríguez, Carolina Serrano, Amaya de Torre, Cristina Bonastre, Ángel Ortillés

手術直後に術創の検査を行い、さらに数時間後に出血がないことを確認する。

手術直後の腹腔内からの出血がみつかったときは外科医は心配するだろう。手術後の血液喪失は患者の状態、用いた麻酔法や手術手技と術後モニタリングにより大幅に変化する。

> 術後出血はあらゆる手術で起こりうる合併症で、術後数時間または数日のうちに起こる。

以下の点を考慮しておくと有用であることを覚えておくとよい。
- 術前の症例の特性と状態
- 手術のタイプと手術時間
- 待機手術もしくは緊急手術
- 外科医の能力と経験
- 術中、術後のケア

> 術後出血の割合は待機手術と比べて緊急手術で高い。

術創からの出血の原因がわからず不安が生じることがある。覚醒後に動脈血圧が回復する、または不完全な結紮や縫合不全といった技術的なミスによって皮下の血管から出血が起こる。広範で深い部位の電気外科手術による焼痂の剥離によっても出血が起こりうる。

そのような場合、出血部位で用いた方法を確認し、適切な評価を行い、症例について考え見直す必要がある（図1～5）。

治療は患者の評価による。以下に示すように出血の程度を肉眼的に確認し、補助的な診断的検査を行う。

出血があまり多くない場合は動脈血圧が回復したことによって二次的に起こる出血であり、外科手技が適切に行われたことを疑う必要はない。麻酔中は時に低血圧となり血管が虚脱する。動物が麻酔から覚醒すると、血圧が正常またはそれ以上に上昇し、虚脱していた血管が開通し出血が起こる。このような場合には、圧迫包帯を用いたうえで、頻繁に観察することが望ましい（図2、3）。

図1　陰嚢部尿道造瘻術における大量の術後出血。この手術では発生率が高く、予想される合併症である。尿道の海綿状組織は容易に出血する。外科医は過酸化水素水を浸したガーゼで術創を落ち着いて圧迫するとよい。

図2　この症例で認められた出血は軽度であり麻酔後の血圧の回復が原因と考えられる。圧迫包帯を巻いて、2時間おきにモニタを行った。

術後出血／概要

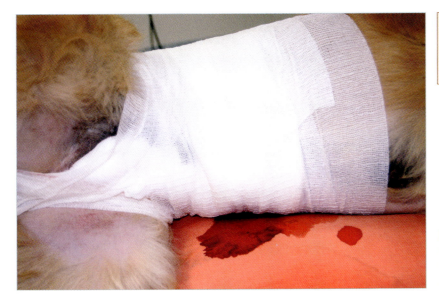

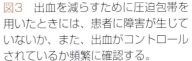
1～2時間で5～6ml/kgの血液喪失が認められた場合、警戒が必要な出血と考えられる。

図3 出血を減らすために圧迫包帯を用いたときには、患者に障害が生じていないか、また、出血がコントロールされているか頻繁に確認する。

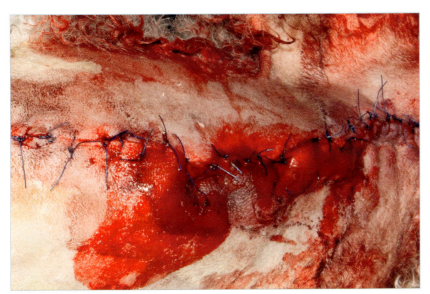

出血量が多く、術式を検討した結果、出血の原因が手術手技の失敗によるものと考えられる場合には再手術を行う（図4）。

図4 根治的乳腺切除術を行った動物。手術直後に重度の出血が認められた。出血は浅後腹壁動静脈の結紮が正確に行われなかったことによる。

大手術を行った後に、出血が多い場合には、手術で行った手技を確認し、出血を説明できるあらゆるミスの可能性や術中の合併症をみつけ出す必要がある。さらに、経過の重症度と取るべき行動の緊急性を評価するための補助的な診断的検査を考慮する（図5）。

図5 腎摘出術を受けた患者。皮膚切開の尾側領域に手術直後に出血が起こった。術後の高血圧（180mmHg）が原因で、皮下組織のいたるところで出血した。

出血の原因

José Rodríguez, Carolina Serrano, Amaya de Torre, Cristina Bonastre, Ángel Ortillés

術後出血が生じたときには、外科医はまず可能性のある出血の原因について検討する必要がある。術後出血に気づいたら、直ちに用いた麻酔と手術手技ならびに症例について利用可能なすべてのデータと検査結果を分析する。

> 試験的な探索的介入を考える前に出血に継発する凝固能の問題を除外する。

症例の術前の止血状態とは関係なく、術中に血液凝固能の変化が生じ術後に出血が起こる。そのため血液塗抹、血小板数、頬粘膜出血時間の評価を行うことが重要である。もし可能であればプロトロンビン時間（PT）、活性化プロトロンビン時間（APTT）も測定する。

さらに、術中の大量出血や腫瘍患者でみられる潜在性の播種性血管内凝固症候群（DIC）でも血小板の過剰な消費が起こることを覚えておく。

「血小板数」の項を参照 ← 13ページ

「臨床検査」の項を参照 ← 14ページ

> 不十分な外科的止血と血小板異常が術後出血の95％に関係する

麻酔の手技と麻酔後の回復についても、さまざまな状況や状態が術後出血に関与することがあることを考えに入れておく。

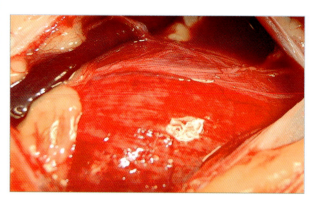

図1　肥満した雌犬における卵巣子宮摘出術の卵巣茎の不十分な結紮による術後血腹。再手術で出血している血管を探し出し、出血をコントロールする必要がある。

「麻酔および周術期の出血」の項を参照 ← 48ページ

例えば低体温とアシドーシスは凝固カスケードの抑制に関係している。このため術前、術中、術後の体温と、適切な酸素供給、組織血流を維持することが重要である。

> 低体温、アシドーシス、血液凝固障害（致死的三徴候）は、予知し適切な補正を行わないと死につながる可能性のある合併症である。

同様に、症例に投与された薬剤や麻酔薬の種類と投与量を再確認することが重要である。血小板の機能不全がある患者で、ヘパリンを使用しプロタミンでリバースされた場合で血小板の機能不全が持続していれば、術後数時間のうちに出血が起こり、その後の数時間で徐々に出血が減少する可能性がある。

高血圧の患者では皮下組織の毛細血管からの出血が悪化するかもしれない。そのため回復中に動脈血圧を測定し調節することが重要である。

> 緊張（カテコラミンの放出によって起こる交感神経系の刺激）と痛みは術後回復期の高血圧の主な原因であり、その結果術後出血が生じやすくなる。術中、術後に適切な鎮痛薬を投与することが重要である。

実施した手術手技について、手術中に生じた失敗の可能性や技術的合併症について考慮する必要があり、手術中に生じて最初はコントロールされていたものが二次的出血の原因になっているかもしれない（図1）。

肥満動物では、とくに血管周囲組織の脂肪蓄積によって血管の露出や可視化、正確な止血が困難である。

> 肥満は、術中の医原性の止血失宜を増加させる可能性のある危険因子である。リスクは外科医の訓練や経験に反比例する。

慎重な外科的止血を行い、自然止血機構の血液検査は正常であるにもかかわらず説明できない出血が起こる可能性がある。このタイプの出血は術中または術後にみられることがあり、通常行われる検査では血小板機能の質的欠陥を同定できないと考えられている。したがって異常を検出するためには、より包括的な検討が必要である。

出血の重症度評価

José Rodríguez, Carolina Serrano, Amaya de Torre, Cristina Bonastre, Ángel Ortillés

出血の重症度を評価するために次に外科医が考えるべきことは、出血が表面もしくは深部のどちらかで生じているかを突き止めることである。

術創の辺縁から出血している場合には、術創から出血が起こっていることが疑われるが、出血が血腹、血胸、単純な皮下組織からの出血のいずれによるものかを簡単に判断することは通常不可能である。

> しかし、術創からの出血ではなく体内で出血が起きている場合どのような方法で知ることができるのだろうか。

内部出血の早期検出と重症度の評価は難しい課題である。判断をするための十分な情報を得るために追加の診断検査と診察を行うだけでなく、全身的な臨床検査も行う。この目的には超音波検査は非常に有用な手段である。

体内で出血している動物では、出血の持続時間と出血量によって変化する非特異的な徴候が生じることがある（表1）。血液検査は重要なデータを与えてくれる。赤血球数、ヘマトクリット値、血小板数に加えて、総蛋白量、血糖値、乳酸値を測定する。

表1

血腹の症例で確認できる臨床症状	
初期の代償状態	進行した非代償状態
麻酔からの覚醒遅延	
明るいピンク色の粘膜	蒼白の粘膜
毛細血管再充満時間 ＜2秒	毛細血管再充満時間 ＞2秒
頻呼吸	
頻脈	
正常血圧または血圧上昇	血圧低下

コルチコステロイド治療を受けていない非糖尿病患者の高血糖は、ミトコンドリアと血管内皮の機能不全を引き起こし、炎症と血栓の活性化状態を伴う。インスリン療法を開始する前に、血管内水分量を補正すべきであり、輸液療法により血糖値を30～50%下げられることがある。

乳酸値測定は組織灌流と酸素化に関する情報を与えてくれる（正常値／犬：＜3.2mmol/l、猫：＜2.5mmol/l）。経時的な変動を分析するために連続測定を行う。

血液ガス分析はpH、酸素化、腎機能に関する重要な情報を与えてくれるので非常に有用である（表2）。

表2

血液ガスの正常値	
$PaCO_2$	35～45mmHg
PaO_2	90～100mmHg
pH	7.4（＋／－0.05）

動物の体内での血液喪失を確認し定量するために、穿刺、吸引、ドレインの設置と同時にX線検査、超音波検査などの補助的な診断検査を行うこともある。

術後イレウスの症例では、単純X線検査の感度は低く紛らわしい像を示すかもしれない。

超音波検査により、腹腔内の遊離腹水の量を迅速に評価することができる。しかし、ガスによる腹部膨満、術創とドレインやカテーテルの設置によって検査が制限される欠点もある。

「術後出血の診断と超音波モニタリング」の項を参照 ➡ 200ページ

超音波検査で評価する時期によって、血腹は遊離腹水またはエコー輝度の増加した狭い空間内の液体の貯留として観察されるかもしれない。

> 超音波検査は、患者または外科医に危険が全くなく体外から何度でも好きなだけ繰り返し行うことができる。

コンピュータ断層撮影（CT）は臓器と体腔内の完全な評価を可能にする非常に有効で正確な技術である。

CTスキャンでは、出血部位、発生からの経過時間、重症度によって血腹の見え方が変化する。初めは、血管外に出た血液は循環血液と同じ希釈度だが、血餅形成に伴うヘモグロビン濃縮によって希釈度が上昇する。

腹腔穿刺は腹側の傍正中から20G注射針を用いて行うことができる。正中から3～4cm離れた部位から刺入することで術創と肝鎌状間膜を避けることができる。

> 血腹が軽度の場合、腸管ループ、腸間膜、大網の間に毛細管現象で血液が貯留し、有意な検体を得ることができないことがある。

　大きな手術を行った動物や多発外傷の動物では、ドレインを設置して体腔からの液体の除去、麻酔薬の投与、術後出血の評価を行うことが推奨される（図1、2）。

　凝固していない血様液体が採取された場合には、分析を行う。液体のヘマトクリット値とTPの値を末梢血と比較する。もし後者が循環血液と等しいまたは高い場合、内部出血の診断は陽性である。

> 急性期には、末梢血のヘマトクリット値は脾臓の収縮により正常な場合もあるが、TPは40g/l以下になる。

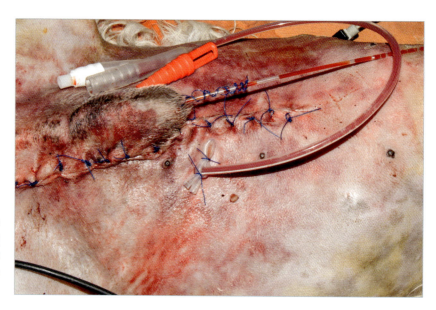

図1　この患者は後躯の多発性外傷で膀胱と尿管破裂が認められた。損傷組織の再建の後、回復期の術後出血を評価するために損傷領域にフォーリーカテーテルを留置した。

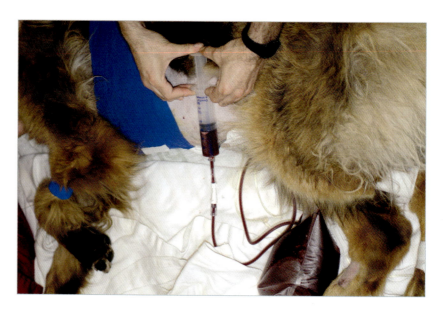

図2　大部分の開胸術例では、胸腔内に残った空気を除去するために胸腔ドレインを設置する。胸腔ドレインは胸腔内の大きな手術後に生じる血胸の除去と評価にも有用である。

治療

José Rodríguez, Carolina Serrano, Amaya de Torre,
Cristina Bonastre, Ángel Ortillés

患者の身体検査、検査結果と補助的な診断技術（超音波、X線、CT検査）で得られた情報の分析後、保存療法を適用または継続する（圧迫包帯、輸液）（図1）か、試験的再手術を行うべきかを決定しなければならない。

初期治療

術後に重大な出血が生じている場合、最初の目的は血液の喪失をコントロールし血管内容量を維持することである（表1）。

表1

術後出血治療の輸液	
輸液剤	用量
等張晶質液 （乳酸リンゲルなど）	犬：60～90ml/kg 猫：40～60ml/kg
膠質液 （デキストラン、デンプン、ゼラチンなど）	犬：15～20ml/kg 猫：10～15ml/kg
7.5％高張食塩水	5ml/kg
新鮮凍結血漿	10～15ml/kg
全血輸血	20～25ml/kg
濃厚赤血球	6～12ml/kg

膠質輸液は、急速に血管内用量を増加させることができるため第一選択とすべきである。さらに、分子量が大きいため、比較的効果が持続する。

> TPが40g/l未満の場合、膠質液を静脈内投与すべきで（犬の上限15～20ml/kg/24h、猫の上限10～15ml/kg/24h）、維持には等張晶質液を継続すべきである。

晶質液は組織間質に急速に分布するため多くの量を使用しなければならない。しかし膠質液と併用すると、投与量を40％まで削減できる。

高張食塩水は急速に血管内浸透圧を上昇させ水分を組織間質から血管内に引き込む。しかし、その有効時間は短く適切な輸液療法で血管内容量を維持しなければならない。

> 出血が持続している場合、膠質輸液と高張食塩水にはデメリットがある。出血部位から血管外に漏出し浸透圧が上昇することでより多くの水分喪失につながる。

新鮮凍結血漿は凝固因子を含むため、凝固障害と播種性血管内凝固症候群の症例で適応となる。

> 輸液療法の有効性を評価するために、尿産生量（1ml/kg/h）を測定することが重要である。

ヘマトクリット値が20％未満に減少した症例には濃厚赤血球または全血輸血を用意しておく。

手術に先立ち投与を開始しないのであれば止血剤の使用が推奨される。しかし、効果が見られるまで約30～60分かかることを覚えておくべきである。

「止血を促進する薬剤」の項を参照 68ページ

出血の進行状況の把握と保存的治療を継続すべきか、あるいは出血のコントロールのために再手術が必要か判断するために、症例の臨床的な状況を再評価し、診断的検査と超音波検査を頻繁に繰り返す（p194図1）。

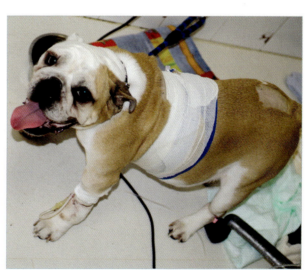

図1　胸骨正中切開後の症例で回復中に認められた軽度の皮下出血をコントロールするための圧迫包帯

術後出血の進展

術後出血がコントロールされると、血管外に漏出した血液は皮下組織に広がるか局所に蓄積して凝固する（図1〜3）。

最も軽度でびまん性の血腫は自然に吸収される。そのような血腫形成を減らし、溶解を促進する目的で、特別な軟膏や温熱／冷却療法を用いることがある。これらの治療は、冷却は出血と炎症を抑制し、温熱は血餅の吸収と治癒を促進するという事実に基づく。

> これらの血腫は術後数時間から数日の間に発生する。

血液が局所に蓄積し凝固していない場合、シリンジで吸引できることがある。この操作は細菌汚染を防ぎ血腫が膿瘍とならないように無菌的に行う（図3）。

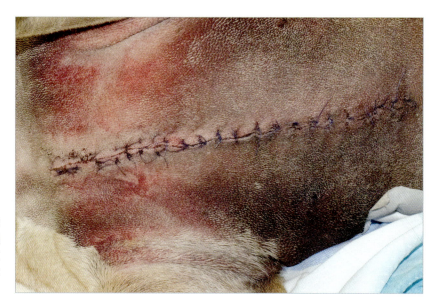

図1　胸骨切開を行った後胸部にびまん性に広がった皮下血腫。その後の処置として血腫の吸収を改善するために冷湿布と温湿布を交互に行い抗血栓と線溶軟膏を使用した。

図2　再発性の尿道閉塞の患者に陰嚢部尿道造瘻術を行った後に広がった皮下血腫

術後出血 / 術後出血の進展

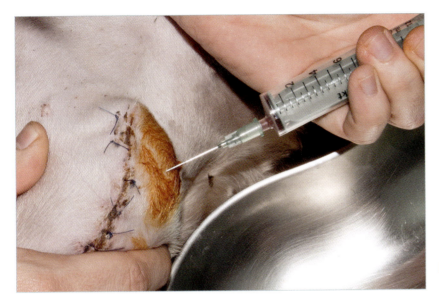

図3 開腹手術後に皮下に貯留した液体の穿刺吸引による抜去。

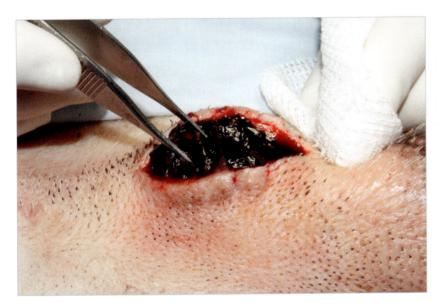

症例によっては血腫が吸収されず、二次感染、治癒の問題または皮膚壊死を起こす可能性を防ぐために凝固した血液を用手的に除去する。そのために、皮膚縫合をいくつか取って血餅を取り除きやすくする（図4）、または血腫の除去と生理食塩水による洗浄の再手術を行う（図5）。

図4 この写真は、尿道閉塞の治療で陰嚢後部の尿道切開術を行った後に起こった皮下血腫を除去しているところである。

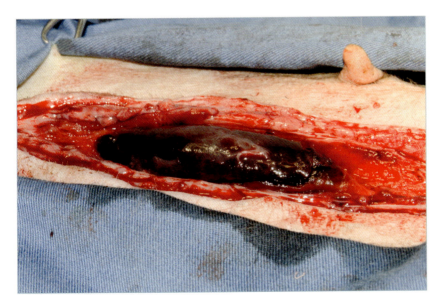

図5 治癒の障害および二次的な膿瘍形成の可能性を防ぐために外科的に取り除く必要があった大型の血腫

臨床医のための止血術

術後出血の診断と超音波モニタリング

María Borobia

　術後出血の患者は、早急に診断と評価を行う必要がある緊急事態にある。これらの症例に対して超音波検査は安全、正確で費用が安く最適な選択肢である。

　超音波検査はこの数年間で、日常の獣医臨床の中で非常に重要な診断ツールとなった。実際に超音波検査は安全、動的、非侵襲的で特異度が高く、救急と集中治療の分野で必須の診断技術になっている。超音波検査は患者がどこにいても実施でき、動物を動かしたり過剰に操作しなくてよい。さらに、迅速に結果が得られ、経過の観察も容易なため正確な判断をすることができる。

> 術後出血が疑われる場合、動物にストレスをかけたり、過剰なハンドリングを避けるために、装置を動物のそばに移動させることが推奨される。

　超音波検査は、術後出血の診断とモニタリングの両方が可能である。超音波検査は体腔内の遊離体液の検出に関して感度と特異度が高い方法である。体腔内の少量の液体の検出に関しては、コンピュータ断層撮影と同様にX線検査と比較してはるかに感度が高い。さらに、外科医が出血が腹部から起きているのか皮下から起こっているのか区別することも可能である。

> 超音波検査では腹腔内の4ml/kg以上の遊離体液の検出が可能である。

　腹部遊離体液を検出するときの体位は背臥位、腹臥位、横臥位である。

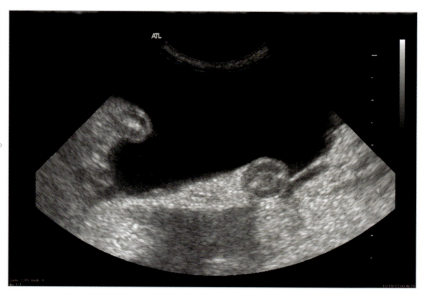

図1　腹部の遊離体液。腸管の横断面が液体に浮いているのが観察できる。

　大量出血の場合、超音波所見を読み取ることは容易であり、腹腔内臓器が大きな無エコー領域で区切られている（図1、2）。蛋白、デブリ、細胞が遊離体液に含まれている場合には、エコー源性が増加する（図3、4）。

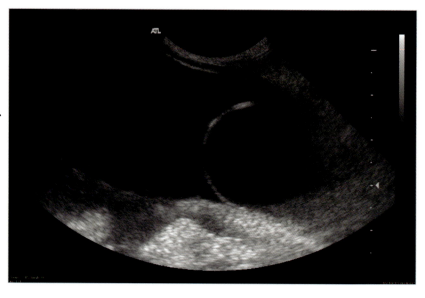

図2　膀胱頭側の大量の無エコー性遊離体液

術後出血 / 術後出血の診断と超音波モニタリング

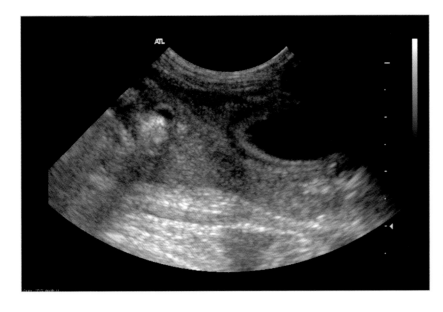

図3 膀胱頭側のエコー源性の遊離体液。液体の高エコー源性の増加は細胞またはデブリの増加による。

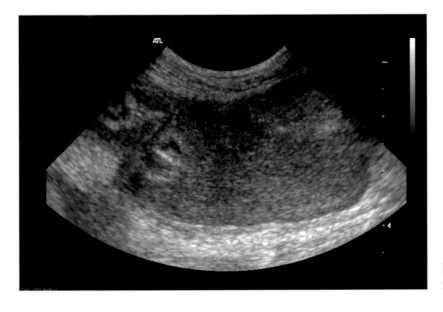

図4 腹部の高エコー源性の遊離体液

もし出血が軽度の場合、膀胱の頂点領域またはその背側（図5）または肝葉の間（図6）横隔膜と肝臓の間（図7）、胃と肝臓の間（図8）、腹壁と脾臓の間（図9、10）に液体が観察される。

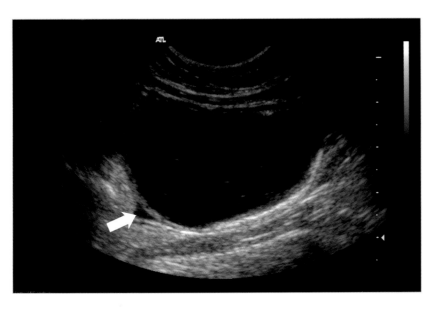

図5 膀胱頭側の少量の無エコー性の遊離体液（矢印）

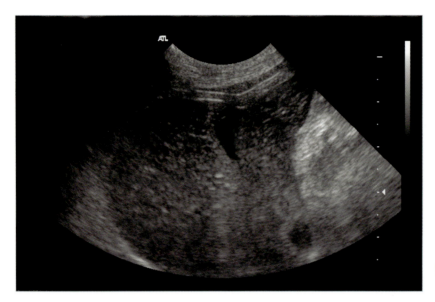

図6 2つの肝葉の間の無エコー性の液体

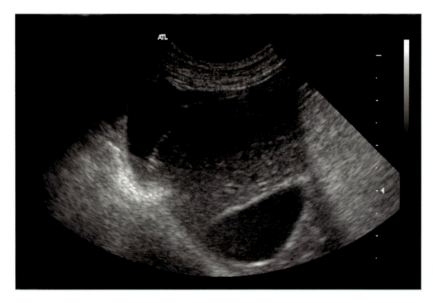

図7 横隔膜と肝臓の間の無エコー性の液体（高エコーの線）

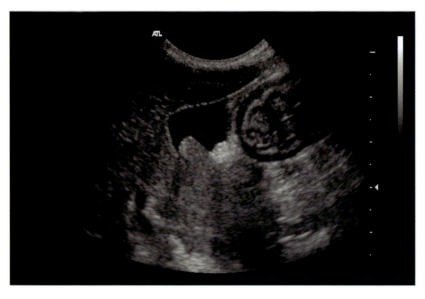

図8 肝臓と胃の間の無エコー性の液体

術後出血／術後出血の診断と超音波モニタリング

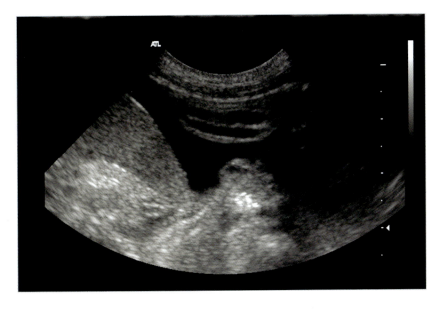

図9　脾臓と腹壁の間に存在する出血

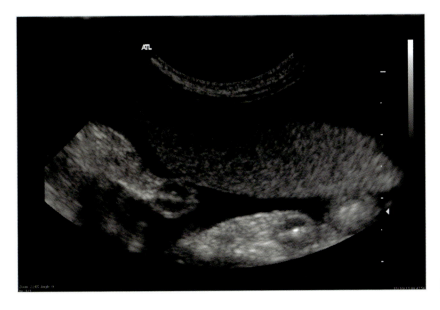

図10　脾臓に隣接する遊離体液

　術後とくに術中に洗浄を行った場合には少量の遊離体液がみられることは一般的であることを覚えておく。これらの症例では、前述した領域で液体が認められる。

　出血が継続している場合には、超音波検査の間にどの程度の液体が増加したかを確認できる。

> 開腹を行い腹腔洗浄を行った場合には、超音波検査を行って、残っている液体の量を評価しておくことが勧められる。そうすることによって2回目の検査で術後出血の可能性と混同することが避けられる。

　超音波ガイド下腹腔穿刺は液体の発生源を早期に診断するために望ましい。

　もし少量の血液が検出された場合、出血の進行を評価するために引き続いて超音波検査を繰り返す。さらに、粘膜の様子を常に観察し、毛細血管再充満時間を測定する。

　もし前回の検査と比較して液体の量が変わらないまたは減少している場合、状態は改善していると考えられる。

　術後出血の症例では少なくとも1日に2回モニタすべきである。常に同じ観察画面を用いることで、測定で出血量が増加していないことを確認できる。画面を正しくセットで観察することが正確な遊離体液の量を評価するうえで非常に重要である。

術後の超音波検査は、解釈基準を常に同一とするために同じ人物が行うべきである。

もし患者が横臥位であれば、プローブは寝ている動物の腹部に可能な限り垂直に当てる。もし斜めに表示をすると、存在する液体の量を過剰評価して誤った診断をしてしまう危険性がある（図11と12）

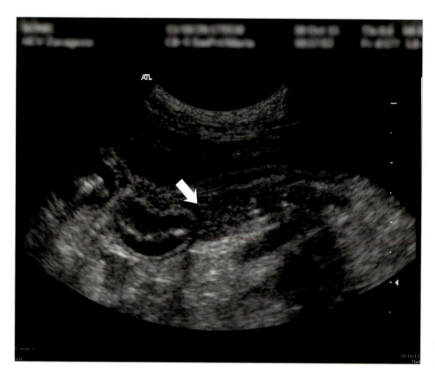

図11　細胞を多く含む高エコー源性の少量の遊離体液（矢印）：患者は右横臥位

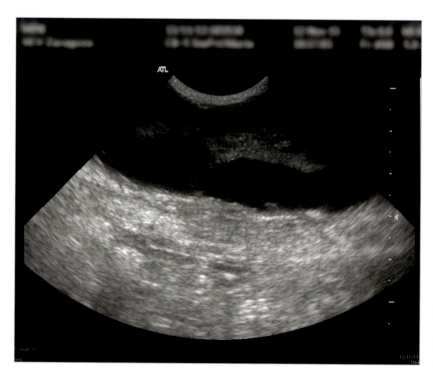

図12　図9と同一の症例。
この画像は斜位像で得られたため、腹腔内の血液量を過剰評価する原因となる。

術後出血／術後出血の診断と超音波モニタリング

外科医の経験が浅い場合には、動物を立位にして腹部のほぼ正中腹部の画像を用いる。

超音波検査は皮下出血と漿液腫を評価することにも有用である。これらの症例では皮下組織か皮膚と筋肉の間に液体の蓄積が認められる。液体の中にはフィブリン（線状の形態）（図13）または血腫（時間経過によって変化する一般的には結節性の形態）（図14）と考えられるエコー源性の構造物が認められるのが一般的である。

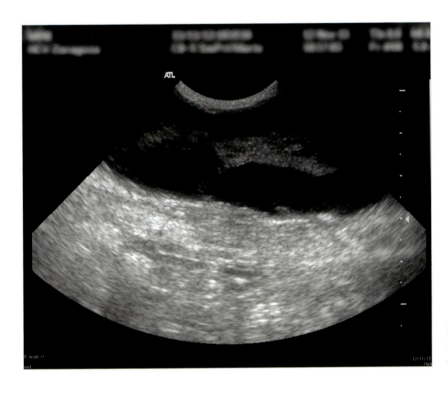

図13 皮下の液体貯留。腹部の筋肉壁がはっきりと区分けされている。エコー源生の肉柱が観察される。

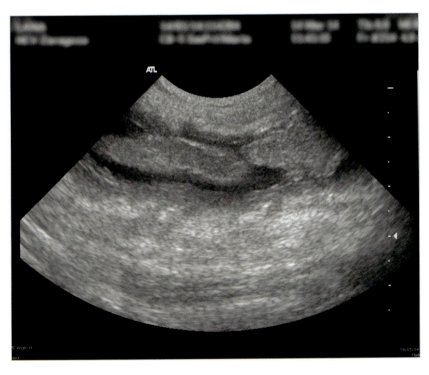

図14 内部に血餅／血腫を伴う皮下の液体貯留。筋肉壁の完全性に注意せよ。

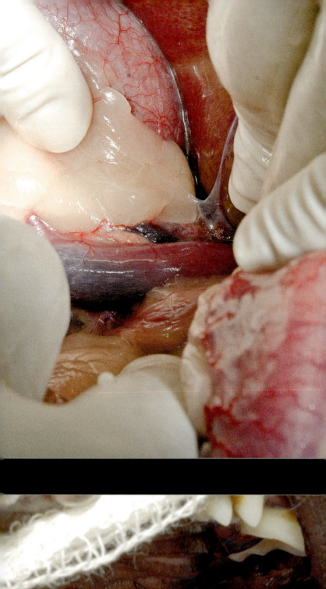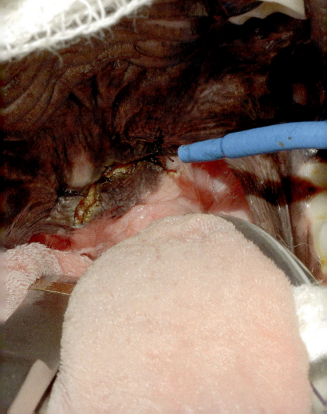

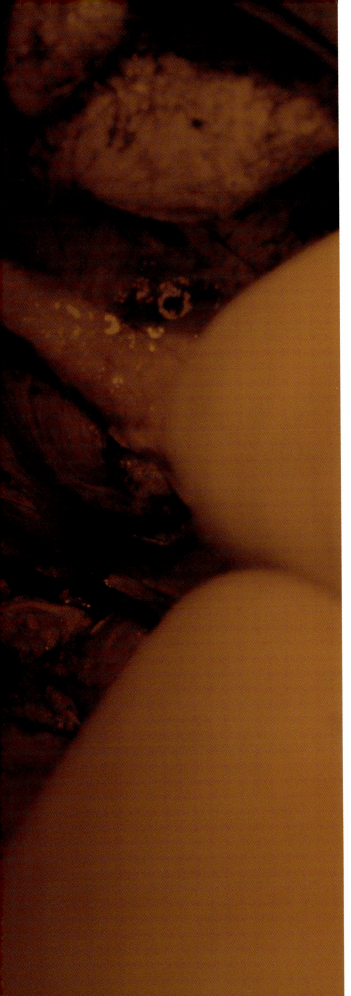

応用と手術
症例の検討

上顎顔面の手術
手術症例 / 吻側上顎骨切除術

眼科手術
手術症例 / 炭酸ガスレーザーを用いたホッツ・セルサス眼瞼形成術

耳の手術
手術症例 / 全耳道切除術

陰茎手術
手術症例 / 陰茎部分切断術

肝臓の手術
手術症例 / 肝葉切除術

副腎の外科
手術症例 / 副腎摘出術

フェレットの副腎摘出術

心臓血管外科
手術症例 / 腹腔鏡下心膜切除術

手術症例 / ファロー四徴症

肛門周囲瘻
手術症例 / 肛門周囲瘻切除術

短頭種気道症候群
鼻孔の拡大

口蓋形成術

喉頭小嚢切除

臨床医のための止血術

上顎顔面の手術

José Rodríguez, Carolina Serrano, Amaya de Torre,
Sheila Aznar, Cristina Bonastre, Jorge Llinás

猫の鼻平面切除を伴う両側顔面上顎骨切除術（切歯骨切除術）

両側顔面上顎骨切除術は、第二前臼歯より前の上顎の顔面部が両側性に侵された腫瘍症例で適応となる。

口腔腫瘍

口腔腫瘍はペットにおいて普通にみられ、犬と猫の全腫瘍のそれぞれ6％と3％を占める。最も多く見られるのはエプーリス、扁平上皮癌（図1）、線維肉腫、悪性黒色腫であり、治療は挑戦的なものとなる。これら腫瘍症例の局所治療は早期かつ積極的な腫瘍の切除が基本となる。

> 口腔腫瘍は浸潤性であるため、治療は患部の早期かつ積極的な上顎骨切除術が基本となる。

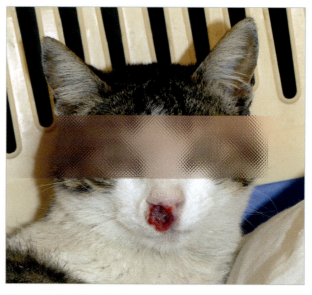

図1　9歳齢の猫の扁平上皮癌

通常、これらの動物は高齢であり、十分な術前評価を行い、積極的手術が選択肢とならないような全身性疾患がないか評価する必要がある。

X線検査では腫瘍の組織容積が過小評価される。明らかな骨融解性病変を確認するためには、骨濃度の約30～50％が失われなければならないからである。

病変の種類を確定し、適切な治療計画を立て、できる限り的確な予後を判定するためには、切開生検が必要である。腫瘍と感染性病変を混同しないことも重要である。

> ＊ 生検を行う際には、表層の壊死領域を避ける。病変組織が確実に含まれるようにサンプルは深い部位から採取する。

悪性腫瘍では、口腔組織と骨を含む十分なマージンが得られるような根治的外科的切除が適応となる。しかし、この領域の再建法には限界がある。

> ＊ *Criptococcus neoforman* による真菌性鼻炎は、外観上扁平上皮癌と間違えやすい。

応用と手術症例の検討 / 上顎顔面の手術

手術症例 / 吻側上顎骨切除術

José Rodríguez, Carolina Serrano, Amaya de Torre, Sheila Aznar, Cristina Bonastre, Jorge Llinás

この症例は10歳齢、雄のヨーロッパ猫で、鼻部の病変のために呼吸困難と定期的な出血があった（図1）。生検の結果、扁平上皮癌と診断された。

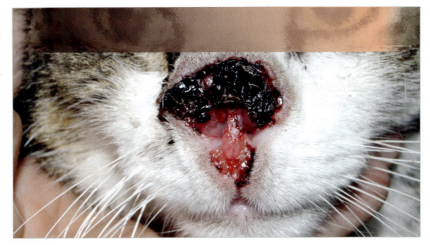

図1　手術当日の鼻部の外観

手術の前に両側の眼窩下神経をブピバカイン（1mg/kg）でブロックした（図2）。鼻の組織と口蓋の切開部からの出血を抑えるために、鼻の周囲にアドレナリン溶液（1：200,000）を浸潤させた（図3）。

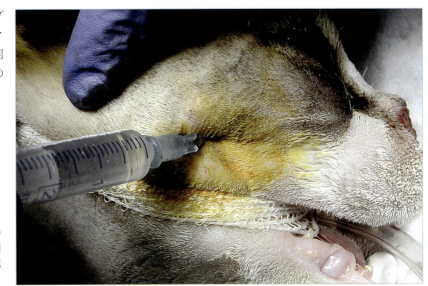

図2　眼窩下神経をブロックするために、眼窩下孔の約1cm前方に針を刺入する。眼科下孔は、顎の外側面で第四前臼歯の吻側で触知できる。

図3　鼻の軟部組織の切開部からの出血を抑えるために、アドレナリン溶液を周辺領域に注射した。

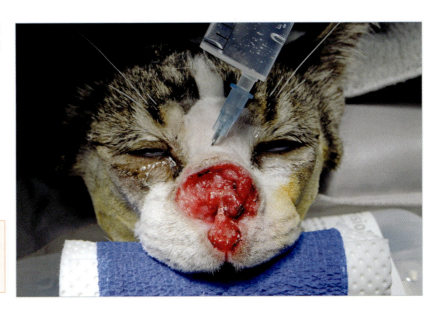

1：200,000のアドレナリン溶液の浸潤によって、切開した組織からの出血を大幅に抑えられる。

病変部周囲の鼻平面の両側を病変部から1cm離して切皮した。唇の再建を行いやすくするために、前部は湾曲させて切皮した（図4）。

鼻骨に付着している組織を剥離した後、サジタルソーを用いて口蓋骨とともに鼻骨を切断した。骨の熱傷を防ぐために生理食塩水を持続的に注水した（図5）。

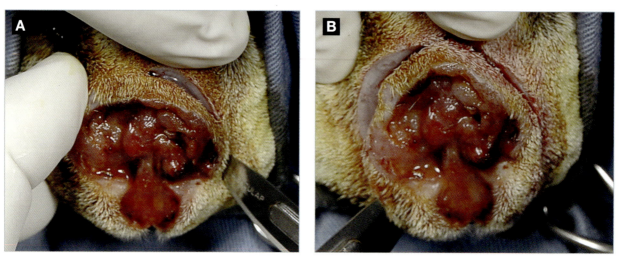

図4 アドレナリン溶液の局所浸潤によって、切皮後の出血が最小限に抑えられている。

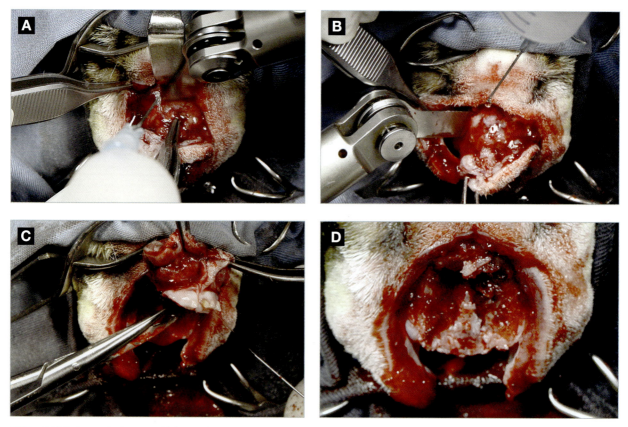

図5 サジタルソーを用いて、除去する鼻の骨性部を切断する。熱傷を防ぐために生理食塩水を持続的に注水する。

応用と手術症例の検討／上顎顔面の手術

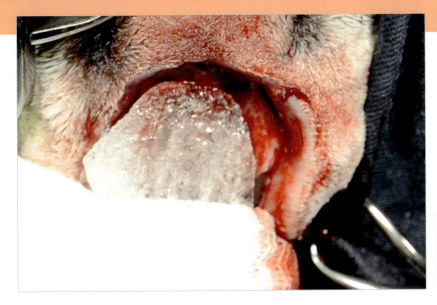

鼻甲介からの出血は冷凍した生理食塩水や数分間の圧迫によって止血した（図6）。

図6 冷凍した生理食塩水を用いて、鼻甲介からの出血をコントロールし、炎症を減らす。

> 冷却あるいは冷凍した生理食塩水を用いると、術部の止血を促し、炎症を軽減することができる。

鼻と唇、口の前部の再建の前に、固定のための穴を口蓋骨に数カ所開けた（図7）。

図7 整形外科用ドリルとスタインマン針を用いて、唇と歯茎の再建のための穴を口蓋骨に3カ所開けた。

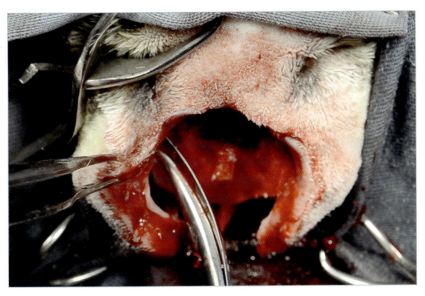

中央部に皮膚を移動させるために創縁と口唇粘膜を鈍性剥離した後（図8）、モノフィラメント合成吸収糸を用いて2方向で創を閉鎖し（図9）、鼻の開口部を小さくするために巾着縫合を行う（図10）。

図8 鼻と口腔粘膜周囲の軟部組織を剥離することで、張力をかけずに再建の縫合を行うことができる。

臨床医のための止血術

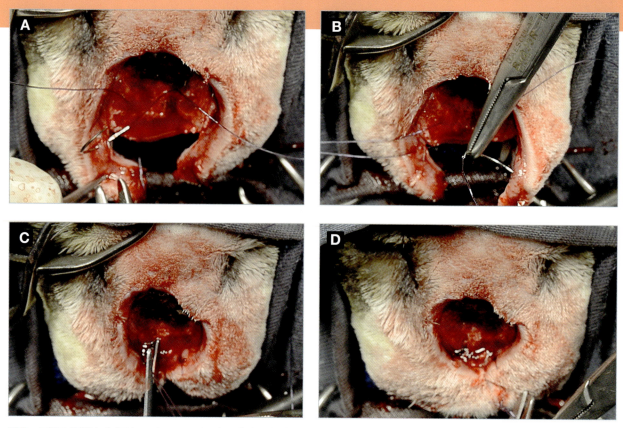

図9 口腔と再建した唇をモノフィラメント吸収糸で縫合した。深部の最初の方向の縫合糸は、すべての縫合を終えるまで結紮しない。これによって、結紮する部位を正しく確認することができる。

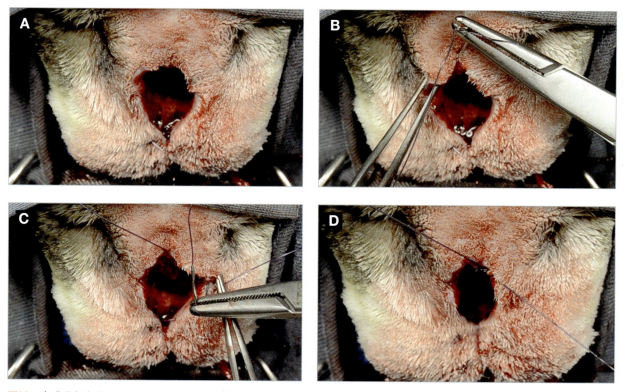

図10 合成吸収糸を用いた巾着縫合で鼻腔を部分的に閉鎖する。

応用と手術症例の検討／上顎顔面の手術

動物が麻酔から覚めた際の鼻からの出血は最小限であった（図11）。

図11 手術直後には鼻から少量の出血が見られたが、自然に止まった。

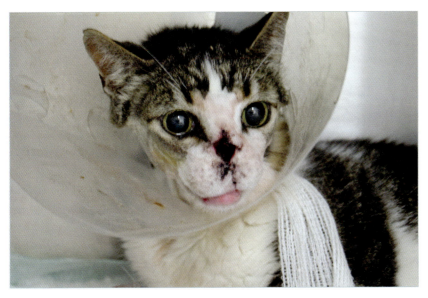

術後経過は満足いくものであった。手術の翌日から問題なく呼吸し、正常に採食できた（無刺激食）（図12〜13）。

図12 動物は術後24時間で正常な呼吸ができるようになり、流動食を食べ始めた。鼻甲介を覆う痂皮は呼吸を妨げなかった。

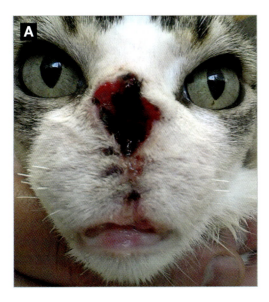
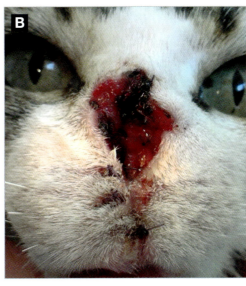

図13 術後8日で、口唇と口腔の傷は治癒し、鼻甲介上の痂皮が剥がれた。

臨床医のための止血術

眼科手術

José Rodríguez, Carolina Serrano, Amaya de Torre, Cristina Bonastre, Ángel Ortillés

ホッツ－セルサス（Hotz-Celsus）眼瞼形成術

ホッツ－セルサス眼瞼形成術は先天性の眼瞼内反症の症例で選択される手技である。眼瞼が内反した部位の皮膚を三日月状に切除後、縫合して正常な位置に戻す。

眼瞼内反症

眼瞼内反症とは眼瞼が眼の中へ折りたたまれたり、反転することである。結果として、被毛（睫毛）が結膜や角膜に刺激を与え、傷害を与える（図1）。眼瞼内反症には以下のような原因がある。
- 眼瞼皮膚の過剰増殖
- 眼球の眼窩への落ち込み
- 眼瞼重量の増加
- 皮膚の過剰な弛緩
- 眼瞼の奇形

以下の臨床症状が認められる。
- 動物が自分の顔をこする
- 流涙
- 眼瞼けいれん
- 無眼球症
- 持続的な流涙による眼瞼の皮膚炎
- 結膜充血による赤眼
- 角膜損傷や浮腫
- 慢性症例では血管新生や角膜のメラニン沈着

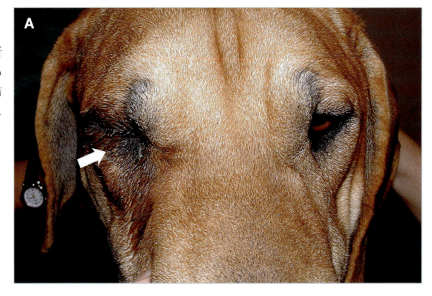

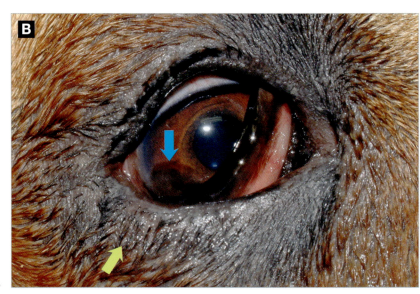

図1　先天性の眼瞼内反症は眼疼痛や眼瞼けいれんおよび過剰な涙の分泌（A：白矢印）、眼瞼炎（B：黄色矢印）や角膜損傷（B：青矢印）の原因となる。

応用と手術症例の検討／眼科手術

> 眼瞼けいれんを抑えるために点眼麻酔薬を滴下してから、眼に入り込んでいる皮膚の量を計測し、切除する眼瞼領域を決定する。

先天性の眼瞼内反症の治療にはホッツ‐セルサス眼瞼形成術変法が行われる（図2～6）。これは罹患した眼瞼を三日月形に切除し解剖学的に正しい位置に眼瞼を整復する術式である（図2）。

 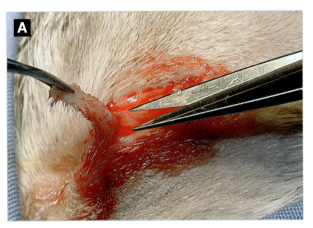

図2 改変ホッツ‐セルサス眼瞼形成術では内反を引き起こしている皮膚を切開して除去する。眼瞼辺縁から約1～2mmの部位を最初に切開する。あらかじめ決めた距離で次の切開を行い、過剰な皮膚の切除後、眼瞼辺縁が正しい位置になるようにする。

> 眼瞼は血管に富んでいるため、この外科処置に伴う出血量は多い。術後の炎症も発生しやすい。

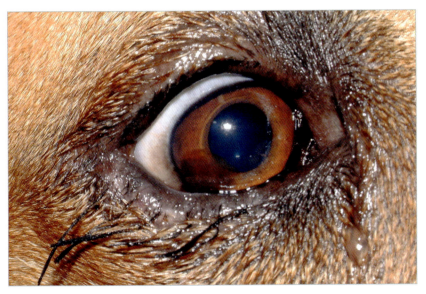

眼瞼は血管分布が多いため、この処置は出血しやすい。この症例では、出血はガーゼの圧迫によってコントロールした。
　切開した眼瞼は細いマルチフィラメント縫合糸（5-0シルク）による単純結紮縫合によって閉鎖するが、眼を傷つけないように結び目が眼瞼縁から離れるように注意する（図3）。

図3 単純結紮を行うときには、結び目は眼瞼縁から離す。柔軟性を確保するために縫合糸を長めに残しておくと、角膜に触れて傷つけることがない。

臨床医のための止血術

手術症例 / 炭酸ガスレーザーを用いたホッツ-セルサス眼瞼形成術

José Rodríguez, Carolina Serrano, Amaya de Torre, Cristina Bonastre, Ángel Ortillés

　1歳齢の猫が先天性眼瞼内反症による左眼の疼痛によって眼科に来院した。眼の局所麻酔後、過剰な眼瞼の皮膚は約2〜3mmと評価した。その他の眼科検査は正常であった。この症例ではホッツ-セルサス眼瞼形成術が適応であった。

　炭酸ガスレーザーを用いて切開し過剰な皮膚を切除することで出血が避けられ、ホッツ-セルサス眼瞼形成術が容易となる。この手技の手順は以下のように行う。
- 眼球表面を保護するために、眼の表面を生理食塩水で湿らせた脱脂綿で覆う。
- 2回目の切開の下縁となる部位に基準点として印をつける（図1）。
- 炭酸ガスレーザーが照射されても、エネルギーが吸収されるように、生理食塩水を湿らせたガーゼで覆った眼瞼圧子で眼瞼の皮膚をしっかり保持する。眼瞼縁から1〜2mmの部位に最初の切開を加える（図2）。

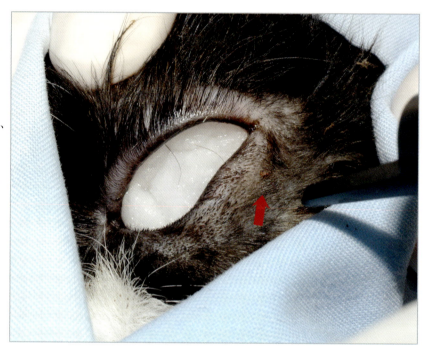

図1　角膜は生理食塩水で湿らせた脱脂綿で保護する。切除する皮膚がわかりやすいように、2回目の切開の下縁となる部位に印をつける。

　この症例には、出力5Wの連続波を連続モードに設定した炭酸ガスレーザーを用いた。

- 最初の切開端とあらかじめ印をつけたV字の最下点となる部位をつなげるように2回目の切開を行う（図3）。

図2　湿らせたガーゼを巻いた圧子によって皮膚の緊張を保ちながら、眼瞼縁からおよそ1.5mmの位置に最初の皮膚切開を加えた。

図3　最初の切開線の両端と、切開範囲を設定するために、あらかじめつけた下縁の印をつなげるように、2回目の切開を行う。

応用と手術症例の検討 / 眼科手術

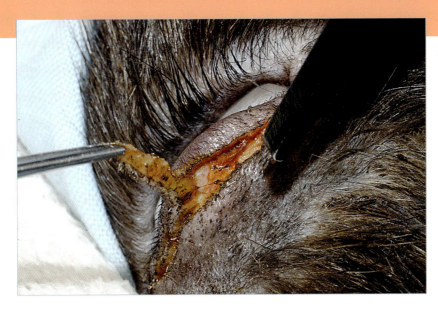

- 眼輪筋の損傷が最小となるようにレーザービームを斜めから照射して、前の切開マークされた皮膚を切除する（図4、5）。

図4　炭酸ガスレーザーを用いると眼瞼から皮膚を切除しても出血が少ない。

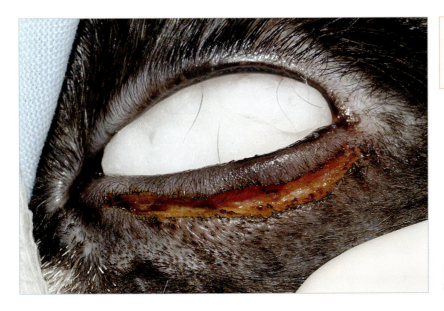

手術用レーザーを使用すると、術中の出血が減り、眼瞼の手術が素早く容易に実施できる（図5）。

図5　レーザーを使用した皮膚切除直後の外観

- 著者はこれらの症例に対して、眼瞼切開部の縫合はせずに、二期癒合で治癒させる（図6）。

図6　これまでの手順によって実施した手術直後の外観

術後、抗生物質および抗炎症剤の軟膏を1日3回1週間塗布する。

最終的な結果は、縫合を行わない同様のテクニックを用いたその他の症例（シャー・ペイ（図7）とパグ（図8））と同様に満足のいくものであった。

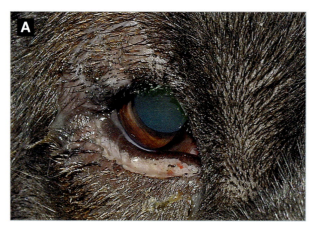

図7　炭酸ガスレーザーを用いてホッツ-セルサス眼瞼形成術を行ったシャー・ペイ。A：術後24時間、B：術後12日

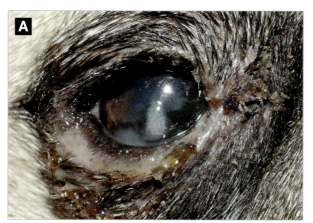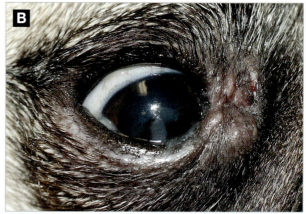

図8　炭酸ガスレーザーを用いてホッツ-セルサス眼瞼形成術を行ったパグ。A：術後4日、B：術後10日

耳の手術

Beatriz Belda, Amaya de Torre, Carolina Serrano,
Jorge Llinás, Vicente Cervera, José Rodríguez.

全耳道切除術

全耳道切除術（TECA）は、慢性外耳炎の末期症例や耳道に浸潤した腫瘍の症例で適応となる（図1、2）。我々は次のような場合を慢性外耳炎の末期としている。
- 増殖性組織が耳道を塞いでいる。
- 再発性の抗生物質抵抗性感染症がある。
- 耳道軟骨に重度の石灰化や裂傷が認められる。
- 動物が非協力的であったり、飼い主が治療に応じない。

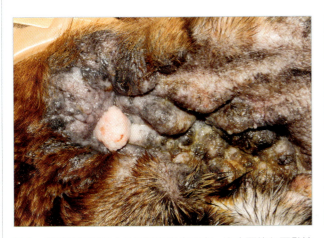

図1　増殖性組織による耳道の完全閉塞。治療不能な再発性外耳炎の結果発生した。

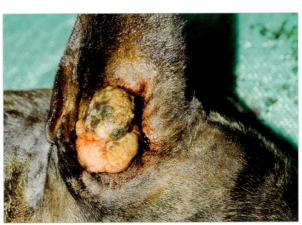

図2　耳道の腫瘍（皮脂腺腫）。耳道が完全に閉塞し、再発性外耳炎に進行した。

> 末期の外耳炎の動物に対して選択される治療法は、全耳道切除術と外側鼓室胞骨切り術である。

手術の最も難しい部分は、耳道の尾腹側を走る顔面神経を確認し、傷つけずに剥離することである（図3）。一過性の顔面神経麻痺の症状（涙液の分泌低下、鼻の乾燥、ホルネル症候群）が認められることも多い（図4）。

感染物質を除去しやすくし、術後の瘻管形成を抑えるために、全耳道切除術を外側鼓室胞骨切り術と併せて行う。

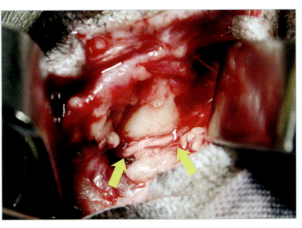

図3　顔面神経は垂直耳道の下部に位置する（矢印）。顔面神経を確認することは非常に重要であるので、この写真のようにはっきりと見えない場合には、顔面神経をみつけるのに丁寧な操作が必要である。

> 慎重で丁寧な外科医の場合、術後に一過性の顔面麻痺が発生する割合は10％と予想される。

図4　耳道切除術による操作と炎症によって起こった術後のホルネル症候群。この合併症は猫で見られることが多い。

中耳の真珠腫

真珠腫はまれであり、中耳の慢性炎症による破壊性の続発症である。

真珠腫は鼓膜が鼓室胞側に変位した場合に発生する。通常は乾燥した凝結物によって形成される。剥離した上皮の残屑が鼓室胞を満たすまで、この"ポケット"内に堆積する。

> 腫瘍（-oma）ではなく、脂肪（-estea）やコレステロール（cholest-）も含まれていないため、真珠腫（cholesteatoma）という用語はあまり適当ではないが、本症を表すのに用いられている。

真珠腫は、角化した上皮組織によって区切られた表皮嚢胞であり、ケラチンの残屑を含んでいる。進行性の発育が特徴的で、骨を含めた周囲組織を破壊する。角化した物質の堆積によって起こる場合には発育は遅いが、皮脂腺からの分泌物が急速に産生される場合には発育は早い。

真珠腫自体の炎症反応は中程度から重度である。これは、上皮のサイトカイン産生や皮脂腺分泌物への曝露の程度、感染の有無などによって異なる。

> 感染がある場合、感染部位での血管系が乏しく、壁にバイオフィルムが形成されるため、治療は非常に難しい。

これらの動物で最も多く見られる臨床症状は、以下の通りである。
- 慢性外耳炎
- 耳からの分泌物
- 鼓室胞領域触診時の疼痛（耳痛）
- 顎関節触診時の疼痛や開口時の不快感
- 神経症状
    - 患側への斜頸
    - 顔面神経麻痺
    - 運動失調
    - 旋回運動
    - 振戦

コンピュータ断層撮影法（CT）画像で見られる変化は、鼓室胞の膨張、浸潤性の非血管性病変である。これは、鼓室胞壁の溶解性変化を伴い、造影剤で造影されない。慢性症例では、顎関節の骨硬化や側頭骨岩様部の溶解像が認められることもある。これらの所見は本症に特徴的であると考えられるため、CTスキャンは各症例の診断に重要な検査法である。

唯一の有効な治療法は手術であり、重層扁平上皮やケラチン残屑の除去、感染のコントロールを行う。

再発率が高く（40％）、通常術後2〜13カ月で起こる。再発率を最小限に抑えるためには、ケラチン残屑や重層扁平上皮を完全に除去するのに鼓室胞を十分に露出することが必要である。

応用と手術症例の検討 / 耳の手術

手術症例 / 全耳道切除術

Beatriz Belda, Amaya de Torre, Carolina Serrano,
Jorge Llinás, Vicente Cervera, José Rodríguez

　1年以上に及ぶ種々の局所治療と全身治療に反応しない慢性外耳炎の8歳の雄のフレンチ・ブルドッグが紹介された。

症例は頭を振り、また開口時に不快感を表し、末梢性前庭疾患、けいれん、発作などの神経症状も示していた。
　CTスキャン画像では膨張性の骨病変がみられ、蝸牛の溶解を伴う鼓室胞の拡張が認められた。鼓室胞は等吸収で非増強性の液体によって完全に閉塞されていた（図1、2）。

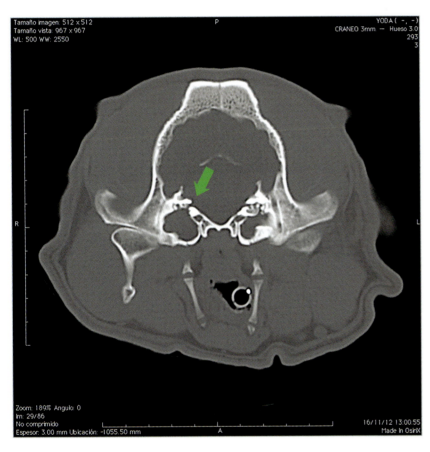

右耳に真珠腫があることが確認され、全耳道切除術と外側鼓室胞骨切り術を行う。

図1　横断面のCTスキャン。右側の鼓室胞は等吸収の液体で完全に閉塞され、静脈性造影剤で増強されない。鼓室胞は拡張し、遊離壁の菲薄化と右側蝸牛の溶解および消失（緑矢印）が認められる。これは、この領域の膨張性病変によって生じている。鼓室胞を閉塞している等吸収の物質は鼓膜（確認できない）を通って耳道内に広がっている。

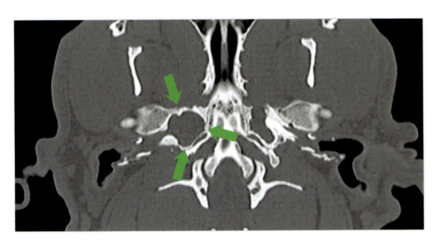

図2　冠状面の画像。右側の鼓室胞は等吸収の物質で完全に閉塞され、静脈性造影剤で増強されない。右側の鼓室胞（緑矢印）の大きさを左側の鼓室胞の大きさと比べよ。左側の鼓室胞も静脈性造影剤で増強されない等吸収の物質によって閉塞している。

術式

全耳道切除術（TECA）

耳道の方向に沿ってT字の皮膚切開を行い、皮膚のフラップを作って牽引する。耳道の外側部を剥離し、露出する（図3）。

その後、耳道開口部周囲の皮膚切開を行い（図3：青点線）、耳道の垂直部を剥離する（図4）。

尾内側部を走る耳介動脈や尾腹側を走る顔面神経を誤って傷つけないように、垂直耳道の剥離はできる限り耳道軟骨に近い部位で行う。

> 出血を抑えて剥離を行いやすくするために、耳道周囲に1：200,000のアドレナリン入りの生理食塩水20mlをあらかじめ注射しておく。

> 耳道の剥離はできる限り軟骨に近い部位で行う。筋肉の付着部は、出血を抑えるために炭酸ガスレーザーや電気メスで切開する。

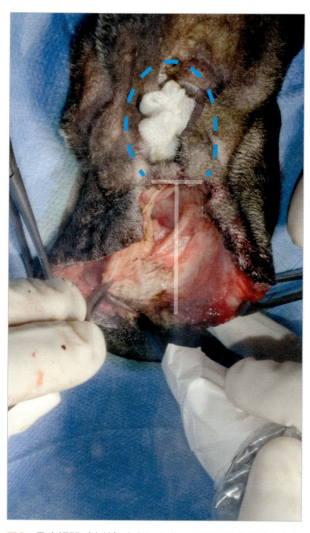

図3　T字切開（白線）を行った後、周囲の結合組織と筋肉から耳道を剥離する。この症例では、出血と術後の炎症を抑えるために、スーパーパルスモードで炭酸ガスレーザーを使用した。青点線は次に行う水平方向の切開を示す。

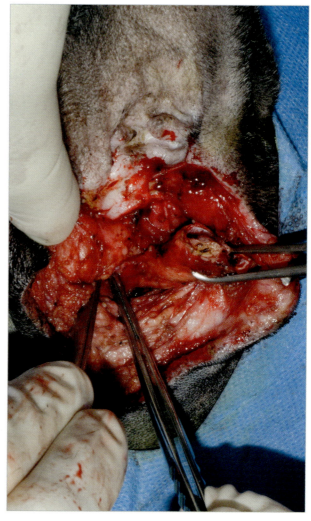

図4　垂直耳道を剥離する。後耳介動脈や顔面神経を傷つけないように剥離は軟骨に近い部位で行う。

応用と手術症例の検討／耳の手術

　顔面神経と同様、頸動脈とその分枝の拍動を確認するためには、剥離部位を何度も触診する必要がある。

　後耳介静脈を傷つけないように、鼓室胞に近い頭側領域の深部の剥離は非常に慎重に正確に行う。後耳介静脈は視認できないが、存在していることを忘れてはならない（図7）。

　顔面神経は水平耳道の尾腹側に存在するので、確認して分離する。耳道の肥厚性の反応や石灰化でわかりにくい場合には、傷つけないように注意深く剥離する（p219 図3、5、7）。

> 慢性経過の場合、顔面神経が耳道に癒着していることがある。このような場合には、剥離の際に細心の注意が必要である。

　頭蓋骨に到達したら、メスやメイヨー剪刀を用いて中耳の開口部の付着部から耳道を切離する。切離は頭腹側方向に行う。顔面神経を傷つけないように切離の前に剪刀の先端部に注意を払いながら小切開を加える（図6）。

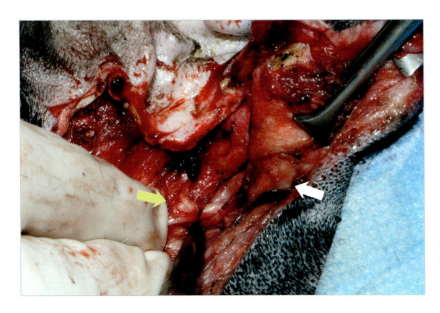

図5　水平耳道の剥離の際には顔面神経（黄矢印）を確認して分離する。顔面神経は水平耳道（白矢印）の尾腹側に存在する。

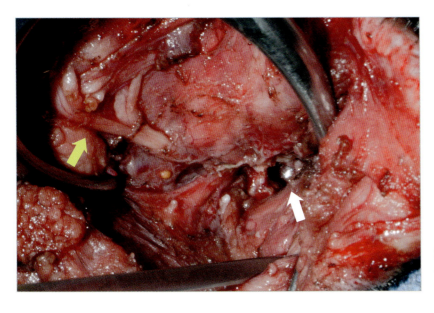

図6　耳道の付着部を切断した後の中耳の開口部の写真（白矢印）。黄矢印は顔面神経を示す。

臨床医のための止血術

ゲルピー開創器などの自在開創器を用いる場合、顔面神経や近隣の血管（耳介動脈、後耳介静脈）を傷つけないように設置の際には細心の注意を払う。

細菌培養検査と薬剤感受性検査のために鼓室胞からサンプルを採取する。
次に外側鼓室胞骨切り術を行い、併せて慢性の瘻管形成を予防するために、その領域の上皮組織と内容物をすべて掻爬する。

外側鼓室胞骨切り術

外側鼓室胞骨切り術はロンジュール（クリーブランドやレンパート）を用いて腹側領域で行う（図7：赤い領域、図8）。顔面神経や後耳介動脈を傷つけないように注意しながら、中耳の開口部の頭側、背側、尾側の部位に付着した耳道組織をすべて切除する。
鼓室胞内部を正しく視認しその内容を完全に除去できる程度の十分な大きさの骨切り術を行う（図9、10）。

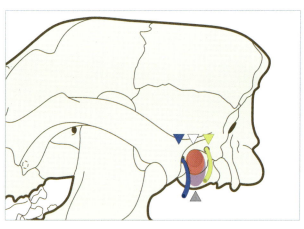

図7　鼓室胞（灰矢印）と鼓室胞の開口部（白矢印）の位置関係を示す図。顔面神経（黄矢印）。後耳介静脈（青矢印）。赤い領域は切除する予定の鼓室胞の部位を示す。紫の領域は骨切り術を広げていく部位を示す。

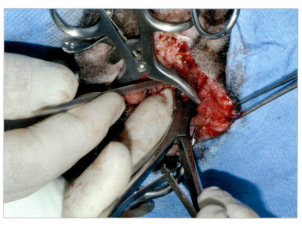

図8　中耳の開口部の上部と頭側部に付着した外耳道の組織をロンジュールで切除する。

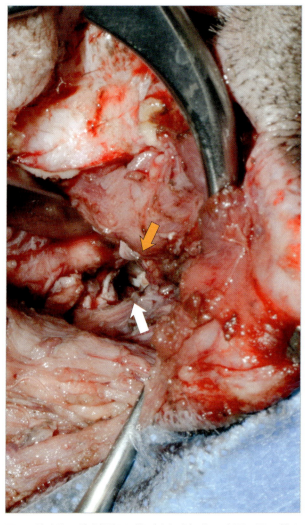

図9　鼓室胞の腹側骨切り術（白矢印）後の中耳の開口部の写真。橙矢印は岬角と耳小骨（ツチ骨、キヌタ骨、豆状突起、アブミ骨）の存在する領域を示す。

応用と手術症例の検討 / 耳の手術

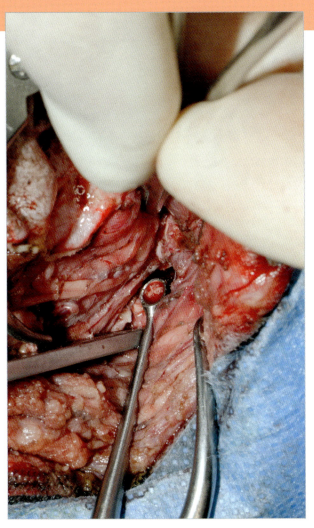

図10 鼓室胞内の異常組織や感染源を除去するために鋭匙を用いる。上部や背内側部は避ける。

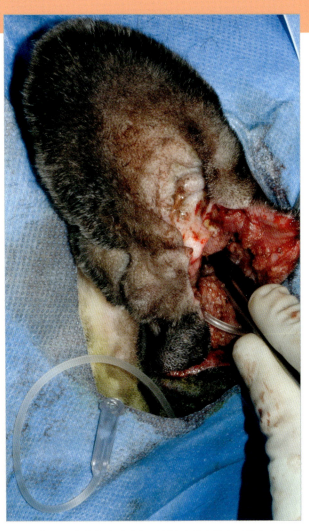

図11 術後に内容物を除去し局所治療薬を投与するために鼓室胞内に有孔チューブを挿入する。

> * 鼓室胞が硬化していたり、増殖性病変が存在する場合、腹側部が硬いため骨切り術はやりにくい。外頸動脈やその分枝を傷つけないよう細心の注意を払う。

顔面神経を尾側に牽引しながら、骨切り術を尾外側領域に広げる（図7：紫の領域）。

後耳介静脈（図7）が走っているので、頭側領域に広げてはならない。この静脈は、傷つけて出血しない限り確認するのが非常に難しい。出血が起こった場合には、ガーゼで5分間圧迫して止血する。この方法で効果がない場合には、静脈の出口である後耳介孔を塞ぐのにボーンワックスを用いる。

鋭匙を用いて鼓室胞内の異常な上皮をすべて除去する。内耳の入口に存在する耳小骨や岬角を傷つけないよう、背側あるいは背内側領域は避ける（図10）。この症例では、鼓室の上皮を蒸散するのに炭酸ガスレーザーを用いている。

> 鼓室胞内容物の除去や掻爬の際には、内耳の耳小骨を傷つけないように頭背側部は避ける。

薄い骨を壊して内頸動脈を傷つける可能性があるので、鼓室胞の深部（内側部）は過度の力で掻爬してはならない。内頸動脈を傷つけると、大量の出血が起こって止血が困難となる。

> 上皮組織と損傷した鼓室の骨が癒着しているため、すべての上皮組織を除去することは困難である。

温めた生理食塩水で鼓室胞を洗浄し、丁寧に吸引して組織片、細菌、骨片などを除去する。

創を閉鎖する前に、有孔のドレインチューブを鼓室胞に留置する。ドレインチューブは尾内側部の皮膚から出し、フィンガートラップ縫合で固定する（図11）。50：50のリドカイン・ブピバカイン0.4ml/kgを鎮痛薬として注入する。

次のような症例ではドレインの留置が勧められる。
- 術中の感染が著しい場合
- 止血困難な出血が起こった場合
- 耳に膿瘍が認められた場合
- 鼓室胞を十分に清浄化できなかった場合

最後に、死腔を減らすために細い合成吸収糸で内側の組織を閉鎖し、非吸収糸で皮膚を縫合する（図12）。

図12　手術の最後の外観。皮膚を縫合し、術後に逸脱しないようにフィンガートラップ縫合と数個のスキン・ステープルでドレインチューブを固定した後。

術後

症例によるが、ドレインは5〜10日間留置する。

この症例の術後の治療は、ドレインからのブピバカイン投与による局所鎮痛、10日間の非ステロイド系抗炎症剤（ロベナコキシブ 1mg/kg/day）の投与、21日間の抗生物質療法（セファレキシン 20mg/kg/8h）であった。

考察

上述の症例では、症状の慢性経過やCTスキャンで見られた骨病変にもかかわらず、手術は満足のいくものであった。

炭酸ガスレーザーによって鼓室胞内の上皮を蒸散し、術後の疼痛や浮腫を抑えることができた。

術後9カ月の経過では、再発の徴候は認められていない。

応用と手術症例の検討／陰茎手術

陰茎手術

José Rodríguez, David Osuna, Amaya de Torre,
Carolina Serrano, Cristina Bonastre, Ángel Ortillés

　陰茎の大部分は、血液が充満し、勃起する組織である海綿体から成る。このため、陰茎の手術は非常に出血しやすい。

　陰茎は基部、体部および腺部の3つに区分される。基部は尿道海綿体から成る2つの脚（右と左）により構成され、陰茎の両側を陰茎骨と腺に沿うように位置している。陰茎骨は猫では非常に小さいが、犬では長く、粗く、畝のある骨である。

　尿道は陰茎の腹側を走行し、非常に血管の多いスポンジ状の組織で囲まれている。

> 脚と尿道に海綿状組織があるため、陰茎の手術は非常に出血しやすい。

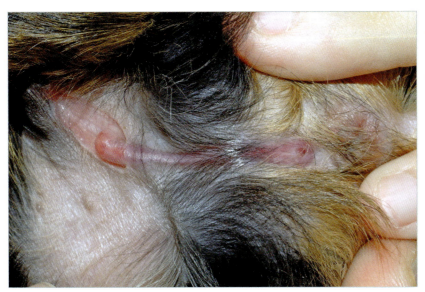

尿道下裂

　尿道下裂は、生殖ひだが胎子期に融合しなかったことにより二次的に発生する先天性欠損症である。

　尿道は、全長のどの部位にも開口することがあり（図1）、包皮も同様に腹側に開く（図2）。

図1　ヨークシャー・テリアの子犬の尿道下裂。この症例では、尿道は会陰部、肛門の下方で開口している。尿の刺激により、この部位の皮膚炎を繰り返している。

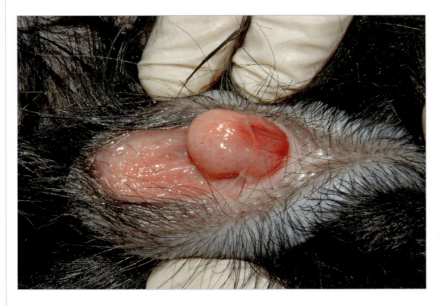

図2　コッカー・スパニエルの子犬の尿道下裂。尿道と包皮が腹側で開口している。通常腺と包皮欠損部を繋ぐ線維性の帯が存在する。

手術法

外科手術による治療は、陰茎の切断を伴うあるいは伴わない、包皮の再建術である。繁殖を防ぐために、去勢手術も勧められる。

包皮の再建法は単純である。欠損部の皮膚粘膜結合部を切開し、粘膜を皮膚から分離し、吸収糸を用いて縫合する（図3、4）。

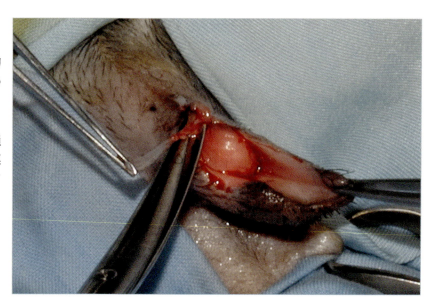

図3　包皮開口部を狭くするための再建術では、まず粘膜と皮膚結合部を切開し、切り離す。

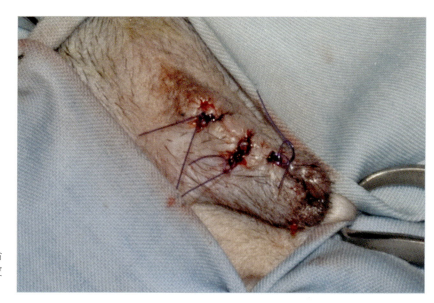

図4　粘膜および皮膚層を剥離し縫合する。陰茎が露出できるように、包皮を閉じる。

手術症例 / 陰茎部分切断術

José Rodríguez, David Osuna, Amaya de Torre,
Carolina Serrano, Cristina Bonastre, Ángel Ortillés

陰茎切除は無感覚性持続勃起症、腫瘍、重度な陰茎外傷および持続する嵌頓包茎で適応となる。

喧嘩、交通事故あるいは他の事故により、包皮と陰茎に血腫や陰茎の突出および陰茎骨の骨折を伴う外傷が生じることがある（図1）。回復不能な外傷の場合、陰茎の部分切除が適応となる。

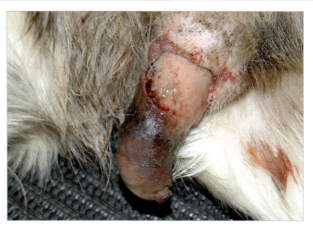

図1　この症例の陰茎は亀頭部が壊死しており、陰茎の部分切除を行う必要がある。

陰茎の部分切除術は以下のように行う。
- 尿道の位置確認と、その後の陰茎再建術を実施しやすくするために、尿道カテーテルを設置する。
- 陰茎を露出し、そのままにしておくために綿ガーゼで包み、ガーゼをコッヘル鉗子で留める（図2）。
- 切断する部位の近位にペンローズドレインを使った止血帯を掛け、もう一つの鉗子を用いてしっかりと固定する（図2B）。

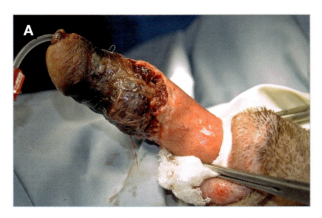 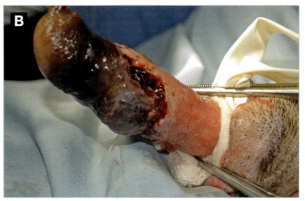

図2　A：カテーテルを挿入し、陰茎を露出した後、B：手術中の出血を防ぐための止血帯として、ペンローズドレインを陰茎周囲に掛ける。

> 陰茎切除術は非常に出血しやすい手術であり、出血を防ぐために止血帯が必要である。

- 尿道の両側の白膜と海綿状組織に、Ｖ字切開を加える（図3）。

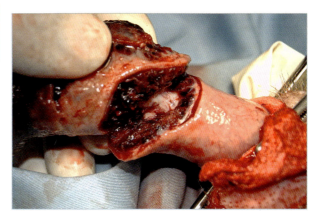

図3　陰茎骨と尿道に達するまで、左右の尿道海綿体を切開する。

- 後で縫合しやすいように、尿道海綿体の切開部位より1〜2cm遠位で尿道を切除する（図4）。尿道を傷つけないように注意しながら、陰茎骨をできるだけ近位で切断する。

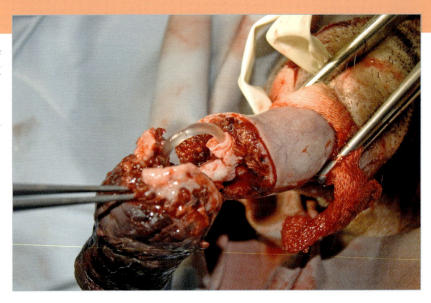

図4　陰茎の切開部位から1〜2cm遠位で尿道を切除する。尿道の下にある陰茎骨は、骨鋏で切断する。

- 止血帯を完全には外さずに緩めることで、大量出血の原因となる背側陰茎動脈および他の出血部位を確認して止める（図5〜7）。

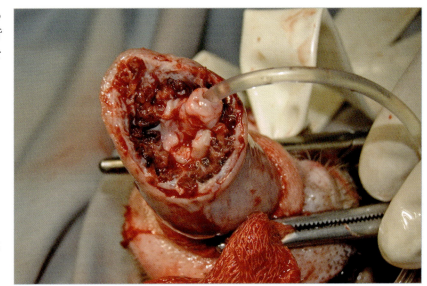

図5　この写真に示すように、陰茎基部に止血帯を掛けることで、出血することなく切除することが可能となる。

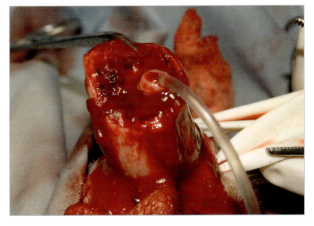

図6　陰茎の大きな血管を確かめるために止血帯を緩め、主な出血部位を確認する。

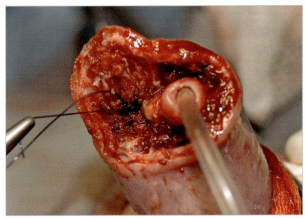

図7　いったん背側陰茎動脈の位置を確認して止めたら、術野に出血がない状態で手術を続けるために、止血帯をきつく締める。

応用と手術症例の検討 / 陰茎手術

- 尿道の周りに尿道海綿体を折り込んで何カ所か縫合し、止血する（図8、9）。

図8 4-0合成吸収糸を用いて、陰茎を再建する。止血帯を徐々に緩めて出血が確認されたら、直接ガーゼで圧迫して止血する。

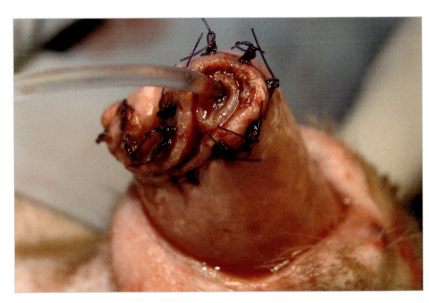

図9 止血しやすいように尿道海綿体の一部を含めて縫合する。この部分を数分間圧迫し、止血を確実にする。

　術後の回復時に、非常に出血しやすい。また、通常術後数日間は、排尿時および勃起時に出血する。飼い主に注意を促し、出血した場合の対処法を説明しておく。

　この手の手術で可能性のある合併症は、出血のコントロールの不備、感染と局所の炎症、縫合糸の緩みおよび治癒に伴う尿道狭窄である。

> 回復時には、出血を最小限にするため、静かな場所で休ませる。
>
> 陰茎からの出血が見られた場合には、安静なままにし、数分間包皮の上から圧迫することが重要である。

臨床医のための止血術

肝臓の手術

José Rodríguez, Carolina Serrano, Amaya de Torre, Cristina Bonastre, Ángel Ortillés

肝臓部分切除術

肝臓部分切除術は腫瘍、膿瘍、破裂、肝葉捻転などで適応となる。肝臓は全容積の80％まで切除可能で、患者の肝臓は切除後6週間で再生される。

肝臓腫瘍

犬の肝臓原発の腫瘍では肝細胞癌が最も多い。肝細胞癌のタイプとしては、びまん型（肝臓全体が侵される）や結節型（複数の結節が1つ以上の肝葉を侵す）もあるが、最も多いのは腫瘤型である。腫瘤型は孤立した大きな腫瘍として認められ、その他2つのタイプよりも転移率が低い。

肝臓腫瘍の動物は無症状のこともあるが、嘔吐、食欲不振、体重減少、鼓腸、嗜眠、多飲、多尿などの臨床症状や衰弱、錯乱、振戦などの神経症状を示すこともある。

もし、症例に血液凝固障害や血小板減少（＜20,000/μl）認められたら、術中の止血を改善するために、血漿あるいは全血輸血を検討すべきである（「輸血の原則」を参照）。

> 手術の前後に、プロトロンビン時間と活性化部分トロンボプラスチン時間を評価するために凝固検査を実施しなければならない。

選択すべき治療法は外科手術であり、相当大きな腫瘍であっても手術が可能である。

> 犬の腫瘤型肝細胞癌を外科的に切除すると、平均余命は著しく延長する。

> 開腹は通常広く行うが、頭側は誤って横隔膜を切開して気胸にならないよう細心の注意を払う。

肝臓外科、とくに腫瘍の症例ではグリソン鞘が裂けないように注意深く肝葉を扱わなければならない（図1）。

肝門部を分離するときには、動脈と静脈の分岐を傷つけないようにとくに注意する。もし、術中に肝実質から制御できないほどの出血が起こったら、プリングル法を行う。これは外科医が親指と人差し指で肝十二指腸靱帯の網嚢孔の部位で肝動脈と門脈を圧迫する方法である。

> 肝疾患の動物では、術中に大量出血する可能性がある。そのため、必ず凝固検査を実施し、術中の出血に対してあらかじめ対策を講じておく。

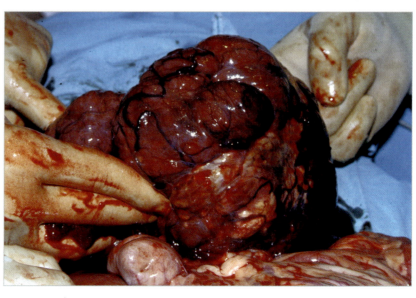

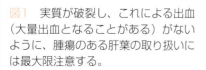

図1　実質が破裂し、これによる出血（大量出血となることがある）がないように、腫瘍のある肝葉の取り扱いには最大限注意する。

応用と手術症例の検討 / 肝臓の手術

手術症例 / 肝葉切除術

José Rodríguez, Carolina Serrano, Amaya de Torre,
Cristina Bonastre, Ángel Ortillés

　この症例は、肝細胞癌が肝臓の外側左葉と内側左葉の両方に発生した9歳齢の雄のコッカー・スパニエルである。

　肝葉切除術は分離し結紮するか外科用ステイプラーを用いて行われる。

　慎重に肝葉を扱っているにもかかわらず損傷したら、局所止血剤を用いた直接的な圧迫か、損傷した組織の高周波電気凝固により出血はコントロールできる（図1）。

　切除しやすくするために、罹患した肝葉への癒着をすべて分離して切断する（図2）。

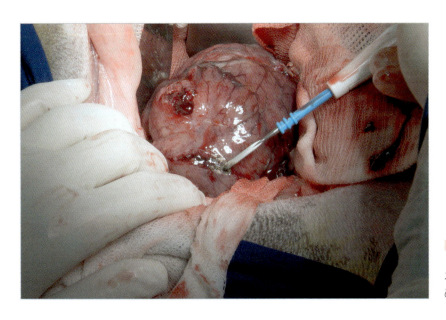

図1　傷ついた部位からの出血のコントロールに高周波電気凝固を用いているところ。この症例では止血効果を高めるため高出力で行った。

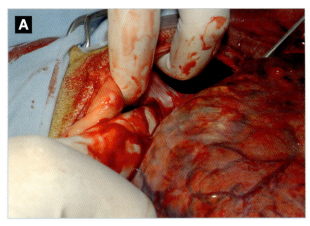

図2　腫瘍がある肝葉は横隔膜や腸の一部など他の腹腔内構造物に癒着することが多い。罹患した肝葉を摘出する前に、これらの癒着の位置を確かめ、分離して切断する。

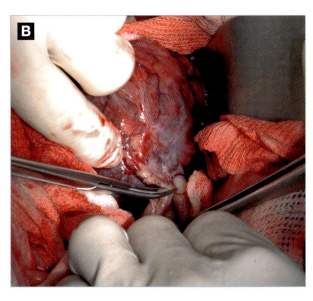

胸の深い大型犬では肝門部への外科的アクセスが難しいことがある。この部位へ簡単にアクセスするために、著者らは肝臓と横隔膜の間に湿らせた外科用ガーゼを挿入することを勧めている。こうすることによって肝臓が切開創の方へ持ち上がり、罹患した肝葉を切除しやすくなる（図3、4）。

肝門部で集束結紮法の記載はあるが、著者らは肝葉に出入りする各々の構造をそれぞれ分離・結紮してから切り離す方法を推奨している（図5～10）。

> これらすべての段階で適切で確実な予防的止血が不可欠である。

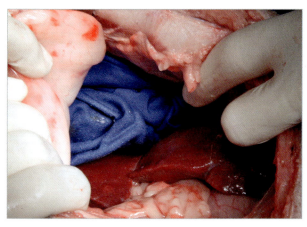

図3　肝門部へのアクセスを容易にするために、肝臓と横隔膜の間に生理食塩水で湿らせたガーゼを挿入し、肝臓を外科医の方へ近づける。

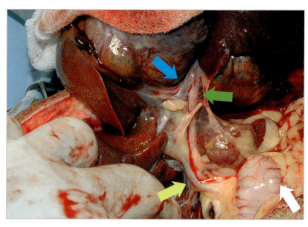

図4　肝臓を外へ移動させると、それぞれ異なる解剖学的構造を確認、分離しやすくなる。十二指腸（白矢印）、総胆管（黄矢印）、動脈枝（緑矢印）、門脈枝（青矢印）

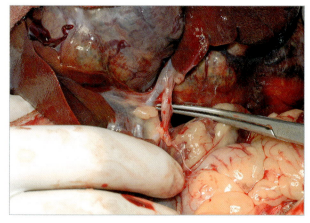
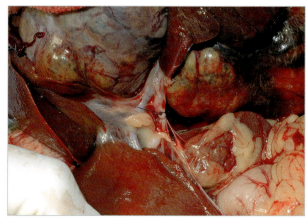

図5　腫瘍が存在する肝葉に栄養供給している肝動脈枝を確認し分離したのち、合成吸収糸を用いて結紮、閉鎖する。

応用と手術症例の検討 / 肝臓の手術

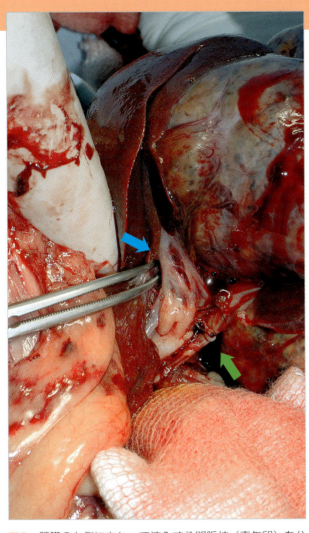

図6 肝臓の左側に向かって流入する門脈枝（青矢印）を分離しているところ。動脈（緑矢印）を閉鎖した後、同様の方法で門脈を閉鎖した。

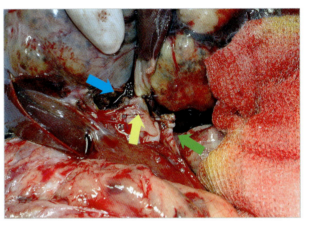

図7 動脈（緑矢印）および門脈（青矢印）枝を閉鎖、切断後、胆管（黄色矢印）を閉鎖する。

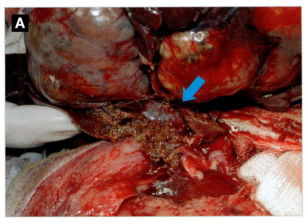
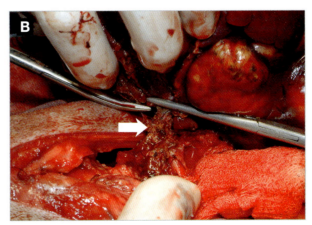

図8 腫瘍が存在する肝葉と残りの肝臓をつなぐ肝実質を指でつぶせば、当該の肝静脈が露出する（青矢印）。その後、この部位を閉鎖し、切断する（白矢印）。

臨床医のための止血術

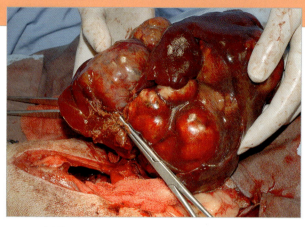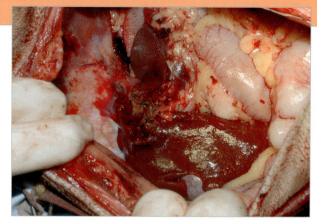

図9　腫瘍塊を切除しあと、肝門部の止血を必ず確認する。

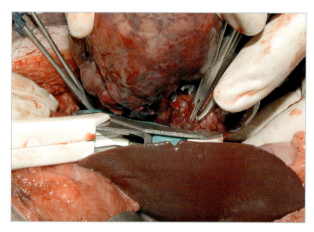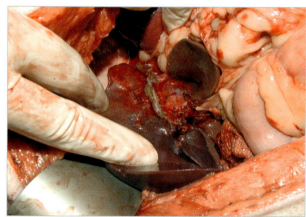

図10　肝実質と肝静脈の予防的止血に外科用ステイプラーを用いることもできる。この症例ではTA90ステイプラーを使用した。静脈と肝実質を切除した後、必ずその部位の出血を確認する。もし出血が確認されたら、バイポーラで止血するか局所止血剤を用いて圧迫する。

　　腫瘤型の肝細胞癌の症例における、肝葉切除後の予後は患者の生活の質の観点からも満足のいくものである。
　　飼い主が彼らの犬が数年は若返ったと言うことはよくある。

応用と手術症例の検討 / 副腎の外科

副腎の外科

José Rodríguez, Amaya de Torre, Carolina Serrano,
Cristina Bonastre, Ángel Ortillés

副腎摘出術

　副腎の外科的摘出術は難しい。とくに右側の副腎は大静脈の近くにあるため容易ではない。出血、血栓や塞栓形成のリスクが高い。このタイプの外科手術は経験豊富な外科チームだけが行うべきである。

副腎摘出術の適応
- 副腎皮質腫瘍（腺腫もしくは腺癌）による二次的な副腎皮質機能亢進症
- 褐色細胞腫などの副腎髄質の腫瘍

副腎の腫瘍

　表1はそれぞれの腫瘍のタイプに関連する臨床徴候を要約したものである。

　副腎腫瘍の手術前後および手術中にはさまざまなパラメータを測定しコントロールしなければならない。
- 皮質の腫瘍では
  - 低血糖
  - 低カリウム血症
  - 失血
  - 血栓塞栓症
  - 術後の鉱質コルチコイドと糖質コルチコイドの補給
- 髄質の腫瘍では
  - 不整脈
  - 全身性高血圧

表1

副腎腫瘍に関連する臨床症状	
皮質の腫瘍	髄質の腫瘍
■ 多飲 / 多尿 ■ 腹部の下垂 ■ 皮膚の変化 ■ 脱毛 ■ 筋力の低下 ■ 無発情 ■ 肥満 ■ 筋肉の萎縮 ■ 過剰なパンティング ■ 精巣の萎縮 ■ 血栓塞栓症 ■ 糖尿病	■ 高血圧（出血、けいれんなど） ■ パンティング ■ 呼吸困難 ■ 振戦 ■ 多飲 / 多尿 ■ 食欲不振 ■ 頻脈 ■ 不整脈 ■ 瞳孔散大 ■ 大静脈の部分的な閉塞徴候（腹水、後肢の浮腫、等）

血栓塞栓症のリスクを軽減するために、術中にヘパリンを35～100UI/kg の用量で静脈内投与することを検討する。術後には12時間毎に35IU/kg の用量で皮下投与する。症例にできるだけ早く適度な運動を開始させることも推奨される（リードをつけて短時間の散歩）。

手術症例 / 副腎摘出手術

José Rodríguez, Amaya de Torre, Carolina Serrano, Cristina Bonastre, Ángel Ortillés

このケースでは左副腎の腫瘍によるクッシング症候群の例を紹介する。

この外科手術は非常に繊細であり、細心の注意が必要である。

腫瘍が転移していないか、肝臓や領域リンパ節が探索できるよう臍より前方の開腹術を行う。

腸ループを移動させ、湿らせたガーゼで圧迫して副腎領域を露出する（図1）。

副腎周囲の領域を細心かつ正確に分離し、大静脈や腎臓の血管に近い太い血管を傷つけないようにする（図2）。

横隔腹静脈の位置を同定し、副腎に分岐するところで分離、閉鎖する。副腎を触る操作で放出される血管作動性物質が血流に流れることを避けるためである（図3、4）。

> 横隔腹静脈の予防的止血には、吸収されるまでに時間がかかる合成吸収糸かヘモクリップを用いる。

図1　腫瘍がある副腎の近くの腸ループや肝葉の位置をずらすと術野が確保される。この準備を確実に行うことが非常に重要である。これは手術の手技を容易にし、分離、切除、止血の過程をできるだけうまくコントロールするためである。

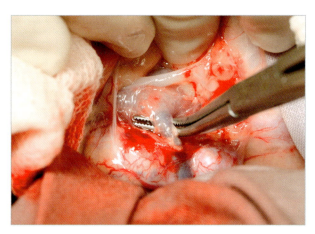

図2　副腎周囲の組織の分離は細心の注意を払い、丁寧に行う。罹患した副腎が左側なら左腎静脈、右側ならば後大静脈のように近くにある太い血管を傷つけないようにするためである。

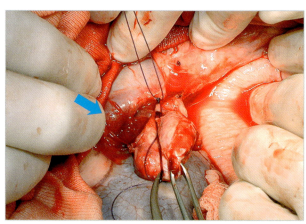

図3　この症例では副腎は左腎静脈（矢印）に強く癒着していた。癒着を剥離した後、血管作動性物質や腫瘍細胞が血流に入ることを防ぐため、横隔腹静脈を分離し閉鎖する。

応用と手術症例の検討 / 副腎の外科

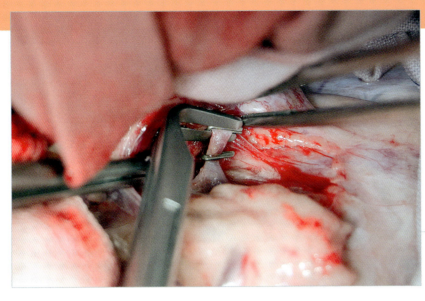
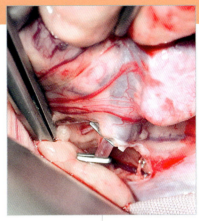

図4 横隔腹静脈の予防的止血はこの写真のようにヘモクリップを用いると簡単に実施できる。

副腎周囲のすべての細い血管を分離し、出血しないようバイポーラクランプで凝固させる（図5）。

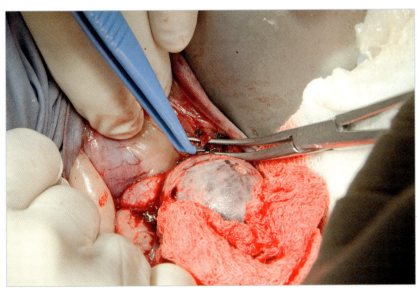
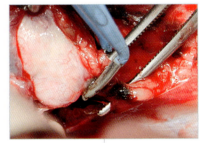

図5 血液を供給する血管が副腎の周囲には多数ある。切断する前にバイポーラクランプを使用して予防的止血を行う。

腫瘍を摘出したら腹腔内臓器を元に戻し術創を閉鎖する前に患部の止血に問題がないか確認する（図6）。

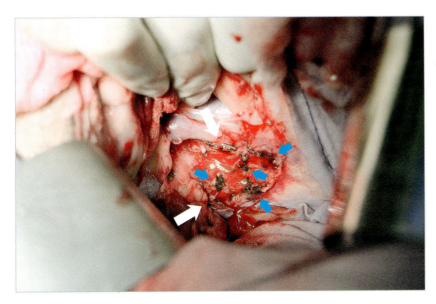

図6 手順を終える前に、術中の止血に問題がないか確認しなければならない。この写真では横隔腹静脈（白矢印）を閉鎖するために使用したヘモクリップと、多数の凝固された動脈血管（青矢印）が示されている。

臨床医のための止血術

大静脈の中に腫瘍栓が確認される場合がある（図7）。このような場合は大静脈をクランプして静脈切開を行えば血栓を除去することができる。

制御できない出血、血栓塞栓症、腹膜炎、腎不全、感染、膵炎が起これば、術中あるいは手術直後の死亡率は非常に高くなる。このため、完全な手術手技が求められ、血栓塞栓症を避けなければならない。

> このような患者では非吸収糸で腹腔を閉じることが勧められる。

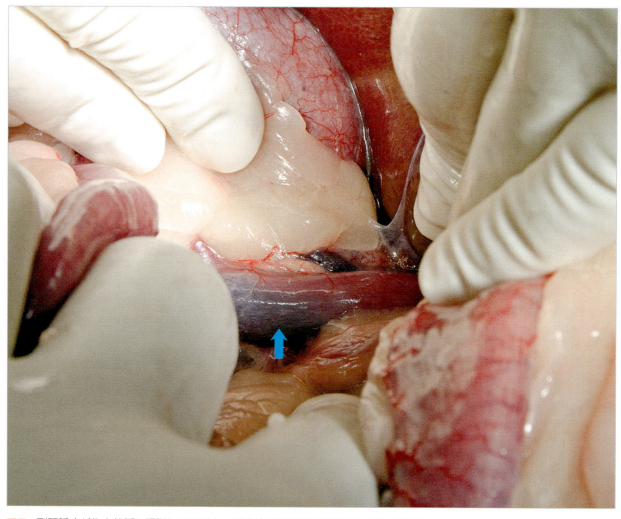

図7　副腎腫瘍が後大静脈に浸潤していると、腫瘍栓が静脈壁から観察できる（図7）。

フェレットの副腎摘出術

José Rodríguez, Amaya de Torre, Carolina Serrano, Cristina Bonastre, Ángel Ortillés

重要な相違点

フェレットでは副腎腫瘍が極めて頻繁にみられる。避妊した雌ではとくに多い。臨床症状は主に脱毛、掻痒、外陰部の肥大である。

> 1カ月半以下の月齢のフェレットを避妊すると副腎腫瘍が発生しやすくなる。

他のペットの場合と同様に、左側の副腎の方が右側と比べて摘出しやすい。

左側の副腎は大静脈からは距離があり、表面には副腎腰静脈が走行している。

右側の副腎は大静脈に接している（図1）。分離するときには静脈を傷つけて出血しないようにとくに注意しなければならない。出血を防ぐためには、確実な分離ができない場合には、副腎の被膜を開けて内部を摘出する。

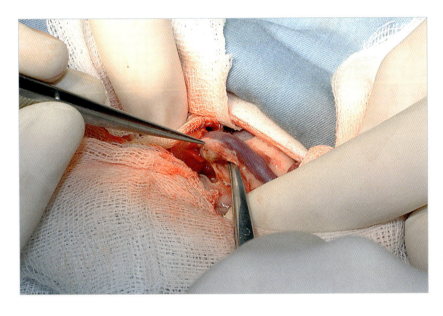

図1 フェレットの右側の副腎は大静脈に大幅に接しているため、分離は複雑で細心の注意が必要である。

大静脈に小さな裂け目が入った場合、ゼラチンスポンジを使えば出血をコントロールできる。

もし、腫瘍が大静脈に浸潤した場合、約1時間は副作用なく完全にクランプ可能である。

臨床医のための止血術

心臓血管外科

手術症例/腹腔鏡下心膜切除術

Roberto Bussadori, Gabriele Di Salvo

心タンポナーデ

　心タンポナーデは心膜腔内に血液が貯留することにより生じる。このとき、心機能の低下と右心不全が発現し、これを代償するために頻拍が生じるが、不整脈や冠血流量の減少によりさらなる心機能の悪化をきたす恐れがある。

> 心タンポナーデの主な原因は、心基底部腫瘍、右心房の血管肉腫、特発性心膜炎である。

『胸部』の「心タンポナーデ」の項を参照
214〜218ページ

手術症例

　Merlinoは未去勢、9歳齢のゴールデン・レトリーバーである。過去3カ月間に心タンポナーデを3回繰り返したため、我々の病院に紹介された。3回の心タンポナーデのうち2回は最近1週間以内に発症しており、いずれも心膜穿刺で治療された。

　身体検査所見では、元気消失、嗜眠、毛細血管再充満時間の延長、脈圧の低下、軽度の心雑音が認められた。
　心臓超音波検査では、心タンポナーデには至らない心膜液貯留が中程度認められ、心臓および心膜の腫瘍は認められなかった。

　心膜穿刺では漿液出血性の心嚢液が採取された。検査室の解析では多数の赤血球が認められた。細胞成分は赤血球を貪食したマクロファージと反応性中皮細胞が主体だった。さらに非変性性の異常好中球と小型のリンパ球も認められ、非特異的な炎症像と考えられた。
　血液・生化学検査および凝固系に異常は認められなかった。
　以上の所見から特発性心膜炎が疑われたため、低侵襲の胸腔鏡下心膜切除術を選択した。
　症例を背臥位に保定し、始めに5mmのトロッカーを剣状突起右側近傍から挿入した。このトロッカーはスコープ挿入用とした。2本目および3本目は同サイズのトロッカーを右第6および第8肋間から挿入した（図1）。

> 胸腔鏡手術で電気手術装置を使用する場合、金属製のカニューレを用いると容量結合によって生じる熱傷や内臓の損傷を減らすことができる。
> （訳者注：容量結合：電気的に絶縁されているはずの箇所が接続されて電流が流れてしまう現象。この現象により意図しない組織（焼灼したい部位ではない組織）への放電が生じる危険性がある。）

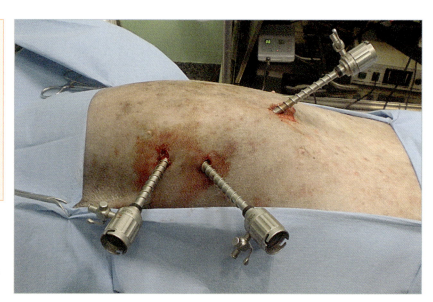

図1　心膜切除術におけるトロッカーの胸腔内への挿入位置

応用と手術症例の検討 / 心臓血管外科

　視野方向が30°のスコープを用いて心臓を描出した後に心膜を鉗子で把持し（図2）、可能な限り大きく切除した（約6×6cm、図3、4）。

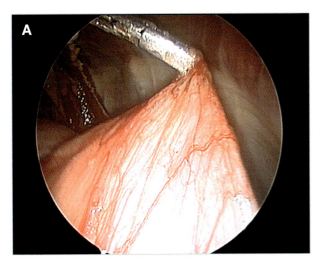 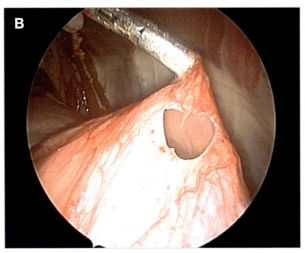

図2　心臓に損傷を与えず、かつ切開が容易になるように心膜を注意深く持ち上げる。

　心膜を胸腔鏡用の超音波メスによって切除し（図3）、カニューレを通して摘出した（図4）。切除した心膜が大きくてカニューレに通らない場合は、いずれかのカニューレを抜去し、胸壁の傷口から摘出する。

> 超音波メスは極めて多機能な装置であり、鉗子を変えることなく切開、凝固、牽引、剥離ができる。動物の体内を電気が流れないため熱損傷も少なく、他の手術装置と比べて生じる熱の温度が低い。

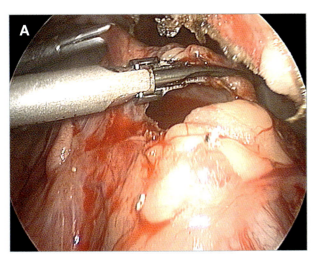 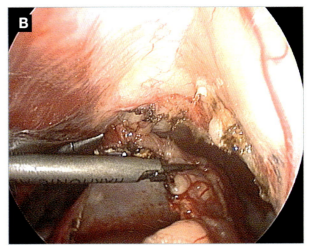

図3　超音波メスによる止血は良好で周囲への熱損傷も少ない。図は心膜の切除部位

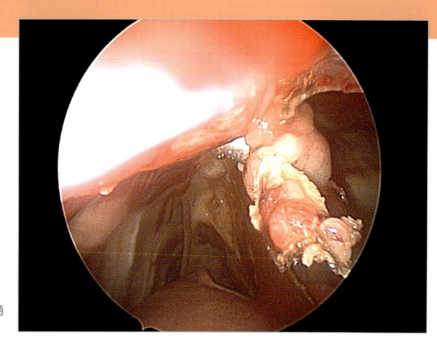

図4 切除した心膜をカニューレを通して摘出するところ

術後に血液や空気を抜去できるように、カニューレを抜いたあとの傷口から胸腔ドレインを設置した（図5）。

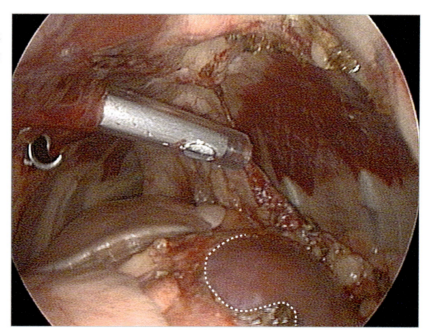

図5 視認下での胸腔ドレイン設置（ビデオ補助法）。作成された心膜欠損部（開口部）に注目（白色の点線）。

ドレインは術後12時間で抜去した。
心膜の病理組織検査の結果から特発性心膜炎と診断された。
超音波検査において術後数カ月間は心嚢液貯留の再発が認められなかった。

手術症例 / ファロー四徴症

ファロー四徴症は4つの解剖学的異常を有する遺伝的な先天性奇形である。
- 肺動脈狭窄
- 右室肥大
- 心室中隔欠損
- 大動脈騎乗

この疾患では、酸素化されていない血液が体循環に多く流れ込むため多血症やチアノーゼを呈する。

外科手術は姑息的なものであり、肺血流を改善し、酸素化された血液がより多く循環できるようになることを目的とする。これは大動脈と肺動脈を吻合して右・左を交通させることで達成される。

> ファロー四徴症では心室中隔欠損を介して右心室から左心室へ血液が短絡し、酸素化されていない血液が体循環に多く流れ込むため多血症やチアノーゼを呈する。

手術症例

Pacoは去勢済み、5カ月齢、体重6kgのフレンチ・ブルドッグである。担当外科医が元気消失、運動不耐性、呼吸困難、著明なチアノーゼ、再発性の発作、聴診による心雑音を認めたため、循環器科に紹介された。

血液検査ではヘマトクリット値が68％だった。心臓超音波検査ではファロー四徴症に一致する解剖学的異常が認められた（図1）。

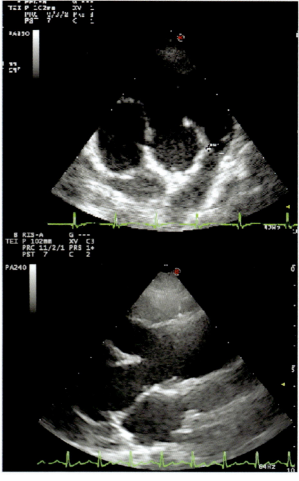

図1　ファロー四徴症に罹患した本症例の超音波画像。狭窄した肺動脈と騎乗した大動脈が確認できる。

開胸手術は左第4肋間で実施した。
肺の前葉を後背側によけた後、分離した迷走神経を腹側によけ、肺動脈と大動脈を露出した。

大動脈は鉗子で部分遮断し（図2青矢印）、左肺動脈は非外傷性の血管鉗子とターニケットで血流を完全に遮断した（図2黄矢印および緑矢印）。パンチを用いて大動脈壁に穴を形成した（図2白矢印）。
上記の方法で血流を一時的に遮断したうえで、左肺動脈壁に同サイズの穴を形成した。

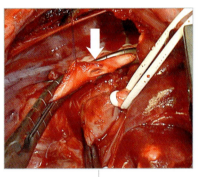
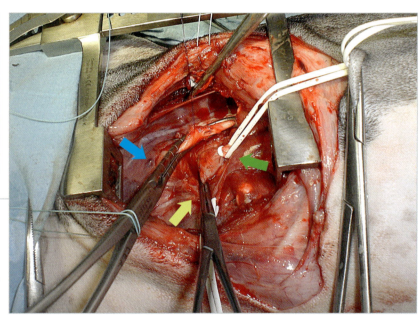

図2　無傷性の鉗子を用いて部分遮断した大動脈（青矢印）と、血管鉗子（黄矢印）とターニケット（緑矢印）を用いて血流を一時的に遮断した左肺動脈。パンチで大動脈壁に形成した穴（白矢印）が確認できる。

大動脈肺動脈吻合は6-0のポリプロピレン縫合糸を用い（図3、4）、血管吻合の項で述べた方法に従って実施した。鉗子を外した後の出血は数分間ガーゼで圧迫することで対処した。

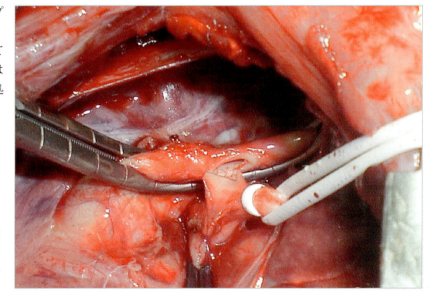

図3　6-0のポリプロピレン縫合糸を用いた大動脈と肺動脈の側側吻合。図は吻合部の後ろ側の縫合が終了したところ

応用と手術症例の検討／心臓血管外科

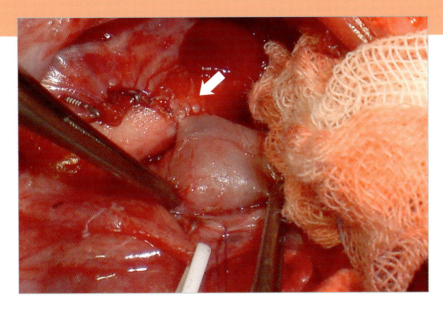

図4　血管鉗子とターニケットを外した後の大動脈肺動脈吻合（矢印）

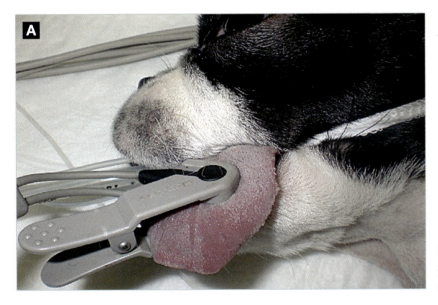

手術の効果は粘膜色ですぐに確認できる（図5）。

最後に、術後出血などの異常をすぐに確認できるように胸腔ドレインを設置し、定法で閉胸した。
　血胸の有無を確認してから術後48時間でドレインを抜去した。血液検査、X線検査、超音波検査を確認してから術後5日で症例は退院した。

> ファロー四徴症の外科治療は、肺血流を改善し、酸素化された血液がより多く循環するようになり、症例の生活の質を向上させる。

手術1カ月後、運動耐性は改善、発作の頻度は減少して明らかに症例の生活の質は向上した。

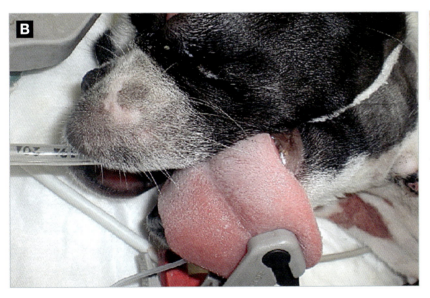

図5　粘膜色の変化
A：手術前、B：手術後

臨床医のための止血術

肛門周囲瘻

Jorge Llinás, Clara Lonjedo, Adolfo Castells

　肛門周囲瘻は、慢性、進行性で衰弱性の疾患であり、局所組織の崩壊と二次的な感染により、潰瘍性で疼痛を伴う、悪臭のする病変が見られるようになる（図1）。

　肛門周囲瘻は、1つあるいは複数の瘻管が形成される場合と罹患肛門周囲領域の組織全体に病変が形成される場合がある（図2）。瘻管の直径、深さ、連絡性はさまざまである。内科療法（シクロスポリン、ケトコナゾール、コルチコステロイド、高繊維食、タクロリムス等）では十分な効果が得られず、外科的な治療が必要になることがある。

　肛門周囲瘻は複雑な多因子性の疾患で、通常4〜7歳齢の犬に発症する。特定の遺伝性素因はないといわれているが、著者の経験では、雄のジャーマン・シェパードに発生することが多いと感じている。

　肛門周囲瘻では、遺伝性疾患（対立遺伝子 DEL-DRB1*00101をもつジャーマン・シェパードは、もたないものと比較し、肛門裂傷を5倍発症しやすい）や免疫が関連する疾患を併発していることが多く、炎症性腸疾患を併発していることも多い。

　内科療法では、これまでシクロスポリンなどの免疫抑制剤の単独投与、あるいはケトコナゾールとの併用、メトロニダゾールなどの抗生剤とタクロリムスを含有する外用薬との併用、コルチコステロイドと抗生剤との併用が、食餌管理と衛生管理とともに行われてきた。

　最近では、他の治療法と比べて炭酸ガスレーザーを使った外科療法の利点が非常に幅広く認識されている。しかし、症例の多くは内科的な維持療法を継続する必要があることを忘れないようにする。

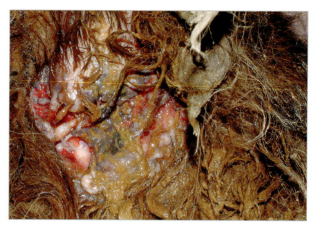

図1　肛門周囲瘻は、疼痛と感染を伴った病変を肛門周囲に形成する。

炭酸ガスレーザーによる治療が有効なのは、炭酸ガスレーザーには壊死組織を効果的に除去する能力と、創床を焼灼・蒸散して二次癒合を促進させる能力があるためである。

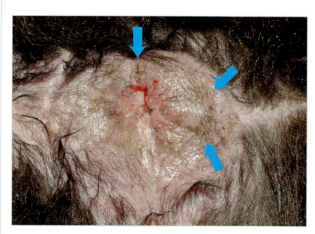
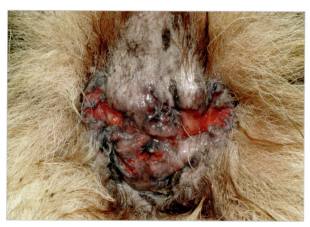

図2　これらの症例にみられるように、小さな瘻管が2〜3個だけできる場合と、大きな瘻管が沢山できる場合とがある。

応用と手術症例の検討 / その他の手術

手術症例 / 肛門周囲瘻切除術

Jorge Llinás, Clara Lonjedo, Adolfo Castells

　この症例は8歳齢、雄のジャーマン・シェパードで、1年間保存療法を継続したものの臨床徴候を適切にコントロールできなかったため、手術を行うことになった。

　手術部位が可能な限り無菌状態になるように準備をした。瘻管形成部には疼痛と炎症があり、動物を制御することが難しいことがあるため、このような準備を行う際に、軽い鎮静が必要になることがある。術野の汚染を避けるため、まず緩下剤や浣腸により直腸と結腸内を空にし、さらに用手にて肛門嚢内を空にする。

　患者に全身麻酔を施した後、ガスや便が排出されないように、直腸内にガーゼを挿入し肛門周囲に巾着縫合を行う。

　後肢の神経障害を起こさぬように保護しながら伸展させた状態で患者を腹臥位に保定し、尾は背中の上方に固定する（図1）。

　手術では、まず瘻管にカテーテルを挿入し、各壊死部の瘻管の深さや長さを確認する（図2）。

手術手技

炭酸ガスレーザーによる治療

　この方法では、まず各瘻管を確認後、瘻管の直径や深さに応じて炭酸ガスレーザーの出力を12～20Wの間に設定し、連続モードで瘻管の切開を行い、スーパーパルスモードで焼灼・蒸散を行うことで表層の組織をすべて除去する（図3、4）。

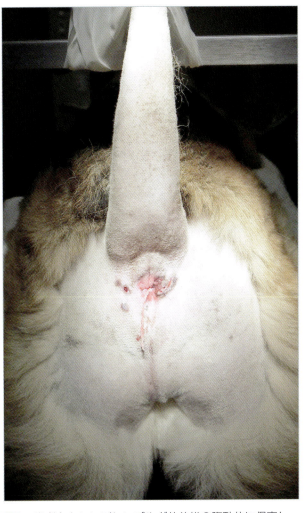

図1　患者をトレンデレンブルグ体位様の腹臥位に保定し、尾は背中の上方に固定する。

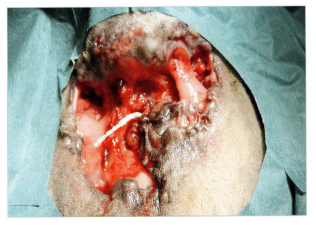

図2　組織の切除を始める前に、すべての瘻管にカテーテルを挿入して洗浄とデブライドメントを行い、肛門周囲の切除範囲を評価する。

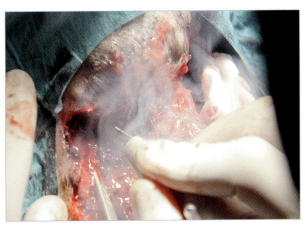

図3　瘻管を切除する際、連続モードを使用することでレーザーによる切除部の止血効果を向上させる。

> この症例では左の肛門嚢も壊死部の中に巻き込まれていたため、同時に切除した。

注意深く探らなくてはならない瘻管、とくに小さなチップ（豆粒大）を使用して探る深部の瘻管とは異なり、病変のない領域の皮膚は切除しないようにする。ハンドピースのチップは、使用するチップの種類に応じて、組織から3〜5mm離すようにする。

生理食塩水で浸したガーゼを使用して炭化した組織を除去し、細菌、血餅、異物の除去と治癒を促進するために術野を念入りに洗浄する。

切開部深層は、モノフィラメントの吸収糸を使って閉鎖する（図5）。皮膚は、モノフィラメントの非吸収糸を使った肛門周囲の形成術により再建することで、外観、機能とも非常に良好に回復する（図6）。著者は通常、ドレインは設置しない。

患者は予定通り麻酔から覚醒し、術後8時間で退院した。

術後1週目は内科的な支持療法と低出力レーザー治療を週2回、2週目から4週目にかけては週1回行った（図7）。

局所に対する治療として、主に殺菌作用のある石鹸による洗浄と、抗生物質と抗炎症剤を含有した軟膏の塗布を行った。全身的な抗菌療法として、メトロニダゾールを使用した。

術後1週目までには、臨床徴候が顕著に改善し、術創も順調に改善してきていた。術後1カ月目には、治療を中止することができた。術後3カ月目の時点でも引き続き治癒が進んでおり、全身的な内科療法も中止することができた。

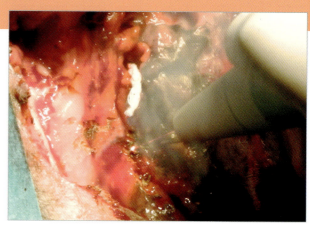

図4　レーザーの焦点をぼかしてレーザーの照射面積を増やすため、照射部から一定の距離を保ちながら壊死組織の焼灼・蒸散をスーパーパルスモードで行った。

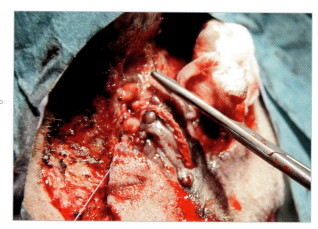

図5　内部の解剖学的構造の再建は、モノフィラメントの合成吸収糸を使用した単結紮縫合で行った。

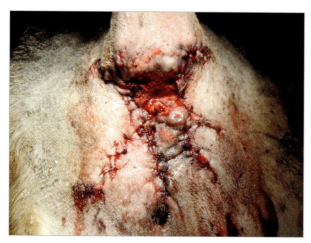

図6　治癒を促進するため、フラップを何枚も形成して肛門周囲を再建し、縫合部に張力がかからないようにする。

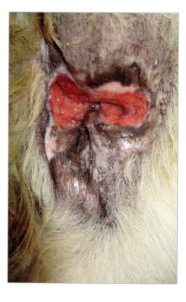

図7　術後4週目までには順調に治癒が進み、疼痛もなく、排便も問題なくできていた。二次癒合による背側部分の治癒も順調に進んでいた。

応用と手術症例の検討 / その他の手術

短頭種気道症候群

Jorge Llinás, Gabriel Carbonell, Manuel Jiménez

　短頭種気道症候群では、複合的な要因が臨床症状や呼吸器障害に関与する。鼻孔狭窄、気管低形成、喉頭小嚢の外反、喉頭粘膜と披裂軟骨の浮腫、扁桃肥大、さまざまな程度の喉頭虚脱を呈することがある。

　臨床症状として発咳、二次的な嘔吐、いびき、間欠的な呼吸不全などがある。症状は通常喉頭虚脱、失神に進行する。

　短頭種犬では吸気時に軟口蓋の先端が喉頭に入り込み、気管への空気の流入路を閉塞する。鼻孔狭窄がある場合、空気が通過するための抵抗が増大し、軟口蓋が深く落ち込むために呼吸強度が増大し、閉塞の程度および軟口蓋と喉頭周囲組織の炎症と浮腫が悪化する。(図1)。

　重度の気管低形成は呼吸努力を増加させ、披裂軟骨小角突起の間に軟口蓋を吸い込む。嚥下により換気が抑制されて上部気道が閉塞している時に嚥下困難が起こることがある。

　短頭種気道症候群の動物では興奮によって口角の牽引、開口呼吸、パンティング、腹式呼吸による肋骨の過剰な運動が起こり特徴的な呼吸音がしばしば観察される。

> 短頭種気道症候群の動物はうっ血、高体温、チアノーゼの症状を示す。

　短頭種気道症候群の動物では軟口蓋の検査のために鎮静や麻酔が必要である。喉頭蓋に数mm〜数cm軟口蓋がかぶる程度が正常である。伸展した部位の軟口蓋の厚みは患者の症状の重要な徴候であり、臨床症状が悪化するにつれて厚みが増加するため評価が必要である（図2）。

> 患者の完全な全身評価を行い喉頭麻痺や声門、喉頭、気管の腫瘍、上部および喉頭粘膜を含む上部気道の外傷などの気道閉塞を起こす原因となる他の疾患の鑑別を行うことが重要である。

　抗炎症量のコルチコステロイドによる内科治療で急性期または急性の呼吸危機の状態をコントロールできるが変性性変化の進行を予防することはできない。

　粘液溶解薬を処方し、気管低形成の犬では気道分泌を可能な限り最小限にすることがとても重要である。

　気管支拡張薬はすべての症例で使用する。

　症例に応じて、いくつかの変化の矯正のために外科的治療を行う。

> 著者の経験では、喉頭小嚢の切除またはレーザー蒸散による喉頭の楔状形成を行っている場合にも、気管切開術は突発事故があったときに行うもので、もし適切な操作が行われていれば、本手技を行うことは非常にまれである。

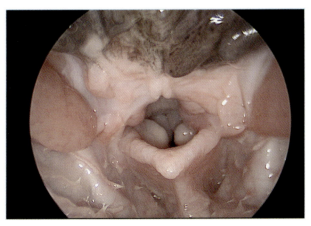

図1　口蓋先端の伸長は咽喉頭の変化を引き起こす。炎症と浮腫が起こり、扁桃が腫大し喉頭が機能しなくなり最終的には虚脱する。

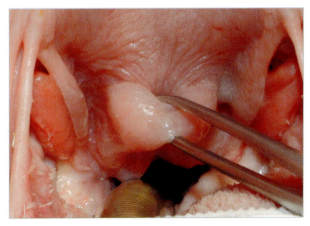

図2　口蓋先端の長さと厚みおよび喉頭機能障害に与える影響の評価

鼻孔の拡大

鼻孔は、炭酸ガスレーザーを用いて縦に楔型に切除して拡大する。適切な距離を取ることが重要であり（可能な限り正確な切開を行う）、通常出力15Wのスーパーパルスモードを用いる。症例と距離と使用する装置により、10～12Wの出力の低い連続モードも使用する（図3）。

鼻と切った部位を湿らせておくことが重要である。

過度に大きい痂皮の原因となるので著者はあまりに大きい楔型切除を行うことは避けている。望ましい幅とするために深い部分では光蒸散を行うことが好ましい。

痂皮と粘液が形成され治癒には1カ月程度かかるが、術創を縫合する必要はない。

とくに過剰に切除を行った場合、症例によっては永続的な脱色素が起こることがある。そのため脱色素の可能性を前もって飼い主にあらかじめ話しておくことが大切である。

口蓋形成術

口蓋垂切除による口蓋形成術は炭酸ガスレーザーまたはモノポーラ電気メスで行うことができる。

炭酸ガスレーザーを用いる場合、著者らは両脇だけでなく軟口蓋のフラップの長さと全体の厚みを減少させることを目的とした咽頭形成術として知られている術式を推奨している。

初めにレーザー光線から周囲組織を保護するために必ず生理食塩水で浸したガーゼを軟口蓋の背側に置く（図4）。もしガーゼが適度に濡れていないと発火や火傷を起こすかもしれない。

要点は切除の背側縁の決定である。確立された解剖学的基準点はなく患者ごとに合わせることが重要である。

図3 鼻孔形成術は鼻翼の内側域の組織を楔型に切除することで行われる。

食事や鼻汁が流れ込む危険性を避けるために、後鼻孔がむき出しになっていないことを確認する。時に後鼻孔を露出しすぎることで、液体の強い流れが可能となり鼻炎が生じる。症例によるばらつきを避けるために、どの程度積極的に切除を行うか決定することが重要である。咽頭の過形成と巨大舌のある患者では、可能性のある変化を含めて病態生理学的なバランスを維持するために外科医の経験と知識により決定する必要がある。

軟口蓋の切開は中心から行い、軟口蓋の厚みにあわせて15～25Wの間で連続モードを用いる。口腔、筋、鼻腔粘膜を完全に同定し、ドーム形にするために手首の動きにより可能な限り最短の距離で行う（図5）。

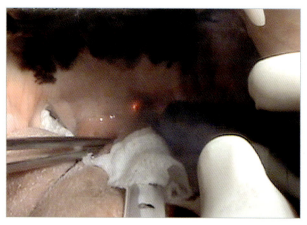

図4 咽頭と気管チューブを保護するために生理食塩水で浸したガーゼを軟口蓋の先端の背後と下に設置する。

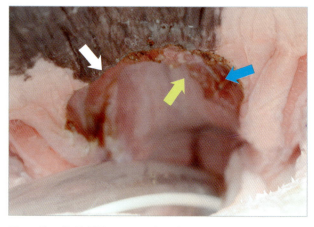

図5 軟口蓋が喉頭の入り口を閉塞することを防ぐために口蓋形成術はドーム形にする。
この画像は口腔粘膜（白矢印）、鼻の筋肉（青矢印）と鼻粘膜（黄矢印）を示している。

応用と手術症例の検討／その他の手術

切開線はできるだけ同一面となるようにする。鼻の線を切開縁とし、短期、長期に最適な結果が達成できるように治癒するように鼻側の切開線を切開縁とする。

著者らは喉頭蓋の縁に沿って十分なマージンを残しながら、最小の距離が3cmで出力10～20Wのスーパーパルスモードの炭酸ガスレーザーを用いて細胞切除と光蒸散を行い、両脇の過剰な粘膜を除去することで咽頭を拡大させることを推奨している。

> 口蓋組織の両脇を光蒸散すると咽頭が拡大し喉頭に空気が通過しやすくなる。

縫合により片側もしくは両側の口蓋片を確実に閉鎖することが適切と考えられる場合を除いて著者らは通常縫合は行わない。縫合する場合にはモノフィラメントの"ワイヤー効果"による不快感を避けるために吸収の早い編糸（3-0または4-0）を使用する。

モノポーラ電気メスを使用する場合は0.2mmの先端またはニードルタイプを選択する。スパチュラを使用する場合は、可能な限り鋭利な先端のものを使用する（図6）。

発生器と選択したアクティブターミナルにより通常10～15Wの間でスムーズに切開できる可能な限り低い出力を選択する。

外科医の中には縫合を選択しない者もいるが、過剰な軟口蓋を完全に切除し、鼻腔粘膜を口腔粘膜に縫合する。

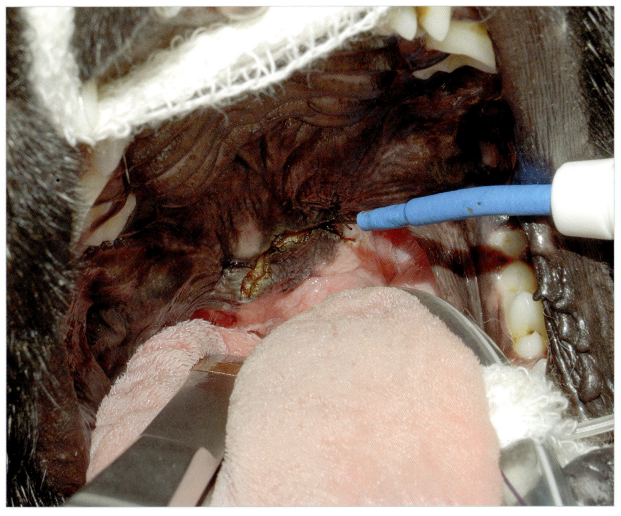

図6　電気メスで口蓋形成術を行う場合、手持ちの中で最も細い活性電極を選択する。高いエネルギー密度で必要出力を低くするために0.2mmのニードルタイプを使用することが推奨される。

喉頭小嚢切除

喉頭小嚢の外転により喉頭閉塞が生じている場合には、喉頭小嚢の切除を行う。切除は牽引鉗子と鋏による鋭性切除で行う。小嚢は前庭ひだと声帯ひだの間の基部から切除する（図7）。出血は最小で、もし生じた場合には、アドレナリンを浸した綿棒で圧迫しコントロールする。

炭酸ガスレーザーが利用できる場合には、3cm以上の距離でスーパーパルスモードで閉鎖光蒸散すれば出血を避け浮腫を減らせる。

> 喉頭小嚢の切除は閉塞性の浮腫による手術直後の呼吸不全の危険性を高めるが基部からの出血はまれである。

進行した喉頭虚脱では炭酸ガスレーザーを用いて楔状突起と披裂軟骨の光蒸散を行うことができる。

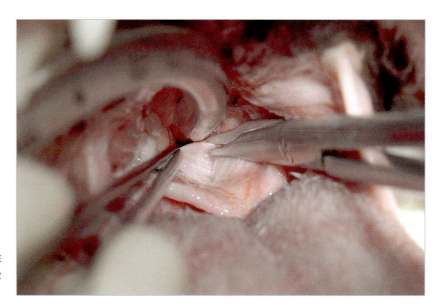

図7　図は鋏による左喉頭小嚢の切除を示している。光蒸散では出血と術後炎症を最小限にすることができる。

この作業により喉頭を再形成し披裂軟骨の間の空気の通り道を拡大することを可能にする。

繊細な技術であるが、正確に行うことで、明らかな臨床症状の改善が認められ、多くの症例で気管切開が必要なくなる。

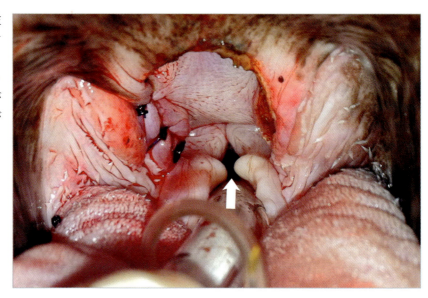

図8　この症例は楔状突起が正中に変位し喉頭の入り口を塞いでいることが観察できる（矢印）。

応用と手術症例の検討/その他の手術

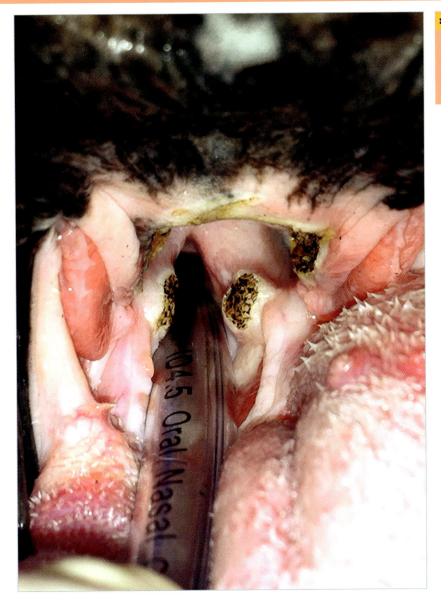

* 例え手術が成功しても、パンティングは喉頭と咽頭の炎症を引き起こしやすくし喉頭蓋の浮腫の原因になりうる。

図9 この症例のように重症の場合、残った楔状突起の正確な光蒸散が解決になるのであれば両側の手術を行ってもよい。

　常に10〜15Vのスーパーパルスモードで最速のパルス速度と間隔を用いると有効である。

　細胞切除の基本に基づきながら披裂縁が平らなまま突起が喉頭の入り口を閉塞しない楔状突起先端の正確な角度をみつける。

　著者らは多くの症例で手術当日のみ抗生物質を使用する。マルボフロキサシンが最適である。

　手術直後の覚醒時には炎症による浮腫で呼吸不全が起こるので呼吸を監視することが重要である。

　患者はできればケージの中でなく、また可能であればパンティングをせずに呼吸できる、落ち着いてくつろいだ環境で意識を回復させる。

　手術部位の炎症により呼吸困難が生じている場合、可能な限り気管切開を避けるためにコルチコステロイドと利尿薬を投与する。

　初めの12時間は水分と食事の投与を制限する。犬の状態が安定している場合には、12時間後に少量の水を投与し、無刺激食を24時間後に投与する。治癒促進と嚥下促進のために無刺激食は10日間投与する。

　患者は通常数日で新しい状態に適応し多くの症例で臨床症状の大幅な改善が認められる。飼い主に短頭種気道症候群の複合的な要因、手術の目的、常に緩和的治療であることについて説明することが重要である。

参考文献
止血および止血異常

ABDEL-WAHAB, O.I., HEALY, B., DZIK, W.H. Effect of fresh-frozen plasma transfusion on prothrombin time and bleeding in patients with mild coagulation abnormalities. *Transfusion*, 2006, 46: 1279-1285.

COUTO, C.G. Disorders of hemostasis. En: NELSON, R.W., COUTO, C.G., eds. *Small Animal Internal Medicine*. 5 ed. St. Louis: Elsevier Mosby: en prensa.

COUTO, C.G. Disseminated intravascular coagulation in dogs and cats. *Veterinary Medecine*, 1999, 94: 547-554.

DZIK, W.H. The James Blundell Award Lecture 2006: Transfusion and the treatment of haemorrhage: past, present and future, 2007, 367-374.

KRAUS, K.H., TURRENTINE, M.A., JERGENS, A.E. et al. Effect of desmopressin acetate on bleeding times and plasma von Willebrand factor in Doberman pinscher dogs with von Willebrand's disease. *Veterinary Surgery*, 1989, 18: 103-109.

LEMKE, K.A., RUNYON, C.L., HORNEY, B.S. Effects of preoperative administration of ketoprofen on whole blood platelet aggregation, buccal mucosal bleeding time, and hematologic indices in dogs undergoing elective ovariohysterectomy. *Journal American Veterinary Medical Association*. 2002, 220 (12): 1818-1822.

MARIN, L.M., IAZBIK, M.C., ZALDIVAR-LOPEZ, S. et al. Epsilon Aminocaproic Acid for the Prevention of Delayed Postoperative Bleeding in Retired Racing Greyhounds Undergoing Gonadectomy. *Veterinary Surgery,* 2012, 41: 594-603.

MARIN, L.M., IAZBIK, M.C., ZALDIVAR-LOPEZ, S. et al. Retrospective evaluation of the effectiveness of epsilon aminocaproic acid for the prevention of postamputation bleeding in retired racing Greyhounds with appendicular bone tumors: 46 cases (2003-2008). *Journal of Veterinary Emergency and Critical Care,* 2012, 22: 332-340.

MAYHEW, P.D.F., SAVIGNY, M.R., OTTO, C.M. Evaluation of coagulation in dogs with partial or complete extrahepatic biliary tract obstruction by means of thromboelastography. *Journal of the American Veterinary Medical Association*, 2013, 242: 778-785.

MICHAEL, M.F, *Acquired platelet dysfunction.* En: WEISS, D.J., WARDROP, K.J. Schalm's veterinary hematology. ed. 6ª ed. Wiley-Blackwell, 2010, 626-631.

O'SHAUGHNESSY, D.F., ATTERBURY, C., BOLTON MAGGS, P. et al. Guidelines for the use of fresh-frozen plasma, cryoprecipitate and cryosupernatant. *British Journal of Haematolo*gy, 2004, 126: 1-28.

SEGAL, J.B., DZIK, W.H. Transfusion Medicine/Hemostasis Clinical Trials Network. Paucity of studies to support that abnormal coagulation test results predict bleeding in the setting of invasive procedures: an evidence-based review. *Transfusion,* 2005, 45: 1413-1425.

抗凝固系および血栓溶解薬

DE LAFORCADE, A. Diseases associated with thrombosis. *Topics in Companion Animal Medicine*, 2012, 27(2): 59-64.

HACKNER, S.G., SCHAER, B.D. Thrombotic disorders. En: Weiss, D.J., Wardrop, K.J. *Schalm's Veterinary Hematology*, 2010, 6ª edición. Ames, Iowa. Editorial Blackwell.

HARNETT, B.E., KERL, M.E. Unfractionated and low-molecular-weight heparin for hypercoagulability in dogs and cats, *Veterinary medicine*, 2007, 102(3): 187-200.

HOGAN, D.F. Thrombolytic Agents. En: Silverstein, D.C., Hopper, K. (eds.). *Small Animal Critical Care Medicine*, 2009, Saint Louis, Missouri. Editorial W.B. Saunders.

KITRELL D., BERKWITT L. Hypercoagulability in dogs: pathophysiology. *Compend Contin Educ Vet.*, 2012, 34(4):E1-5. Review. PubMed PMID: 22488600.

KITRELL D., BERKWITT L. Hypercoagulability in dogs: treatment. *Compend Contin Educ Vet.*, 2012, 34(5):E3. Review. PubMed PMID: 22581723.

KONECNY, F. Thromboembolic Conditions, Aetiology Diagnosis and Treatment in Dogs and Cats, *Acta Veterinaria Brno*, 2010, 79(3): 497-508.

LUNSFORD, K.V., MACKIN, A.J. Thromboembolic Therapies in Dogs and Cats: An Evidence-Based Approach. *Veterinary Clinics of North America: Small Animal Practice*, 2007, 37(3): 579-609.

MELLETT, A.M., NAKAMURA, R.K. y BIANCO, D. A. Prospective Study of Clopidogrel Therapy in Dogs with Primary Immune-Mediated Hemolytic Anemia, *Journal of Veterinary Internal Medicine*, 2011, 25: 71–75.

MERIC, S.M. Drugs used for disorders of coagulation, *Veterinary Clinics of North America: Small Animal Practice*, 1988, 18(6): 1217-1241.

MONROE, D.M. ROBERTS, H.R., HOFFMAN, M. Platelet procoagulant complex assembly in a tissue factor-initiated system, *British journal of haematology*, 1994, 88(2): 364-371.

PLUMB, D.C. Plumb's veterinary drug handbook, 2005, 5ª edición. Ames, Iowa. Editorial Blackwell.

SMITH, C.E., ROZANSKI, E.A., FREEMAN, L.M., BROWN, D.J., GOODMAN, J.S., RUSH, J.E. Use of low molecular weight heparin in cats: 57 cases (1999-2003), *Journal of the American Veterinary Medical Association*, 2004, 225(8): 1237-1241.

SMITH, S. A., TOBIAS, A. H., JACOB, K. A., FINE, D. M. and GRUMBLES, P. L. Arterial Thromboembolism in Cats: Acute Crisis in 127 Cases (1992–2001) and Long-Term Management with Low-Dose Aspirin in 24 Cases, *Journal of Veterinary Internal Medicine*, 2003, 17(1): 73–83.

SMITH, S.A. Antithrombotic Therapy, *Topics in Companion Animal Medicine*, 2012, 27(2): 88-94.

THOMPSON, M. F., SCOTT-MONCRIEFF, J. C., HOGAN, D. F. Thrombolytic Therapy in Dogs and Cats, *Journal of Veterinary Emergency and Critical Care*, 2001, 11: 111-121.

輸血の原則

Blais, M-C., Rozanski, E.A., Hale, A.S., Shaw, S.P., Cotter, S.M. Lack of evidence of pregnancy-induced alloantibodies in dogs. *J Vet Intern Med*, 2009, 23: 462-465.

Marques, C., Ferreira, M., Gomes, J.F., Leitão, N., Costa, M., Serra, P. et al. Frequency of blood type A, B, and AB in 515 domestic shorthair cats from the Lisbon area. *Vet Clin Pathol*, 2011, 40: 185-187.

Silvestre-Ferreira, A.C., Pastor, J., Almeida, O., Montoya, A. Frequencies of feline blood types in northern Portugal. *Vet Clin Pathol*, 2004, 33: 240-243.

Silvestre-Ferreira, A.C., Sousa, A.P., Pires, M.J., Pastor, J., Morales, M., Abreu, Z. et al. Blood types in the non-pedigree cat population of Gran Canaria. *Veterinary Record*, 2004, 155: 778-779.

Seth, M., Jackson, K.V., Giger, U. Comparison of five blood-typing methods for the feline AB blood group system, *Am J Vet Res*, 2011, 72: 203-209.

Seth, M., Jackson, K.V., Winzelberg, S., Giger, U. Comparison of gel column, card, and cartridge techniques for dog erythrocyte antigen 1.1 blood typing. *Am J Vet Res*, 2012, 73: 213-219.

Urban, R., Couto, G.C., Iazbik, M.C. Evaluation of hemostatic activity of canine frozen plasma for transfusion by thromboelastography. *Journal of Veterinary Internal Medicine*, 2013, 27: 964-969.

麻酔および周術期の出血

Aizpuru G.A.P., Martínez M.M. El empleo de la hipotensión controlada en cirugías de otorri-nolaringología. *Acta Med* , 2010, 8(3): 148-154.

Ao H., Moon J., Tashiro M. Delayed platelet dysfunction in prolonged induced canine hypothermia. *Resuscitation*, 2001, 51: 83–90.

Bozdogan N., Madenoglu H., Dogru K., Yildiz K., Kotanoglu M.S., Cetin M., Boyaci A. Effects of isoflurane, sevoflurane, and desflurane on platelet function: A prospective, randomized, single-blind, in vivo study. *Curr Ther Res Clin Exp.* 2001, 66(4): 375-84.

Choi W.S., Samman N. Risks and benefits of deliberate hypotension in anaesthesia: a systematic review. *Int. J. Oral Maxillofac. Surg.*, 2008, 37: 687–703.

Degoute C.S. Controlled hypotension. A guide to drug choice. *Drugs*, 2007, 67(7): 1053-1076.

Dirkmann D., Hanke A.A., Görlinger K., Peters J. Hypothermia and acidosis synergistically impair coagulation in human whole blood. *Anesth Analg.,* 2008, 106(6): 1627-32.

Goel P., Bhola N., Borle R.M., Datarkar A., Verma D. The clinical application of acute normovolaemic haemodilution in oral and maxillofacial surgeries. *J Maxillofac Oral Surg.,* 2010, 9(4): 396-402.

Guedes A.G., Rudé E.P., Rider M.A. Evaluation of histamine release during constant rate infusion of morphine in dogs. *Vet Anaesth Analg.,* 2006, 33(1): 28-35.

Harrop-Griffiths W., Cook T., Gill D., Ingram M., Makris M., Malhotra S., Nicholls B., Popat M., Swale H., Wood P. Guidelines: patients with abnormalities of coagulation. *Anaesthesia*, 2013, 68: 966–972.

Humm K.R., Senior J.M., Dugdale A.H., Summerfield N.J. Use of sodium nitroprusside in the anaesthetic protocol of a patent ductus arteriosus ligation in a dog. *Vet J.* 2007, 173(1): 194-6.

Hunter S.L., Culp L.B., Muir W.W., Lerche P., Birchard S.J., Smeak D.D., McLoughlin M.A. Sodium nitroprusside-induced deliberate hypotension to facilitate patent ductus arteriosus ligation in dogs. *Vet Surg.*, 2003, 32(4): 336-40.

James M.F.M. Fluid therapy and coagulation. Transfusion Alternatives in Transfusion Medicine, 2003, 5(4): 406-414.

Jiménez Vizuete J.M., Pérez Valdivieso J.M., Navarro Suay R., Gomez Garrido M., Monsalve Naharro J.A., Peyro García R. Reanimación de control de daños en el paciente adulto con trauma grave. *Revista Española de Anestesiología y Reanimación*, 2012, 59(1): 31-42.

Joubert K.E. Acute normovolaemic haemodilution-2 case studies. *J S Afr Vet Assoc.* Mar, 2008, 79(1): 46-9.

Kawano H., Manabe S., Matsumoto T., Hamaguchi E., Kinoshita M., Tada F., Oshita S. Comparison of intraoperative blood loss during spinal surgery using either remifentanil or fentanyl as an adjuvant to general anesthesia. *BMC Anesthesiol.* 2013,13(1): 46.

Kreimeier U., Prueckner S., Peter K. Permissive hypotension. *Schweiz Med Wochenschr.*, 2010, 130(42): 1516-24.

MacDonald J.J., Washington S.J. Positioning the surgical patient. *Anaesthesia & Intensive Care Medicine*, 2013, 13(11): 528–532.

Mahajan S.L., Myers T.J., Baldini M.G. Disseminated intravascular coagulation during rewarming following hypothermia, *JAMA*, 1981, 245:2517.

Martínez M.A. Anestesia en perros y gatos con enfermedad intracraneal. *Clin. Vet. Peq. Anim.*, 2013, 33(3): 179-186.

Martins C.R., Tardelli M.A., Amaral J.L. Effects of dexmedetomidine on blood coagulation evaluated by thromboelastography. *Rev Bras Anestesiol.* 2003, 53(6): 705-19.

Niemi T.T., Kuitunen A.H., Vahtera E.M., Rosenberg P.H. Haemostatic changes caused by i.v. regional anaesthesia with lignocaine. *Br J Anaesth.*, 1996, 76(6): 822-8.

Park C.K. The effect of patient positioning on intraabdominal pressure and blood loss in spinal surgery. *Anesth Analg.*, 2000, 91(3): 552-7.

Parr M.J, Alabdi T. Damage control surgery and intensive care. *Injury*, 2004, 35(7): 713-22.

Petäjä J., Myllynen P., Myllylä G., Vahtera E. Fibrinolysis after application of a pneumatic tourniquet. *Acta Chir Scand.*, 1987,153 (11-12): 647-51.

Quandt J. Analgesia, anesthesia, and chemical restraint in the emergent small animal patient. *Vet Clin North Am Small Anim Pract.* 2013, 43(4): 941-53.

Ramaker A.J., Meyer P., van der Meer J., Struys M.M., Lisman T., van Oeveren W., Hendriks HG. Effects of acidosis, alkalosis, hyperthermia and hypothermia on haemostasis: results of point-of-care testing with the thromboelastography analyser. *Blood Coagul Fibrinolysis.* 2009, 20(6): 436-9.

Relton J.E.S., Hall JE. An operation frame for spinal fusion: A new apparatus designed to reduce hemorrhage during operation. *J Bone Joint Surg Br*, 1967, 49: 327–32.

Reynolds L., Beckmann J., Kurz A. Perioperative complications of hypothermia. *Best Pract Res Clin Anaesthesiol*, 2008, 22(4): 645-57.

Rioja E., Salazar V., Martínez Fernández M., Martínez Taboada F. *Manual de anestesia y analgesia de pequeños animales*, 2013, Editorial Servet, Zaragoza.

Sández I., Cabezas M.A. *Manual clínico de farmacología y complicaciones en anestesia de pequeños animales*. Multimédica Ediciones Veterinarias, 2014, San Cugat del Vallés.

Schmidt B.M., Rezende-Neto J.B., Andrade M.V., Winter P.C., Carvalho Jr M.G., Lisboa T.A., Rizoli S.B. Permissive hypotension does not reduce regional organ perfusion compared to normotensive resuscitation: animal study with fluorescent microspheres. *World J Emerg Surg.*, 2012, 7(supl1): S9.

Seymour C., Duke–Novakovski T. BSAVA Manual of Canine and Feline Anaesthesia and Analgesia, 2nd ed., 2007, John Wiley & Sons, Inc, Dorset, UK.

Shams T., El Bahnasawe N.S., Abu-Samra M., El-Masry R. Induced hypotension for functional endoscopic sinus surgery: A comparative study of dexmedetomidine versus esmolol. *Saudi J Anaesth*, 2013, 7(2): 175-180.

Simpson P. Perioperative blood loss and its reduction: the role of the anaesthetist. *Br J Anaesth*, 1992, 69(5): 498-507.

Staikou C., Paraskeva A., Drakos E., Anastassopoulou I., Papaioannou E., Donta I., Kontos M. Impact of graded hypothermia on coagulation and fibrinolysis. *J Surg Res.*, 2011, 167(1): 125-30.

Taggart R., Austin B., Hans E., Hogan D. In vitro evaluation of the effect of hypothermia on coagulation in dogs via thromboelastography. *J Vet Emerg Crit Care* (San Antonio), 2012, 22(2): 219-24.

Tang Q.F., Hao YF., Qian Y.N., Yang J.J., Wang Z.Y. Effects of acute hypervolaemic hae-modilution on the expression of plasma interferon-inducible protein-10 and bactericidal/permeability-increasing protein in patients undergoing total hip replacement. *J Int Med Res,* 2009, 37(5): 1450-6.

Van Aken H., Miller E.D. Deliberate hypotension. En: Ronald D. Miller (ed): *Anesthesia* (4th ed). New York, NY, Churchhill-Livingstone, 1994,1481-99.

Watts D.D., Trask A., Soeken K. Hypothermic coagulopathy in trauma: Effect of varying levels of hypothermia on enzyme speed, platelet function, and fibrinolytic activity. *J Trauma*, 1998, 44: 846.

Widman J., Hammarqvist F., Sellden E. Amino acid infusion induces thermogenesis and reduces blood loss during hip arthroplasty under spinal anesthesia. *Anesth Analg.* 2002, 95(6): 1757-62.

Yuki K., Bu W., Shimaoka M., Eckenhoff R. Volatile anesthetics, not intravenous anesthetic propofol bind to and attenuate the activation of platelet receptor integrin $\alpha IIb\beta 3$. *PLoS One*, 2013, 8(4):e60415. doi: 10.1371/journal.pone.0060415.3.

術前の止血療法

止血を促進する薬剤

CHAMBERLAIN, G., FREEMAN, R., PRICE, F. et al. A comparative study of ethamsylate and mefenamic acid in dysfunctional uterine bleeding. *BJOG: An international journal of Obstetrics & Gynaecology,* 1991, 98: 707-711.

DAHLSTRÖM, H., MELANDER, B., SIRÉN, M. ε-aminocaproic acid-experimental toxicity and clinical experience. *Proceedings of European Society for the Study of Drug Toxicity*, 1965, 6: 208-212.

HOGAN, D.F., BROOKS, M.B. Treatment of hemostatic defects. En: *Schalm's Veterinary Hematology,* 6ª edición (ed. WEISS, D. J. and WARDROP, K. J.). Blackwell Publishing Ltd., 2010, 695-702.

HOMEDES J. Tesis doctoral. Farmacocinética, tolerancia y eficacia del etamsilato en la reducción del sangrado de heridas en la especie bovina, 2002.

KELMER, E., MARER, K., BRUCHIM, Y. et al. Retrospective Evaluation of the Safety and Efficacy of Tranexamic Acid (Hexakapron®) for the Treatment of Bleeding Disorders in Dogs. *Israel Journal of Veterinary Medicine*, 2013, 68: 2.

LADAS, P. E.J., KARLIK, J.B., ROONEY, D. et al. Topical Yunnan Baiyao administration as an adjunctive therapy for bleeding complications in adolescents with advanced cancer. *Support Care Cancer,* 2012, 20: 3379-83.

MARIN L.M., IAZBIK, M.C., ZALDÍVAR-LÓPEZ, S. et al. Epsilon Aminocaproic Acid for the Prevention of Delayed Postoperative Bleeding in Retired Racing Greyhounds Undergoing Gonadectomy. *Veterinary Surgery,* 2012, 41: 594-603.

MARIN, L.M., IAZBIK, M.C., ZALDÍVAR-LÓPEZ, S. et al. Retrospective evaluation of the effectiveness of epsilon aminocaproic acid for the prevention of postamputation bleeding in retired racing Greyhounds with appendicular bone tumors: 46 cases (2003-2008). *Journal of Veterinary Emergency and Critical Care,* 2012, 22: 332-340.

NEGRETE, O.R., MOLINA, M., GUTIÉRREZ-ACEVES, J. Preoperative administration of ethamsylate: reduces blood loss associated with percutaneous nepholithotomy? A prospective randomized study, *The Journal of urology,* 2009, 181(4): 625.

ROBINSON N.G. Yunnan Paiyao. Colorado State University, 2013, http://csuvets.colostate.edu/pain/Articlespdf/YunnanPaiyao111206.pdf.

TANG, Z.L., WANG, X., YI, B. et al. Effects of the preoperative administration of Yunnan Baiyao capsules on intraoperative blood loss in bimaxillary orthognathic surgery: A prospective, randomized, double-blind, placebo-controlled study. *International Journal of Oral and Maxillofacial Surgery,* 2009, 38: 261-266.

鍼療法

FRATKIN, J. Analgesia y anestesia con electroacupuntura. En: FRATKIN, J. ed. *Aparatos de electroacupuntura. Cómo y cuándo utilizarlos.* Madrid: Mandala Ediciones, 1988, 42.

HIGA GAKIYA, H. et al. Electroacupuncture vesus morphine for the postoperative control pain in dogs. *Acta Cirúrgica Brasileira,* 2011, 26(5): 346-351.

HWANG, Y. C. Canine Acupuncture Atlas. En: Schoen, A. M. Ed. *Veterinary Acupuncture.* EEUU: Mosby, 1994, 118-123.

HWANG. *Fundamentos de Acupuntura y Moxibustión de China*, 1ª ed. Ediciones en Lenguas Extranjeras, Beijing, 1984.

INSTITUTO DE MEDICINA TRADICIONAL CHINA DE BEIJING, SHANGHAI Y NANJING, INSTITUTO DE INVESTIGACIÓN DE ACUPUNTURA Y MOXIBUSTIÓN DE LA ACADEMIA DE MEDICINA TRADICIONAL CHINA. *Fundamentos de Acupuntura y Moxibustión de China,* 1ª ed, 1984, Ediciones en Lenguas Extranjeras, Beijing.

KLIDE, A. M. Acupuncture for surgical analgesia. En: A. M. Shoen, ed. *Veterinary Acupuncture.* EEUU, Mosby, 1994, 278.

LI, S., TAN, X. and FANG, Z. *Chinese therapeutic Methods of Acupoints.* China: Human Science & Technology Press, 1998.

LIU, G. Techniques of Acupuncture and Moxibustion. HuaXia Publishing House, China, 1996.

MACIOCIA, G. Canales de Estómago y Bazo. En: G. Maciocia, ed. *Los fundamentos de la medicina china.* Aneid Press, Cascais, 2001, 407.

NAVARRO, R., ALVES, D., GENARI, T. and STEVANIN, H. Electroanalgesia for the postoperative control pain in dog. *Acta Cirúrgica Brasileira*, 2012, 27(1): 43-48.

PARK, H. S. and SUH, D. S. A study on bood coagulation and bleeding time under electroacupuncture anesthesia and medicament anesthesia in the dog. *Korean Journal of Veterinary Research*, 1988, 28(1): 193-198.

ROGERS, P. M. AND CAIN, M. *Clinical Acupuncture in the horse*, Proc 13th Ann Mtg IVAS, 1987.

ROGERS, P. M. Acupuncture Formulas: Top Ten Points for Common Conditions. http://homepage.tinet.ie/ progers/adtop.htm

ROGERS, P. M. Inmunologic effects of acupuncture. En: SCHOEN & A.M. SCHOEN, edits. *Veterinary Acupuncture.* EEUU, Mosby, 1994, 244-245.

SMITH, F.W.K. Acupuncture for cardiovascular disorders. En: A. M. Shoen, ed. *Veterinary acupuncture.* EEUU: Mosby, 1994, 199-201.

SNADER, M. L. Transposicional Equine Acupuncture Atlas. En: A. M. Schoen, ed. *Veterinary Acupuncture.* EEUU: Mosby, 1994, 419, 446.

THORESEN, A. S. *Acupuntura veterinaria y terapias naturales.* Española ed. Barcelona: Multimedia Ediciones Veterinarias, 2006.

VECINO, J. A. *Acupuntura Tradicional China,* 1ª ed. Mira Editores, Zaragoza, 2001.

WRIGHT, M. and McGRATH, C., Physiologic and analgesic effects of acupuncture in the dog. *JAVMA*, 1981, 178: 502-507.

XIE, H. Acupuncture for acute and miscellaneous conditions. En: H. XIE & V. PREAST, edits. *Xie's Veterinary Acupuncture.* Blackwell Publishing, Iowa, 2007, 311-312.

ZHOU, J. et al., 2011. Acupuncture anesthesia for open heart surgery in contemporary China. *International Journal of Cardiology,* 2011, 150: 12-16.

ホメオパシー

ISSAUTIER, M.N. y CALVET, H. *Thérapeutique homéopathique vétérinaire.* Editions Boiron, Lyon (Francia), 1997.

JOUANNY, J., CRAPANNE, J.B., DANCER, H., MASSON, J. L. *Terapéutica homeopática.* Tomo 1. Posibilidades en patología aguda. Ed. CEDH International, Boiron (Francia), 2000.

NGUYEN TAN HON J., NOWAK, J.P. *Homéopractique: enfin, l'homéopathie vraiment pratique.* Editions Octale, Moulon (Francia), 1988.

手術中の止血手技

結紮

DUNLEVY T.M., O'MALLEY T.P., POSTMA G.N. Optimal Concentration of Epinephrine for Vasoconstriction in Neck Surgery. *The Laryngoscope*, 1996, 106(11): 1412-1414.

DVIVEDI J., DVIVEDI S. An Innovative Device For Creating Tissue Plane Cleavage By Hydro-Dissection Based On Lever And Ergonomic Principle, *Indian J Physiol Pharmacol*, 2012, 56 (1): 56-62.

HAYWARD W.A., HASELER L.J., KETTWICH L.G., MICHAEL A.A., SIBBITT W.L. Jr, BANKHURST A.D. Pressure generated by syringes: implications for hydrodissection and injection of dense connective tissue lesions, *Scand J Rheumatol*, 2011, 40(5): 379-382.

IBEKWE, T.S., OBASIKENE, G., OFFIONG, E. Tonsillectomy: Vasoconstrictive hydrolytic cold dissection method. *African Journal of Paediatric Surgery*, 2013, 10(2): 150-153.

RAJARAMAN D., PHILIP C.H., NG. Multi-Stream Saline-Jet Dissection Using a Simple Irrigation System Defines Difficult Tissue Planes, *Journal Society Laparoendoscopic Surgeons*, 2012, 14(1): 53–59.

TOSOLINI, P.F., TOSOLINI, C.G., ORTIZ BARRETO, V.R. Nuevo nudo extracorpóreo deslizable con aplicación en cirugía videolaparoscópica. *Intermedicina*, 2010. http://www.intermedicina.com/site/index.php?option=com_content&view=article&id=45:pub-013&catid=40:pubus&Itemid=49 [24.03.2014].

VILLEGAS E., PÉRULA L., BERGILLOS M. and VILEGAS C. Evaluación de vasoconstrictores tópicos en la cirugía del pterigión y su papel en la disminución del sangrado intraoperatorio. *Arch Soc Esp Oftalmo*, 2011, 86(2): 54-57.

血管鉗子とルンメルターニケット

MACPHAIL C.M., Surgery of the Cardiovascular System. In: FOSSUM T.W., *Small animal surgery*. 4th ed., 2013, St. Louis, Elsevier Mosby.

MAYHEW P.D., WEISSE C. Liver and Biliary System. In: TOBIAS K.M., JOHNSTON S.A., *Veterinary Surgery: Small Animal*. Vol. 2, 2012, St. Louis, Elsevier Saunders.

NIEVES M.A., WAGNER S.D. Surgical Instruments. In: SLATTER D., *Textbook of Small Animal Surgery*, Vol. 1, 3th ed., 2003, Philadelphia, Saunders.

ORTON E.C., Inflow Occlusion and Cardiopulmonary Bypass. In: ORTON E.C., *Small animal thoracic surgery*, 1995, Baltimore, Williams & Wilkins.

ORTON E.C., Cardiac Surgery. In: TOBIAS K.M., JOHNSTON S.A., *Veterinary Surgery: Small Animal*. Vol. 2, 2012, St. Louis, Elsevier Saunders.

ヘモクリップ、手術用ステイプラー

CARBONELL J.M., RODRÍGUEZ J. Grapas vaculares y ligaduras, En: *Manual de suturas en veterinaria*. Ed. Servet, 2007, 27-28.

TOBIAS K.M. Surgical stapling devices in veterinary medicine: a review. *Veterinary Surgery*, 2007, 36(4): 341-349.

局所止血製剤

ACHNECK H.E., SILESHI B., JAMIOLKOWSKI R.M., ALBALA D.M., SHAPIRO M.L., LAWSON J.H. A Comprehensive Review of Topical Hemostatic Agents: Efficacy and recommendations for use. *Ann Surg*, 2010, 251(2): 217-228.

JEFFERY C., WHEAT, M.D., STUART, WOLF, J. JR. Avances en bioadhesivos, selladores tisulares y agentes hemostáticos. *Urol Clin N Am,* 2009, 36: 265-275.

MORENO R., MARTINEZ C., ROMERO J., MÁRQUEZ M., CERVANTES S., ALMEIDA Y., FLORES A. Eficacia del subgalato de bismuto, como agente hemostattico tópico, en el sangrado transoperatorio de la adenoamigdalectomía o amigdalectomía, *An Orl Mex*, 2012, 57 (2):65-68.

PARAMO, J.A., PANIZO, E., PEGENAUTE, E. Coagulación: visión moderna de la hemostasia. *Rev Med Univ Navarra*, 2009, 53(1): 19-23.

ROBERTS H.R., DOUGALD M.D., MONROE M. PHD, ESCOBAR, M.A. Current Concepts of Hemostasis, Implications for Therapy. *Anesthesiology*, 2004, 100: 722–30.

SAMUDRALA S. Topical hemostatic agentes in surgery: A surgeon's perpective. *AORN journal*, 2008, 88(3): 2-11.

SILESHI B., ACHNECK H.E., LAWSON, J.H. Management of Surgical Hemostasis: Topical Agents. *Vascular*, 2008, 16(1): S22–S28.

術中出血量の評価

BRECHER M., MONK T., GOODNOUGH L. A standardized method for calculating blood loss. *Transfusion*, 1997, 37: 1074.

EIPE N., PONNIAH M. Perioperative blood loss assessment. How accurate? *Indian J. Anaesth,* 2006, 50(1): 35-38.

LEE M.H, INGVERTSEN B.T., KIRPENSTEIJN J, JENSEN A.L., KRISTENSEN A.T. Quantification of surgical blood loss, *Veterinary Surgery*, 2006, 35: 388-393.

THORNTON J.A. Estimation of blood loss during surgery. *Ann R Coll Surg Engl*, 1963, 33(3): 164-174.

高エネルギー手術機器

電気外科手術

FELDMAN L.S. The SAGES manual on the fundamental use of surgical energy (FUSE), 2012, Springer Science+Business Media (Berlin).

McCAULEY, G., Understanding Electrosurgery, 2010, www.boviemed.com http://www.quick-medical.com/downloads/aaron_understanding-r2_pr.pdf

SILESHI B., ACHNECK H., MA L., LAWSON J.H. Application Of Energy-based Technologies And Topical Hemostatic Agents In The Management Of Surgical Hemostasis. 2010, *Vascular*, 18: 197-204.

ZINDER, M.D., DANIEL J. Common myths of electrosurgery, *Otolaryngology Head and Neck Surgery*, 2000, 123: 450-455.

レーザー手術

AMERICAN NATIONAL STANDARDS INSTITUTE. American National Standard for Safe Use of Lasers in Health Care Facilities ANZI, 2011, 136.3, http://www.lasersafety.org/uploads/pdf/Z136_3_s. pdf [4.05.2014].

BELLOWS J. Laser and radiosurgery in veterinary dentistry. *Vet Clin North Am Small Anim Pract*, 2013, 43: 651-668.

BERENT A.C., MAYHEW P.D., PORAT-MOSENCO Y. Use of cystoscopic-guided laser ablation for treatment of intramural ureteral ectopia in male dogs: four cases (2006-2007), 2008, *J Am Vet Med Assoc*, 232: 1026-1034.

BERGER N., EEG P.H. Veterinary laser surgery: a practical guide, 2006, Oxford. Blackwell Publishing.

BRDECKA D., RAWLINGS C., HOWERTH E., CORNELL K., STIFFLER K. A histopathological comparison of two techniques for soft palate resection in normal dogs. *J Am Anim Hosp Assoc*, 2007, 43: 39-44.

DAVIDSON E.B., RITCHEY J.W., HIGBEE R.D., LUCROY M.D., BARTELS K.E. Laser lithotripsy for treatment of canine uroliths. *Veterinary Surgery*, 2004, 33: 56-61.

DUCLOS D. Lasers in veterinary dermatology. *The Veterinary Clinics of North America, Small Animal Practice*, 2006, 36: 15-37.

DYE T.L., TEAGUE H.D., OSTWALD D.A., FERREIRA S.D. Evaluation of a technique using the carbon dioxide laser for the treatment of aural hematomas. *J Am Anim Hosp Assoc*, 2002, 38: 385-390.

GILMOUR M.A. Lasers in ophthalmology. *The Veterinary Clinics of North America, Small Animal Practice*, 2002, 32: 649-672.

IRWIN J.R. The economics of surgical laser technology in veterinary practice. *The Veterinary Clinics of North America, Small Animal Practice*, 2002, 32: 549-567.

KRONBERGER C. The veterinary technician's role in laser surgery. *The Veterinary Clinics of North America, Small Animal Practice*, 2002, 32: 723-735.

Lucroy M.D. Photodynamic therapy for companion animals with cancer. *The Veterinary Clinics of North America, Small Animal Practice*, 2002, 32: 693-702.

Peavy G.M. Lasers and laser-tissue interaction. *The Veterinary Clinics of North America, Small Animal Practice*, 2002, 32: 517-534

Riecks T.W., Birchard S.J., Stephens J.A. Surgical correction of brachycephalic syndrome in dogs : 62 cases (1991-2004), *J Am Vet Med Assoc*, 2007, 230: 1324-1328.

Serrano C., Rodríguez J. Nonsutured Hotz–Celsus technique performed by CO2 laser in two dogs and two cats, *Vet Ophthalmol*, 2014, 17(3): 228-232.

Silverman E.B., Read R.W., Boyle C.R., Cooper R., Miller W.W., McLaughlin R.M. Histologic comparison of canine skin biopsies using monopolar electrosurgery, CO2 laser, radiowave surgery, skin biopsy punch, and scalpel. *Veterinary Surgery*, 2007, 36: 50-56.

Van Nimwegen S.A., Kirpensteijn J. Comparison of Nd:YAG surgical laser and Remorgida bipolar electrosurgery forceps for canine laparoscopic ovariectomy. *Veterinary Surgery*, 2007, 36: 533-540.

その他の装置

Belli G., Fantini C., Ciciliano F., D'Agostino A., Barberio M. Pancreaticoduodenectomy in portal hypertension: use of the Ligasure. *J Hepatobiliary Pancreat Surg*, 2003, 10(3): 215-217.

Hibner M, M.D., Magrina J.F. New technologies in controlling hemorrhage during pelvic surgery, *Journal of Gynecologic Oncology*, 2004, 9: 41-44.

Leonardo C., Guaglianone S., De Carli P., Pompeo V., Forastiere E., Gallucci M. Laparoscopic nephrectomy using Ligasure system: preliminary experience. *J Endourol*, 2005, 19(8): 976-978.

Manouras A., Filippakis G.M., Tsekouras D. Sutureless open low anterior resection with total mesorectal excision for rectal cancer with the use of the electrothermal bipolar vessel sealing system. *Med Sci Monit*, 2007, 13(5): 224-230.

Pérez Rivero A. Hepatología clínica y cirugía hepática en pequeños animales y exóticos. Servet (Zaragoza), 2012.

Romano F., Caprotti R., Franciosi C., De Fina S., Colombo G., Uggeri F. Laparoscopic splenectomy using Ligasure. Preliminary experience. *Surg Endosc*, 2002, 16(11): 1608-1611.

Wouters E.G.H., Buishand F.O., Kik M. and Kirpensteijn J. Use of a bipolar vessel-sealing devicein resection of canine insulinoma. *Journal of Small Animal Practice*, 2011, 52: 139-145.

個人の安全

Carbajo-Rodríguez H., Aguayo-Albasini J.L., Soria-Aledo V., García-López C. El humo quirúrgico: riesgos y medidas preventivas. *Cirugía Española*, 2009, 85(5): 274-279.

Maggioni, Attanasio T., Scarpelli F. Aspectos legales y precauciones de seguridad en odontología asistida con láser. En: *Láser en odontología*, Ed. Amolca, Venezuela, 2010, 335-346.

Navarro M.C., González J.A., Castañeda M.A., Dávalos E., Morín L.F., Mireles P., Carmona D.E. Especialidades quirúrgicas afectadas por la inhalación de humo de cauterio. *Revista de Especialidades Médico-Quirúrgicas*, 2011, 16(2): 67-70.

Smith J.P., Moss C.E., Bryant C.J., Fleeger A.K. Evaluation of a smoke evacuator used for laser surgery. *Lasers in Surgery and Medicine*, 1989, 9(3): 276-281.

寒冷療法と凍結手術

Azoulay T. Adjunctive cryotherapy for pigmentary keratitis in dogs: a study of 16 corneas. *Vet Ophthalmol*, 2013, 16(4): 319-322.

Baba M.A., Parrah J.U., Moulvi B.A., Fazili M.U. Cryosurgery in Veterinary Medicine. *Int J Livest Res*, 2012, 2(3): 32-36.

Brightman, A.H., Vestre, W.A., Helper, L.C., Tomes, J.E. Cryosurgery for the treatment of canine glaucoma. *Journal of the American Animal Hospital Association*, 1982, 18(2): 319-321.

Castillo R., Morales A.M., Carrasco A. Guía de uso de la criocirugía en atención primaria. *Medicina de familia*, 2002, 3(2): 114-122.

De Queiroz G.F., Matera J.M., Zaidan Dagli M.L. Clinical study of cryosurgery efficacy in the treatment of skin and subcutaneous tumors in dogs and cats. *Vet Surg*, 2008, 37(5): 438-443.

Goloubeff B., Oliveira H.P. Tratamento criocirúrgico de tumores e de fistulas, em câes. *Arq Bras Med Vet Zootec*, 2009, 51(5): 463-69.

Rotenberg B.W., Wickens B., Parnes J. Intraoperative ice pack application for uvulopalatoplasty pain reduction: a randomized controlled trial. *Laryngoscope*, 2013, 123(2): 533-6.

Saglam M., Kaya U. Cryosurgical treatment of anal sac fistulae in dogs, *Turk J Vet Anim Sci*, 2008, 32(6): 407-411.

応用と手術症例の検討

ATENCIA S. et al. Thoracoscopic pericardial window for management of pericardial effusion in 15 dogs. *Journal of Small Animal Practice,* 2013, 54: 564–569.

BROCKMAN D.J. et al. Long-term palliation of tetralogy of Fallot in dogs by use of a modified Blalock-Taussig shunt. *J Am Vet Med Assoc*, 2007, 231, (5):721-6.

DUPRÉ G.P. et al. Thoracoscopic Pericardectomy Performed Without Pulmonary Exclusion in 9 Dogs. *Veterinary Surgery*, 2001, 30: 21-27.

GRECI, V., TRAVETTI, O., DI GIANCAMILLO, M., LOMBARDO, R., GIUDICE, C., BANCO, B., MORTELLARO, C.M. Middle ear cholesteatoma in 11 dogs. *Canadian Veterinary Journal*, 2011, 52: 631-636.

HARDIE, E.M., LINDER, K.E., PEASE, A.P. Aural Cholesteatoma in Twenty Dogs. *Veterinary Surgery,* 2008, 37: 763-770.

HARRAN, N.X., BRADLEY, K.J., HETZEL, N., BOWLT, K.L., DAY, M.J., BARR, F. MRI findings of a middle ear cholesteatoma in a dog. *J Am Anim Hosp Assoc,* 2012, 48(5): 339-343.

JACKSON J. et al. Thoracoscopic Partial Pericardiectomy in 13 Dogs. *J Vet Intern Med,* 1999, 13: 529-533.

MAYHEW K.N. et al. Thoracoscopic Subphrenic Pericardectomy Using Double-Lumen Endobronchial Intubation for Alternating One-Lung Ventilation. *Veterinary Surgery*, 2009, 38: 961-966.

MONNET E. Pericardial Surgery. In: TOBIAS K.M.,JOHNSTON S.A., *Veterinary Surgery: Small Animal.* Vol. 2, 2012, St. Louis, Elsevier Saunders.

ORTON E.C. Congenital Heart Defects. In: ORTON E.C. *Small animal thoracic surgery*, 1995, Baltimore, Williams & Wilkins.

ORTON E.C. Cardiac Surgery. In: TOBIAS K.M., JOHNSTON S.A., *Veterinary Surgery: Small Animal*. Vol. 2, 2012, St. Louis, Elsevier Saunders.

OYAMA M.A. et al. Congenital Heart Disease. In: ETTINGER S. J., FELDMAN E.C., *Textbook of Veterinary Internal Medicine*. 7th ed., Vol. 2, 2010, St. Louis, Saunders Elsevier.

SCHUENEMANN, R.M., OECHTERING, G. Cholesteatoma after lateral bulla osteotomy in two brachycephalic dogs. *J Am Anim Hosp Assoc*, 2012, 48(4): 261-268.

SMEAK, D.D., INPANBUTR, N. Lateral Approach to Subtotal Bulla Osteotomy in Dogs: Pertinent Anatomy and Procedural Details. *Compendium on continuing education for the practicing veterinarian*. 2005, 27(5): 377-385.

WALSH P.G. et al. Thoracoscopic Versus Open Partial Pericardectomy in Dogs: Comparison of Postoperative Pain and Morbidity. *Veterinary Surgery*, 1999, 28: 472-479.

カラーアトラス
小動物外科シリーズ　臨床医のための止血術
Small animal surgery. Surgery atlas, step-by-step guide, Bloodless surgery

2016年2月18日　第1版第1刷発行©

定　価　本体価格　18,000円＋税

監　訳　西村亮平

発行者　金山宗一

発　行　株式会社ファームプレス

〒169-0075東京都新宿区高田馬場2-4-11

　　　　KSEビル2F

TEL03-5292-2723　FAX03-5292-2726

無断複写・転載を禁ずる

落丁・乱丁本は、送料弊社負担にてお取り替えいたします

ISBN 978-4-86382-072-2